普通高等教育"十二五"规划教材

机械类专业毕业设计指导与案例分析

主　编　刘玉梅　谭季秋　严中俊　伏　军
副主编　王本亮　周　慧

中国水利水电出版社
www.waterpub.com.cn

内 容 提 要

本书编者根据自己多年的教学和实践经验，注重每个专业方向的代表性和可学习性，选用实际工程设计案例，将理论知识融合在每个工程设计案例中，以技术要求—设计思路—技术方案确定的工程设计方法为主线，深刻剖析每个案例。突出实际应用性、指导性和科学性。主要内容包括了机床专用夹具设计案例、组合机床总体设计案例、机电控制系统设计案例、数控加工技术及程序设计、CAD设计与流场仿真分析案例、小型风冷柴油机冷却系统优化设计、列管式换热器的设计案例。

本书可作为高等院校相关专业的毕业设计教材，也可供有关专业师生参考。

图书在版编目（CIP）数据

机械类专业毕业设计指导与案例分析 / 刘玉梅等主编. -- 北京：中国水利水电出版社，2014.9
普通高等教育"十二五"规划教材
ISBN 978-7-5170-2488-0

Ⅰ. ①机… Ⅱ. ①刘… Ⅲ. ①机械工程－毕业实践－高等学校－教学参考资料 Ⅳ. ①TH

中国版本图书馆CIP数据核字(2014)第215051号

书　名	普通高等教育"十二五"规划教材 **机械类专业毕业设计指导与案例分析**	
作　者	主　编　刘玉梅　谭季秋　严中俊　伏军 副主编　王本亮　周慧	
出版发行	中国水利水电出版社 （北京市海淀区玉渊潭南路1号D座　100038） 网址：www. waterpub. com. cn E-mail：sales@waterpub. com. cn 电话：(010) 68367658（发行部）	
经　售	北京科水图书销售中心（零售） 电话：(010) 88383994、63202643、68545874 全国各地新华书店和相关出版物销售网点	
排　版	北京时代澄宇科技有限公司	
印　刷	北京纪元彩艺印刷有限公司	
规　格	184mm×260mm　16开本　13.75印张　336千字　7插页	
版　次	2014年9月第1版　2014年9月第1次印刷	
印　数	0001—3000册	
定　价	**29.00元**	

前　言

机械类本科毕业设计以工程设计为主，通过毕业设计训练，培养学生综合运用理论知识能力和掌握工程设计的一般方法，提高学生工程实践和解决具有一定复杂程度的工程实际问题的能力，培养学生树立正确的设计思想和建立工程概念。

本书以培养学生工程设计能力为主旨，强调应用能力的培养，着眼于解决生产实际工程问题，突出综合素质培养。编者根据自己多年的教学和实践经验，将理论知识融合在每个工程设计案例中，每个工程设计案例从生产实际要求出发，以技术要求—设计思路—技术方案确定的工程设计方法为主线，深刻剖析每个案例，从根本上培养学生工程设计能力，并能做到举一反三。本书突出实际应用，具有很强的实用性；并以相关理论知识为根据，紧密联系工程问题，突出科学性。

本书所选案例均来自实际生产，注重每个专业方向的代表性和可学习性，能让每个专业方向的学生更好地掌握本专业相关的设计原理和设计方法。本书内容包括机械制造工装设计、机床控制设计、数控制机床加工程序设计、内燃机性能模拟分析、内燃机实验性能分析和热能工程设备设计。本书可作为高校相关专业的毕业设计指导教材。

本书由刘玉梅、谭季秋、严中俊、伏军任主编，王本亮、周慧任副主编，刘玉梅负责大纲撰写和全书的统稿。各章编写分工为：邵阳学院刘玉梅（第1章、第2章、第3章），邵阳学院伏军（第6章），邵阳学院王本亮（第7章），湖南工程学院谭季秋（第4章），湖南工程学院周慧、谭季秋（第5章），湖南人文科技学院严中俊（第8章）。

本书编写过程中得到了邵阳市神风动力有限责任公司和同仁朋友的大力支持、鼓励和帮助，在此，表示衷心感谢！

由于编者水平有限，不妥之处在所难免，敬请广大读者和专家批评指正。

主编　刘玉梅

2014 年 6 月

目 录

第1章 机械类毕业设计概述

1.1 机械类毕业设计基本要求

1.1.1 毕业设计目的

毕业设计是学生在最后学习阶段一次重要的设计训练与考核。机械类毕业设计以工程设计为主，工程设计是人们运用科技知识和方法，有目标地创造工程产品构思和计划的过程，即对工程项目的建设提供有技术依据的设计文件和图纸的整个活动过程，工程设计是将科学技术原理转化为实体的纽带，工程设计是现代社会工业文明最重要的支柱，是工业创新的核心环节，也是现代社会生产力的龙头。通过毕业设计的实践，其目的是：

（1）通过实际设计训练，培养学生综合运用已修课程所学的理论知识能力和多学科的理论知识与技能，使学生掌握设计的一般方法和步骤。

（2）培养学生实事求是的科学精神和严谨的工作作风。

（3）培养学生树立正确的设计思想和建立工程概念，提高工程实践能力和解决具有一定复杂程度的工程实际问题的能力。

（4）培养学生独立思考与集思广益的团队合作方式，为后续从事技术工作与进一步地学习奠定基础。

1.1.2 毕业设计要求

机械类专业毕业设计要求有一定的图纸量、相关的毕业设计说明书和一定数量字数要求的外文翻译，不同课题视具体情况有不同的要求。

1. 设计工作量的要求

（1）工程类。工程设计类绘图量不少于折合后图幅为 A0 号图纸 3 张；工程技术研究类绘图量不少于折合后图幅为 A0 号图纸 1 张；机电结合的设计，要根据题目的实际情况，学生独自或合作完成工作项目中的全部或相对独立的局部设计、安装，要有较完整的系统电气原理图或电气控制图。其中产品开发类的课题应有实物制作或产品性能测试报告；所绘图纸必须反映出论文的内容；工艺类的提交工艺规程和工序卡；夹具类的提交夹具装配图及零件图；传动类的提交设备装配图和零件图等。

绘图方式采用计算辅助绘图，CAD 图纸要求：

1）图幅，其图框的形式、尺寸和基本格式符合 GB/T 14689 的有关规定。

2）标题栏，每张图纸右下角必须设有标题栏，标题栏在技术图样中应按 GB 4457.1 所规定的位置配置，其中的字体应符合 BG 4457.3，签字除外，线条应按 GB 4457.4 中规定的粗实线和细实线的要求绘制，标题栏中的年、月、日应按 BG 2808 的规定格式填写。

3）明细栏，一般配置在装配图和工程设计施工图中标题栏的上方，其配置方法应符合 GB/T 10609.2 的有关规定，其形式与尺寸按 GB/T 10609.2 有关规定绘制。图纸经指导教师审核后，设计者签名。

以上各类毕业设计需一并完成 1 万～1.5 万千字设计说明书。

（2）实验研究类。针对课题的研究方向，分析国内外现状，对课题研究意义进行正确的阐述和评价。在教师的指导下，拟定研究方案和实验技术方案，确定实验方法和步骤，设计实验装置，并进行可行性分析报告，独立或和其他同学合作完成课题的主要实验，测得足够的实验数据，并对其进行分析和处理，绘出必要的实验曲线和图表，得出实验结论，并从理论上对研究内容进行分析，和实验结果进行对比分析论证，得出相关研究结论。实验研究类需提交实验装置的结构图、毕业设计论文字数 1.5 万～2 万字。

2. 软件类题目

学生独立完成一个应用软件或某个大系统中的一个或几个模块，保证足够的工作量，同时完成软件使用说明书及论文 1.5 万～2 万字。

3. 外文翻译

每位学生翻译 1.5 万～2 万个字母（约 3000～5000 个汉字）、与毕业设计课题研究内容相关的外文资料，要求内容准确、文字流畅。

1.2　机械类毕业设计选题

毕业设计选题应从专业培养目标出发，符合教学基本要求，结合生产、科研、教学、实验室建设以及经济、社会发展的实际需要；有利于巩固、深化和扩广学生所学知识；有利于让学生得到较全面的综合训练；有利于培养学生的创新能力、实践能力和独立工作能力。机械类选题以工程设计、试验研究、测试分析和应用开发等方面的课题为主。

（1）选题一般由指导教师提交课题申报表，参见附表 1.1，说明其意义、目的、主要工作内容、前期工作及具备的条件，同时考虑到毕业设计时间短以及学生大都是初次参加工程设计（研究）的特点，选择的课题既要有一定的难度，又要照顾到学生的水平。

（2）毕业设计课题由系部在第 7 个学期中后期公布，学生可根据自己的实际情况和兴趣申报选题意向。学生也可根据自己的实践工作内容申请相关的研究课题，由教研室教师审核后确定。所有毕业设计题目由教研室全体教师评审、平衡和调剂后确定，所有题目必须经教研室审批同意后方可执行。

（3）毕业设计原则上一人一题，如果采用同一个大科研课题，则可由数人完成，要求每一个学生独立完成一个小专题，且各自的毕业设计图纸、设计说明书、工作量达到毕业设计工作量的要求。

机械类毕业设计选题方向如下。

1. 工程设计类课题

工程设计是指对工程项目的建设提供有技术依据的设计文件和图纸的整个活动过程，

实现工程预定功能，进行构思、规划及表达。工程设计类课题主要以产品开发设计和产品改型设计为主，达到机械绘图能力、机械选择分析能力、机械零件设计能力、设计软件使用能力、资料查阅和外文使用能力的训练。参考课题如下：

(1) 组合式轻巧起吊装置的设计。

(2) 斜井防跑车装置设计。

(3) 风载振动试验台设计。

(4) 水轮机进水阀启闭装置液压系统设计。

(5) 曲柄压紧新型蜂窝煤成型机改进设计。

(6) 热风炉的液压系统设计，液压系统设计、液压元件设计。

(7) 基于 Proe 多向弯曲建筑钢管校直机设计。

(8) 液压传动淬火自动送料机械手设计。

(9) 变频器调速系统的研究与应用。

(10) X、Y 轴数控工作平台的控制系统设计。

(11) 离合器壳体冷冲压模具设计。

(12) 基于 UG 的简易铣床主轴传动部件的设计。

(13) 喷漆式机械手结构设计及仿真。

(14) 冲孔落料连续模设计。

(15) 柴油机连杆有限元分析。

(16) 柴油机喷油嘴热负荷的数值模拟与分析。

2. 产品工艺设计类课题

产品的工艺过程是指在生产过程中，改变生产对象的形状、尺寸、相对位置和性质等，使其成为成品或半成品的过程。其中机械加工工艺过程是利用机床设备、切削刀具或其他工具，通过机械力将毛坯或工件加工成零件的过程。产品工艺设计类课题应包含工艺规程编制能力、使用加工设备能力、专用夹具设计能力、专用机床设计能力、数控加工中工艺软件及 CAPP 软件应用能力和资料收集查阅能力的训练。参考课题如下：

(1) 柴油机机体两端面铣削组合机床总体设计。

(2) 新型蜂窝煤机装配分析及装配流水线设计。

(3) 柴油机机体前后端面主油道孔钻削组合机床总体设计。

(4) 基于 UG 的子压力体建模及数控加工程序设计。

(5) 柴油机机体前后端面主油道孔钻削专用夹具设计。

(6) 支板冲压工艺及模具设计。

(7) 发动机飞轮壳工艺设计。

(8) 热牵伸机箱的加工工艺设计。

3. 实验类课题

实验类课题包含综合工程能力、设计能力、实践能力、综合分析能力及查阅能力等的训练。参考课题如下：

(1) 汽油机噪声测量与分析。

(2) 直喷风冷柴油机冷却风扇实验研究。

（3）镗削柴油机主轴孔专用机床镗刀杆振动测试与分析。

（4）发动机机体模态实验与分析。

（5）锅炉过热器管内壁氧化膜厚度测量与分析。

（6）柴油机导风罩优化设计——实验研究与设计。

4. 软件类题目

软件（课件）类题目侧重于软件应用，如数值分析、微机控制、计算机仿真、无损检测信号处理和机械的图像处理等。由于毕业设计时间限制，软件类课题也可选采用软件开发工具进行开发与专业结合紧密的、应用性强的小规模软件，如机械 CAD、CAM、数控程序和机电控制用软件的开发等。参考课题如下：

（1）典型轴类零件派生式 CAPP 系统开发。

（2）齿轮加工数控仿真系统的设计。

（3）单片机直流电机 PWM 调速系统的设计。

（4）基于 UG 的子压力体建模及数控加工程序设计。

（5）基于 PLC 控制水塔水位系统的设计及组态软件设计。

1.3　毕业设计的程序

1. 下达毕业设计任务书

课题选定后，指导教师以书面形式将毕业设计任务下达给学生，毕业设计任务书要明确课题内容、课题进行的时间、对课题完成的基本要求、说明课题研究已具备的条件和毕业设计进度要求。一般考虑到学生需要早做毕业设计准备，任务书在第 7 个学期中期下达，参见附表 1.2。

2. 课题调研

课题调研是学生接到任务书的第一步工作，要求学生通过毕业实习深入企业实地调研或使用其他一些方法获得课题所涉及的研究内容、生产、销售、使用等方面的实际情况及有关数据、图表、文献资料，学生需独立完成调研任务。

3. 文献检索

结合课题进行文献资料的检索和查阅，深入了解选题的研究背景、已有成果、国内外现状以及预期结果等。学生应具备熟练查阅中外文献资料的能力，毕业设计要求有与本课题研究相关的中外文参考文献，并完成要求的外文文献翻译。

4. 开题报告

开题报告是指开题者对科研课题的一种文字说明材料，是选题者把自己所选的课题的概况，向指导教师进行陈述。然后由教师进行评议，确定是否批准开题。学生通过实习调研和资料收集，相应地完成开题报告（附表 1.3）内容。开题报告的主要内容有：

（1）课题的目的、意义、国内外研究概况和有关文献资料的主要观点与结论。毕业论文的选题目的与意义，即回答为什么要研究，交代研究的价值及需要背景。一般先论述现实需要——由存在的问题导出研究的实际意义，然后再论述理论及学术价值，要求具体、客观且具有针对性。

国内外现状及水平，即文献综述，是针对本课题研究的方向（具体的方向及直接相关内容，不是整个领域），搜集整理国内外的研究情况，列举他人的研究成果，旨在对比分析，阐述他人研究结论对自己开展课题的启示、依据等，或发现他人研究未解决的问题。查阅应用 10～15 篇文献，其中外文文献不少于 2 篇。

（2）研究对象、研究内容、各项有关指标和主要研究方法（包括是否已进行试验性研究）。

1）研究的目标。只有目标明确、重点突出，才能保证具体的研究方向。

2）研究的内容。要根据研究目标来确定具体的研究内容，要求全面详细说明。

3）研究的方法。选题确立后，将课题进行的技术路线要求全面、详实地进行论述。

4）拟解决的关键问题。对可能遇到的最主要的、最根本的关键性困难与问题要有准确、科学的估计和判断，并采取可行的解决方法和措施。

5）创新点。要突出重点，突出所选课题与同类其他研究的不同之处。

（3）大致的进度安排。课题进行的过程。整个研究在时间及顺序上的安排，要分阶段进行，对每一阶段的起止时间、相应的研究内容及成果均要有明确的规定，阶段之间不能间断，以保证研究进程的连续性。

（4）准备工作的情况和目前已具备的条件（包括仪器和设备等）。准备工作的情况包含学生针对课题现有的理论知识水平综合应用能力、设计能力、实践能力和综合工程分析能力、目前的实验设备能否满足课题研究要求等。

（5）预期研究结果。说明毕业设计课题在毕业设计期内所能取得的成果和成果形式。

5. 确定设计方案

根据调研和文献检索结果，提出本课题设计的多个技术方案，加以评比，确定最终的设计方案。

6. 绘制工程设计图纸

7. 撰写毕业设计说明书

毕业设计说明书是对毕业设计课题从方案设计到设计完成整个过程的文字材料。毕业设计说明书包含：

（1）题目。

（2）目录。

（3）内容提要。内容提要是毕业设计课题内容不加诠释和评论的简短陈述，其基本要素包括研究目的、方法、结果和结论。具体地讲就是研究工作的主要对象和范围，采用的手段和方法，得出的结果和重要的结论。内容提要要求用中、英文分别书写。

内容提要的撰写需注意以下几点：

1）内容提要中应排除本学科领域已成为常识的内容；切忌把应用在引言中出现的内容写入内容提要；一般也不要对论文内容作诠释和评论（尤其是自我评价）。

2）不得简单重复题名中已有的信息。

3）结构严谨，表达简明，语义确切。内容提要先写什么，后写什么，要按逻辑顺序来安排。句子之间要上下连贯，互相呼应。

(4) 引言。引言又称前言、序言、导言和绪论，用在论文的开头，引言一般要概括地写出：

1) 说明选题的理由、目的和背景，包括问题的提出及其基本特征，前人对这一问题做了哪些工作，存在哪些不足，希望能解决什么问题，该问题解决有什么作用和意义，研究工作的背景是什么。

2) 理论依据、实验基础和研究方法，如果是沿用已有的理论、定理和方法，只需提及一笔，或注出有关文献；如果引用新的概念或术语，则应加以定义和阐明。

3) 预期的结果及其地位、作用和意义，要写得自然、概括、简洁且确切。

(5) 正文。正文是毕业设计说明书的核心组成部分，主要回答怎样研究这个问题，其应该包括以下几个部分：

1) 应用的理论分析。详细说明研究课题所使用的分析方法和计算方法等基本情况，指出应用的分析方法、计算方法和实验方法等哪些是已有的，哪些是经过自己改进和创新的，便于指导教师审查和纠正，这一部分以简短文字概括表述。

2) 课题研究的方法和手段，详细阐述设计的总体方案的确定、总体结构设计及零部件设计，包括材料、方法、结果、讨论和结论等几部分。如果是实验方法研究课题，应具体说明实验用的装置、仪器和原材料的性能，对实验的过程和操作方法，实验结果的记录、数据处理和分析、实验研究结果加以详细阐述。

(6) 结论。结论又称结束语，它是在理论分析和实验验证的基础上，通过严密的逻辑推理而得出的富有创造性、指导性及经验性的结果描述。其主要内容有：

1) 本研究结果说明了什么问题，提出了什么规律性的东西、解决了什么理论或实际问题。

2) 对前人的看法做了哪些检验，哪些与本课题研究一致，哪些不一致，研究者做了哪些修正、补充、发展和否定。

3) 本研究的不足之处和遗留问题。

上述结论内容 3 点，第 1 点是必须要有的，第 2、3 点根据课题内容可有可无，这不是研究结果的简单重复，而是对研究结果更进一步的认识，

(7) 参考文献。

(8) 致谢。

8. 附录

在设计说明书中不便附上的毕业设计任务书、毕业设计评阅表、毕业设计的重要数据、图纸、程序等以及外文翻译（包括原文）装订成附录一册。

1.4　毕业设计的答辩

毕业设计的答辩安排如下：

(1) 答辩时间。一般安排在毕业设计的最后一周进行。

(2) 成立答辩委员会。毕业答辩一般以系为单位，组成以系主任为首的答辩委员会，

答辩委员会由 5～9 人组成，挑选教学水平和学术水平较高的具有讲师职称以上教师担任。答辩委员会下设答辩小组，设组长和答辩秘书，答辩小组组长负责主持答辩工作，答辩秘书负责对答辩过程进行记录，答辩小组人数以 3～5 人为宜。

（3）取得答辩资格。学生进行毕业答辩前，应提交毕业设计说明书 1 册、附录 1 册 [包含任务书、毕业设计评阅表、毕业设计重要数据、图纸、程序等以及外文翻译（包括原文）]，经指导老师最终审核、答辩组教师评阅，写出评阅意见并给出评阅成绩，成绩需达到及格，才可进行答辩。未完成的毕业设计，评阅教师不得评阅，学生也不可参加毕业答辩，同时其成绩按不及格处理。

（4）答辩流程。一般学生陈述时间为 10～15 分钟，简明扼要讲解毕业设计内容、采取的具体技术路线、取得的结果等，教师提问时间为 10～15 分钟，主要质询毕业设计中的关键问题和考查学生的基本理论、专业知识掌握情况及基本技能、解决分析实际问题的能力，根据学生答辩的情况，经由答辩小组讨论，确定学生的答辩成绩，答辩记录由答辩小组全体教师签名并存档。

1.5　毕业设计的成绩评定

学生毕业设计（论文）的成绩由 3 个部分组成，分别为指导教师评定的成绩（占 40%）、评阅人评定的成绩（占 30%）和答辩成绩（占 30%）。学生毕业设计（论文）的成绩由答辩小组结合以上 3 个部分成绩初定后，由系答辩委员会进行综合平衡后确认。

毕业设计（论文）评分参考标准如下。

（1）优秀：独立完成毕业设计（论文）任务书所规定的全部任务，具有较高的综合分析问题和解决问题的能力，并表现出某些独特的见解或有创造性。毕业设计（论文）资料完备、内容正确、概念清楚、数据可靠、文字通顺、编排规范、图纸齐全整洁并且符合现行国家标准。答辩时能熟练、准确回答问题。

（2）良好：独立完成毕业设计（论文）任务书所规定的全部任务，具有较强的综合分析问题和解决问题的能力。毕业设计（论文）资料完备、内容正确、概念清楚、数据可靠、文字通顺、编排规范、图纸齐全且符合现行国家标准。答辩时能正确回答问题。

（3）中等：一般能独立完成毕业设计（论文）任务书所规定的任务，具有一定的综合分析问题和解决问题的能力。毕业设计（论文）资料基本完备、内容基本正确、编排比较规范、图纸较齐全且基本符合现行国家标准，答辩时基本上能正确回答问题。

（4）及格：基本上能达到毕业设计（论文）任务书所规定的要求，在非主要问题上存在错误或不足。毕业设计（论文）主体资料具备，内容基本正确、编排欠规范、有少数非主要图纸不全、图纸有局部非原则错误。答辩时有些问题需经启发方能回答。

（5）不及格：未能达到毕业设计（论文）任务书所规定的基本要求，设计（论文）中存在原则性的错误。毕业设计（论文）资料不完备、概念不清、图纸不全、不符合标准。答辩时存在原则性错误，有些问题经启发后仍不能正确回答。

附表

附表 1.1 　　　　　　　　　××学院毕业设计（论文）课题申报表

课题名称	4110 发动机飞轮壳工艺分析及周边平面铣削回转式夹具设计				适用专业	机械设计制造及自动化
课题来源（请在空格内打√）	生产	科研	教学	其他	是否结合工程实际和社会实践（打√）	√
	√					
指导教师	姓　名	刘玉梅				
	职　称	教　授				
	研究方向或从事专业	机械设计制造				

主要内容、目的及要求：

　　为了训练学生的综合设计能力，选用了邵阳市神风动力有限责任公司产品 4110 柴油机飞轮壳，对其工艺进行分析，并设计某道工序的机床夹具。

　　1. 完成 4110 发动机飞轮壳工艺规程制定。

　　2. 完成 4110 发动机飞轮壳工序设计。

　　3. 完成 4110 发动机飞轮壳周边两平面回转式铣削夹具设计。

　　4. 完成夹具装配图（零号图）。

　　5. 完成夹具所有非标准件零件图若干张。

　　6. 完成设计说明书。

　　7. 翻译 3000～5000 字与专业相关的外文文献。

　　8. 设计过程中，需经常去邵阳市神风动力有限责任公司进行调研。

　　　　　　　　　　　　　　　　　　　　　　　　　指导教师签字：刘玉梅

　　　　　　　　　　　　　　　　　　　　　　　　　2012 年 10 月 15 日

教研室审查意见	
	教研室主任（签名）： 　　　　年　月　日

系审定意见	
	主管系领导（签名）： 　　　　年　月　日

注　此表 1 式 3 份，教务处、学生所在系、专业教研室各 1 份。

附表 1.2　　　　　　　　　　××学院毕业设计（论文）任务书

年级专业	2009 机械设计制造及自动化	学生姓名	×××	学　号	×××
课题名称	4110 发动机飞轮壳工艺分析及周边平面铣削回转式夹具设计				
设计（论文）起止时间	2012 年 11 月 15 日～2013 年 6 月 5 日				
课题类型	☑工程设计　□应用研究　□开发研究 □软件工程　□理论研究　□其他		课题性质	☑真实　□模拟　□虚拟	

一、课题研究的目的与主要内容

　　为了训练学生的综合设计能力，选用了邵阳市神风动力有限责任公司产品 4110 柴油机飞轮壳，对其工艺进行分析，并设计某道工序的机床夹具。主要内容：

　　1. 完成 4110 发动机飞轮壳工艺规程制定。

　　2. 完成 4110 发动机飞轮壳工序设计。

　　3. 完成 4110 发动机飞轮壳周边两平面回转式铣削夹具设计。

　　4. 完成夹具装配图（零号图）。

　　5. 完成夹具所有非标准件零件图若干张。

　　6. 完成设计说明书。

　　7. 翻译 3000～5000 字与专业相关的外文文献。

　　8. 设计过程中，需经常去××××有限责任公司进行调研。

二、基本要求

　　1. 设计 4110 发动机飞轮壳的工艺过程卡和工序卡。

　　2. 4110 发动机飞轮壳周平面加工的回转式铣削夹具设计总图纸工作量达 3 张零号图。

　　3. 所有图纸按国家标准绘制。

　　4. 完成不少于 15000 字的设计说明书，设计说明书的版式按学院毕业设计要求格式，引用文献处标注出文献序号。

　　5. 翻译 3000～5000 字与毕业设计课题相关的外文文献。

注　1. 此表由指导教师填写，经系、教研室主任审批生效。

　　　2. 此表 1 式 3 份，学生、系、教务处各 1 份。

续表

三、课题研究已具备的条件（包括实验室、主要仪器设备、参考资料）

　　1. 学生修完了机械类专业课、专业基础课。

　　2. 参改书、产品图齐全。

　　3. 有生产厂家可进行调研。

　　4. 学生能熟练应用计算机绘图。

四、设计（论文）进度表

　　2012 年 1 月 15 日前，完成开题报告。

　　2013 年 2 月 22 日～5 月 8 日，完善设计方案，绘装配图、零件图，撰写设计说明书、翻译有关毕业设计外文文献。

　　2013 年 5 月 9～20 日，指导老师审核。

　　2013 年 5 月 24～30 日，评审教师审核，取得答辩资格。

　　2013 年 6 月 2～6 日，毕业答辩。

五、教研室审批意见

　　　　　　　　　　　　　　　　　　　　　　　　　　　教研室主任（签名）

　　　　　　　　　　　　　　　　　　　　　　　　　　　　　　年　　月　　日

六、系审批意见

　　主管系领导（签名）：　　　　　　　　　　　　　　　单位（公章）

　　　　　　　　　　　　　　　　　　　　　　　　　　　　　　年　　月　　日

指导教师（签名）：　　　　　　　　　　　　　　　　　学生（签名）：

附表 1.3

××学院
毕业设计（论文）开题报告书

课 题 名 称　4110发动机飞轮壳工艺分析及周边平面

铣削回转式夹具设计

学 生 姓 名　　　　　×××

学　　　号　　　　　×××

系、年级专业　　　　××××

××××

指 导 教 师　　　　刘玉梅

2013 年 1 月 26 日

一、课题的来源、目的、意义（包括应用前景）、国内外现状及水平

1. 课题来源

毕业设计课题来源于××市××××制造有限责任公司。随着中国汽车行业的飞速发展，国内涌现出了许多优秀的汽车，然而中国汽车中的大多数高效的发动机却只能依靠进口，自主研发的高效发动机水平还很低，这样就不可避免的影响我国汽车行业的发展，因此提高我国自己制造的发动机的制造精度和工作性能就成了当务之急。通过在××市××××有限公司的实习和与工人师傅的近距离接触，了解了4110发动机的工作状况以及其主要工作性能，也认识到了4110的加工特点和加工工艺过程，所以在这次的毕业设计中，我选择了针对4110发动机飞轮壳工艺设计及其周边平面铣床夹具设计。

2. 目的意义

在本次的毕业设计中，通过对大学四年知识的一个综合运用以及在刘老师的指导下，设计针对4110发动机飞轮壳的工艺和周边平面铣削夹具。培养我们理论联系实际的能力和在实际工作的一丝不苟的工作作风，以及形成一个良好的设计思想，为毕业后在更好地适应工作岗位奠定基础。

3. 国内外现状及水平

内燃机是集机、热、电于一体的精密热能动力机械，是各种机动车辆和船舶、军工等工程机械的主要配套动力，在国民经济建设中有着重要地位。然而，我国当前在如何提高现有内燃机的性能和开发出高性能、高寿命、低成本的新型内燃机，以及满足可靠、耐久、节能和环保的需要仍有很大的不足。

内燃机的发展水平很大程度上取决于其零部件的发展水平，而零部件的发展水平又与生产制造技术等因素息息相关。随着当代科学技术的迅猛发展，新设备的研发周期越来越短和工艺过程不断优化，内燃机制造技术势必形成一个迅速发展的局面。

由于设备水平的提高，加工制造技术不断向高精度、高效率、自动化方向发展，带动了内燃机零部件向高效率、高集中化程度发展，另一方面，随着柔性制造技术的逐渐推广，是内燃机产品更新换代具有更大的灵活性和适应性。同时，多品种小批量的柔性制造系统得到了越来越多的内燃机制造商的认可，顺应了当代制造技术的发展，另外，计算机技术在模拟制造、机械设计、性能检测以及工艺优化等多方面的应用也使得内燃机的技术有了明显的进步，提高了内燃机的产品质量。还有就是许多新材料的发展也有力地促进了内燃机零部件的工艺变革。

综上所述：新世纪的内燃机必然面临来自各方面的挑战，相信内燃机会向高性能、高寿命、高可靠性、高效率、维护方便、绿色环保等方向高速发展。

二、课题研究的主要内容、研究方法或工程技术方案和准备采取的措施

1. 课题研究的主要内容

(1) 4110发动机飞轮壳进行工艺分析，制定其工艺规程和工序设计。

(2) 4110发动机飞轮壳周边两平面回转式铣床夹具定位方案确定。

(3) 4110发动机飞轮壳周边两平面回转式铣床夹具夹紧方案确定。

(4) 完成YC4110发动机缸体铣两端面机床夹具设计。

2. 工程技术方案

(1) 4110发动机飞轮壳工艺分析。

1) 选择4110发动机飞轮壳毛坯，采用铸造方式获得毛坯。

2) 确定飞轮壳加工过程的粗基准和精基准，选择精基准时首先考虑"基准统一"原则，尽可能用同一组基准定位进行加工，以避免因基准转换过多而带来积累误差。选用两个工艺孔和一底平面作为精基准。粗基准的选择以飞轮壳内腔底面为粗基准。

3) 加工工序顺序安排。

a. 首先安排作为精基准表面的加工，再以加工出的精基准定位。

b. 先粗后精整个零件的加工工序，应是粗加工工序在前，相继为半精加工、精加工及光整加工工序。

c. 次要小表面及孔的加工，先加工主要表面，后加工次要表面。飞轮壳的螺纹孔，铣削周边平面、钻周孔平面孔及攻丝、钻前后端面孔等。

d. 先面后孔，先加工飞轮壳前端面，然后以前端面面定位加工孔。

e. 热处理的安排，为了消除内应力，需要进行人工时效，所以通常将热处理放在粗加工之后，半精加工之前。

f. 辅助工序　检验工序穿插于零件加工完毕之后、工时较长和重要的关键工序前后。其客观存在辅助工序还有去毛刺、清洗、表面处理和包装等。

（2）4110 发动机飞轮壳周边两平面回转式铣床夹具定位方案。

1）第一类自由度分析。根据加工要求，铣飞轮壳周边平面两需要限制 6 个自由度，采取完全定位的方式对飞轮壳进行定位，完成零件加工。

2）定位方式分析。根据工艺分析，确定飞轮壳底面与该平面垂直的两个工艺孔为定位基准，采用一面两销定位，定位元件选用定位圆柱销、菱形销和支承板。

（3）4110 发动机飞轮壳周边两平面回转式铣床夹具夹紧方案。由于该零件生产属于；批量生产，按照夹紧的基本原则，采用螺旋夹紧机构。螺旋夹紧机构结构简单，容易制造。螺旋夹紧机构的自锁性较好夹紧力和夹紧行程都比较大，在手动夹具上应用较多，操作方便。

三、现有基础和具备的条件

通过 4 年的学习，已经掌握了基本的专业知识，对本课题的相关专业知识和科学有一定的了解，拥有相关的理论知识。在课程学习期间也进行过相关夹具的课程设计，积累了一定的经验，对于本课题有很大的帮助。同时，在邵阳神风动力有限公司的实习，也让我对本课题的内容有了感性的认识，更加直观的接触了生产的工艺过程，扩大了知识面，也见过了相类似的夹具，因此在本课题的设计过程中可以与之相类比，从而使自己的设计思路更加清晰，也可以使本课题的设计更加贴近生产，更有实用价值。

完成本课题具备的条件如下：

（1）已修完了机械类专业课、专业基础课。

（2）参考书、产品图齐全。

（3）有生产厂家可进行调研。

（4）能熟练应用计算机绘图。

四、总的工作任务，进度安排以及预期结果

1. 总的工作任务

（1）设计 4110 发动机飞轮壳的工艺过程卡和工序卡。

（2）4110 发动机飞轮壳周平面加工的回转式铣削夹具设计总图纸工作量达 3 张零号图。

（3）所有图纸按国家标准绘制。

（4）完成不少于 15000 字的设计说明书，设计说明书的版式按学院毕业设计要求格式，引用文献处标注出文献序号。

（5）翻译 3000～5000 字与毕业设计课题相关的外文文献。

2. 进度安排 2012 年 1 月 15 日前，完成开题报告，其进度表如下；

2013 年 2 月 22 日～5 月 8 日，完善设计方案，绘装配图、零件图，撰写设计说明书、翻译有关毕业设计外文文献。

2013 年 5 月 9～20 日，指导老师审核。

2013 年 5 月 24～30 日，评审教师审核，取得答辩资格。

2013 年 6 月 2～6 日，毕业答辩。

3. 预期结果

设计出合理、有实用价值的工艺规程和工装夹具，达到毕业设计的要求。同时，使自己对产品工艺分析和夹具的设计步骤、设计思路清晰，使自己 4 年的大学课程的学习很好的得到沉淀，能够更好地适应毕业后的工作。

续表

五、指导教师审阅意见
×××同学针对毕业设计课题，深入邵阳市神风动力制造有限责任公司实习，对 4110 发动机飞轮壳的工艺过程提出了设计方案，并根据飞轮壳周边平面的技术要求，分析了工件应被限制的第一类自由度，确定了铣削飞轮壳周边平面的机床夹具的定位方案和夹紧方案，方案可行，同意开题。   指导教师（签名）　刘玉梅 2013 年 1 月 30 日
六、教研室审查意见
        教研室主任（签名） 　　年　　月　　日
七、系审查意见
         主管系领导（签名） 　　年　　月　　日
备　注

第 2 章　机床专用夹具设计案例

2.1　设计任务书

飞轮壳零件的生产类型为大批生产，加工模式为流水线加工，多数工序采用专用夹具，以实现自动化生产，节约成本、提高生产率且减小工人劳动强度，设计给出的零件为某市某企业生产的飞轮壳零件，主要的设计内容为：

(1) 设计飞轮壳机械加工工艺规程。

(2) 设计飞轮壳壳周边孔加工钻床夹具。

(3) 绘制飞轮壳壳周边孔加工钻床夹具装配图。

(4) 绘制夹具的零件图。

(5) 编写设计说明书。

2.2　零件工艺规程的制定

零件工艺规程总的原则是：在一定的生产条件下，在保证质量和生产进度的前提下，能获得最好的经济效益。

2.2.1　制定机械加工工艺的思路

1. 机械加工工艺编制的依据

(1) 生产类型。它是选择设备、用具和机械化、自动化程度选择的依据。

(2) 制造零件所用的坯料或型材的形状、尺寸精度。它是选择加工余量和加工过程中头几道工序的决定因素。

(3) 零件材料的性质（硬度、可加工性、热处理在工艺路线中排列的先后等）。它是决定热处理工序、选用设备和切削用量的依据。

(4) 零件制造的精度。包括尺寸精度、形位公差以及零件图上所指定或技术条件中所补充指定的要求。

(5) 零件的表面粗糙度。它是决定精加工工序的类别和次数的主要因素。

(6) 企业设备和用具的条件。

(7) 编制的工艺规程在既定的生产条件下达到最经济与安全的效果。

2. 机械加工工艺编制的步骤

(1) 研究零件图及技术要求。零件在机器中所起的作用、加工材料及热处理方法、毛坯的类型及尺寸并分析零件的制造精度，选择粗基准和精基准。

（2）加工精基准。

（3）主要表面加工。

（4）次要表面加工。视加工便利情况，确定并排列零件上不重要的表面（自由尺寸的表面、减轻零件重量的工序、改善零件外观的工序、不重要的螺纹切削等）的加工顺序，这一类次要工序往往穿插在主要工序之间，有时也会在加工过程的末尾。这时必须考虑，由于次要工序排列不当，会造成加工后重要表面精度的可能性。

（5）确定每道工序所需的机床、工具，填写工艺卡和工序卡。

2.2.2　飞轮壳的结构特点

汽车上的飞轮壳连接着发动机和变速器，并承担着变速器的部分重量，同时也保护着离合器和飞轮，它是重要的基础件。发动机飞轮周边是一个大齿圈，它与装在飞轮壳上的马达通过齿轮啮合连接，实现启动发动机的目的。发动机输出的动力通过曲轴和离合器传递给变速器第一轴。飞轮壳使发动机、变速器和马达等保持正确的位置关系，从而保证运动的正确传递。通过它的变化，同一型号的发动机可以搭载不同型号的汽车，满足市场需求。同一系列的飞轮壳与发动机连接面尺寸基本相同，与离合器连接面则不同，但具有相同的功能孔。如图 2.1 所示（图见插页），飞轮壳材料为 HT200，飞轮壳形似盆状，其结构特点是外形尺寸大，最大直径可达 435mm，高 79mm。材料的结构特点是壁厚不均匀，壁厚一般为 6～10.5mm。

2.2.3　飞轮壳的技术要求分析

飞轮在高速旋转的过程中，飞轮壳起到连接、防护和载体的作用，因此该零件应具有足够的强度和较强的耐磨性，以适应飞轮壳的工作条件。当飞轮壳受到了异常的振动或扭力作用，在薄弱处产生应力集中，应力超过其强度极限或疲劳极限时，飞轮壳便产生裂损。因此对制造加工提出了以下要求：

（1）前端面的平面度要求。飞轮壳前端面和发动机的输出端相连，用两个定位销定位，8 个螺栓固定，安装在发动机机体上。飞轮壳前后端面相互平面度不超过 0.12mm 和 0.15mm，前后端面的平面度、平行度超差、变速器第一轴与曲轴同轴度超差，使离合器从动盘损坏，而且还会在飞轮壳上产生一附加力矩，加速飞轮开裂。

（2）前端面平面与中心线垂直要求。前端面对内孔轴线垂直度均不超过 0.15mm，若机体前端面与曲轴孔中心线不垂直，使飞轮壳安装后偏斜，端面与曲轴轴线不垂直等，那么飞轮中心线与电马达轴心线间距就会发生变化。在使用马达时，飞轮齿圈与马达驱动齿轮之间产生附加作用力，造成飞轮壳应力集中。

（3）前后端面平行度要求。飞轮壳前后端面不平行会导致变速器第一轴与曲轴同轴度超差，不仅易使离合器从动盘损坏，而且还会在飞轮壳上产生一个附加弯矩，加速飞轮壳的裂损。

（4）另外，飞轮壳材质不佳、铸造缺陷（如疏松和过薄等）也容易导致其裂损。

飞轮壳主要技术要求见表 2.1。

表 2.1　　　　　　　　　　　　　飞轮壳主要技术要求

加工表面	尺寸及偏差/mm	公差及精度等级	表面粗糙度 Ra /μm	形位公差/mm
左端面	79±0.2	IT9	3.2	⊥ 0.15 S □ 0.12
右端面	79±0.2	IT9	3.2	□ 0.15 ∥ 0.25 T ↗ 0.25 S
安装孔	2—ϕ17	IT11	12.5	⊕ ϕ0.3 X Y
马达螺孔	12—M10 - 7H	IT9	6.3	⊕ ϕ0.3 S
后端面孔	ϕ416$_0^{+0.079}$	IT9	3.2	⊕ ϕ0.3 X Y
前端面孔	2—ϕ13	IT11	12.5	⊕ ϕ0.3 X Y
前端面定位孔	2—ϕ12.7±$_{0.011}^{0.011}$	IT7	1.6	⊕ ϕ0.1 S
马达孔	ϕ82$_0^{+0.087}$	IT9	3.2	

2.2.4　飞轮壳毛坯

飞轮壳的轮壳材料为 HT200，在大批量生产中，采用生产效率高的毛坯生产方法，如金属型铸造和消失模铸造。飞轮壳内外表面绝大部分为非加工面，为使毛坯的形状结构接近于零件的形状，实现环境保护和清洁生产，飞轮壳毛坯采用消失模铸造，以提供最小加工余量及精确成形的产品。

2.2.5　飞轮壳加工路线拟定

对薄壁壳体类零件的加工，由于工件容易变形，且面与孔之间、孔与孔之间、面与面之间经常有尺寸关联要求，所以如何选择定位基准，如何安排工艺顺序就变得非常关键，所以加工中通常应注意以下几个问题：

1. 基准的选择

定位基准的选择是工艺上一个十分重要的问题，它不仅影响零件表面的位置尺寸和位置精度，而且还影响整个工艺过程的安排。

（1）精基准的选择。飞轮壳孔与面、面与面、孔与孔大多有关联尺寸要求，其上的螺孔大部分均有位置精度不超过 ϕ0.3mm 的要求。为有利于这些要求的保证，选择精基准时首先考虑"基准统一"原则，尽可能用同一组基准定位进行加工，以避免因基准转换过多而带来积累误差。同时，由于各工序采用同一组基准定位，使所用的夹具具有相似结构形式，减少了夹具的设计与制造工作量，对加速生产前准备工作，降低生产成本也是有益的。

因此，飞轮壳精基准通常选与发动机合把面和该平面上相距尽可能远的两个工艺孔作为精基准，即以一面两销的定位方式，实现基准统一原则。定位销孔的中心距442.98mm，基准面的平面度0.12mm，平面粗糙度 Ra3.2μm。

(2) 粗基准的选择。精基准选定之后，就要选择粗加工基准。根据粗基准选择原则，作为粗基准的表面应平整，没有飞边、毛刺或其他表面缺陷，用非加工表面作粗基准，可使非加工表面与加工表面间的位置误码率差最小，保证壁厚均匀。飞轮壳的结构复杂，加工的表面较多，粗基准选择不合理，会影响加工余量的均匀分布，使非加工面偏移，造成废品。飞轮壳内腔底面为非加工面，且壁厚要保证为10.5mm。为了保证壁厚均匀，因此以飞轮壳内腔底面为粗基准。

2. 加工阶段划分及加工顺序安排

(1) 加工阶段划分。由于工件在粗加工后会引起显著变形，所以常将平面和孔的加工交替进行，在这些表面都进行粗加工以后，再精加工基准面、其他表面及面上各孔。

1) 粗加工阶段。粗加工的目的是快速从毛坯上切除较大的加余量。飞轮壳粗加工阶段，粗加工与发动机的结合面，然后粗加工离合器结合面及其他表面，去除毛坯余量。

2) 半精加工阶段。通常安排一些半加工工序，将精度和光洁度要求中等的一些表面加工完成，而对于要求高的表面进行半精加工，为以后的精加工做好准备。

3) 精加工阶段。通常首先完成定位基准面（发动机结合面）的精铣及面上两销孔的精加工，并以此为精基准（一面两孔）定位，完成对精度和光洁度要求高的表面及孔的加工，如马达孔加工。

(2) 加工工序顺序安排。

1) 首先安排作为精基准表面的加工，再以加工出的精基准定位，安排其他表面加工。飞轮壳精基准是一面两孔，因此第一道工序为以飞轮壳内腔底面为粗基准，加工与发动机结合面（后续工序的定位位基面），此定位基面加工后，加工定位孔。

2) 先粗后精整个零件的加工工序，应是粗加工工序在前，相继为半精加工、精加工及光整加工工序。先粗铣飞轮壳与发动机结合面（前端面），再以粗铣后的飞轮壳与发动机结合面为定位位基准，粗车与离合器接合的后端面，粗车后端面孔，钻铰定位孔，然后是精加工，精车前端面，精车后端面，精车后端面孔。

3) 次要小表面及孔的加工。先加工主要表面，后加工次要表面。飞轮壳的螺纹孔，铣削周边平面、钻周孔平面孔及攻丝、钻前后端面孔等，可以在精加工主要表面后进行，一方面加工时对工件变形影响不大，同时废品率也降低。另一方面如果主要表面出废品后，这些小表面就不必再加工了，从而也不会浪费工时。但是，如果小表面的加工很容易碰伤主要表面时，就应该把小表面的加工放在主要表面的精加工之前。

4) 先面后孔，由于飞轮壳的底平面的轮廓尺寸较大，用它定位比较稳定，因此选此面作为精加工基准，先加工飞轮壳前端面，然后以前端面面定位加工孔，有利于保证孔的加工精度。

5) 热处理的安排。飞轮壳有热处理的要求。为了消除内应力，需要进行人工时效，所以通常将热处理放在粗加工之后，半精加工之前。

6）辅助工序。检验工序穿插于零件加工完毕之后、工时较长和重要的关键工序前后。其客观存在辅助工序还有去毛刺、清洗、表面处理和包装等。

（3）加工方法的选择。

1）平面加工。在拟订飞轮壳的工艺路线时，首先要确定各个平面的加工方法，为使飞轮壳的加工平面达到所要求的经济精度和平面粗糙度，并且考虑保证加工平面的加工精度和平面粗糙度的要求、生产率和经济性的要求和工件的材料，飞轮壳平面选择粗铣→精车，粗车→精车的工艺方案。

2）孔加工。在加工后端面孔 $\phi416_0^{+0.079}$ mm 孔径尺寸大，采用粗车→精车，车床为专用立式车床。马达孔 $\phi82_0^{+0.087}$ mm，表面粗糙度为 Ra3.2，采用粗镗→精镗加工方案，镗床为专用的单轴立式镗床，定位孔 $2-\phi12.7_{+0.038}^{+0.064}$ mm，表面粗糙度为 Ra1.6，采用钻→铰，其余孔的加工为钻削。

（4）确定工序数。确定工序数的原则，一是工序集中的原则，二是工序分散的原则。周边孔钻削、攻丝和周边平面铣削采用工序集中，减少安装次数。其余工序采用工序分散原则，简化设备。

2.2.6 飞轮壳的机械加工工艺规程

根据产品的年生产纲领和企业生产条件，如现有设备的规格、性能、所能达到的精度等级及负荷情况；现有工艺装备和辅助工具的规格和使用情况；工人的技术水平；专用设备和工艺装备的制造能力和水平以及飞轮壳精度要求等确定具体的加工工艺方法。

由上述分析可知，飞轮壳的前后端面平面度、孔加工的位置精度、连接用螺栓孔加工等工序均为关键工序，如何效率高、成本低、质量好地完成其加工，可根据产品的批量和产品种类的多少，发动机飞轮壳，其具体的工艺规程为：

（1）粗铣前端面 A。

（2）粗车后端面 B。

（3）精车前端面 A。

（4）钻前端面孔、钻铰定位孔。

（5）精车后端面孔。

（6）精车后端面。

（7）铣周车平面。

（8）粗镗马达孔。

（9）精镗马达孔。

（10）马达孔倒角。

（11）钻周边孔。

（12）周边孔攻丝。

（13）钻后端面孔。

（14）锪后端孔。

（15）后端面孔攻丝。

（16）钻前面马达螺孔。

（17）前端面孔攻丝。

（18）清理、去毛刺和打标记。

（19）成品检验。

（20）包装入库。

如果产品种类和批量很大，考虑采用加工中心进行关键工序加工。

2.2.7　毛坯机械加工余量及工序尺寸确定

1. 毛坯机械加工余量确定

飞轮壳为大批量生产，毛坯生产采用消失模铸造。查《机械工艺设计手册》，综合得出铸件机械加工余量见表2.2。

表 2.2　　　　　　　　　　　　飞轮壳各表面加工余量　　　　　　　　　　单位：mm

基本尺寸	加工余量	附注	基本尺寸	加工余量	附注
79 ± 0.2	7.0	双侧	$\phi82_0^{+0.087}$	4.0	双侧
$\phi416_0^{+0.079}$	6.0	双侧	不加工表面	0	
周边平面	3.0	单侧			

2. 主要切削用量的确定

选择切削用量主要根据工件的材料、精度要求以及刀具的材料、机床的功率和刚度等情况，在保证工序质量的前提下，充分利用刀具的切削性能和机床功率、转矩等特性，获得高生产率和低加工成本见表2.3。

表 2.3　　　　　　　　　　　　　主 要 切 削 用 量

加工材料	工序名称	切削深度/mm	主轴转度 v/（m·min^{-1}）	走刀量/（mm·分$^{-1}$）
铸铁	粗铣	3～5	52	100
	粗车	3～5	40	40
	半精车	0.5	96	40
	精车	0.4	96	40
	钻孔		800～1450	0.2～0.3
	铰孔		350	0.3

2.3　工件加工夹具设计

2.3.1　机床专用夹具的工作原理及特点

机床专用夹具是普通机床和专用机床的重要组成部件。它是根据加工工件的工艺要求和生产纲领以及机床结构而设计的工艺装备，以实现工件的准确定位、夹紧和刀具的导向等。即使工件相对于机床或刀具有一个正确的位置，并在加工过程中保持这个位置不变。从而达到可靠地保证工件的加工质量，减轻劳动强度，充分发挥和提升机床工艺性能的目的。

1. 机床夹具的工作原理

工件通过定位元件在夹具中正确定位，夹具通过连接元件固定于机床，刀具利用对刀元件引导，保证工件相对于机床、刀具位置正确，从而保证工序的加工精度。

2. 专用夹具特点

（1）工件在夹具中定位迅速。

（2）工件通过预先在机床上调整好位置的夹具，相对机床占有正确位置。

（3）工件通过对刀、导引装置，相对刀具占有正确位置。

（4）对加工成批工件效率尤为显著。

3. 机床夹具的作用

（1）保证加工质量。机床夹具的首要任务是保证加工精度，特别是保证被加工工件的加工质量与定位面之间以及被加工表面之间的位置精度，合用夹具后，这种精度主要靠夹具和机床精度来保证，同时也依赖于工人的技术水平。

（2）提高生产率，降低成本。

（3）扩大机床工作范围。

（4）减轻工人劳动强度，保证生产安全。

4. 专用夹具设计的基本要求

（1）夹具设计应满足零件加工工序的精度要求。

（2）应能提高加工生产率。

（3）操作方便、省力、安全。

（4）具有一定的使用寿命和较低的夹具制造成本。

（5）夹具元件应满足通用化、标准化、系列化的"三化"要求。

（6）具有良好的结构工艺性，便于制造、检验、装配、调整和维修。

2.3.2 专用机床夹具方案设计

1. 设计前期准备

开始设计夹具之前，需要收集相关资料并进行认真研究，明确设计任务，确定给定条件和进行工艺分析。

信息资料的收集与研究内容主要包含：工序加工尺寸、位置精度要求，定位基准，夹紧力作用点、方向，机床、刀具、辅具，所需夹具数量，年生产纲领。

4110 飞轮壳年生产纲领 6 万台/a，周边孔 $\phi18mm$ 孔表面粗糙度为 Ra12.5，无尺寸公差要求，M18 底孔 $\phi16.5mm$、4—M12 底孔 $\phi10.2mm\phi$、4—M6 底孔 $\phi5mm$ 加工方案均为钻削，定位方式采用一面两销，夹紧力作用点在飞轮过内腔底面，方向垂直于定位基面，使用设备 Z3050 摇臂钻床，需设计一台钻模，用于飞轮壳加工流水线，刀具为锥柄麻花钻 $\phi16.5mm$、$\phi18mm$，直柄麻花钻 $\phi5mm$ 和 $\phi10.2mm$ 和专用锪刀，工序简图如图 2.2 所示（图见插页）。

钻周边孔工序卡，见本章附表。

2. 钻床夹具型式选择

设计钻模式时，应根据工件的加工要求，形状和大小，加工使用的机床以及生产的批量，经济合理地选取钻模的结构型式。钻模的结构型式有：固定式钻模、移动式钻模、箱式钻模、翻转式钻模、覆盖式钻模、回转达式钻模和滑柱式钻模。

4110 飞轮壳周边孔安排在一道工序完成，使用设备为摇臂钻床，且大批量生产，选择回转式钻模合理。

3. 夹具方案设计

(1) 定位方案设计。

1) 定位原则。定位是工件加工前，在机床或夹具中占据某一正确加工位置的过程。确定工件在夹具中的正确位置，遵循工件的 6 点定位原则，防止出现过定位和欠定位原则性错误。

根据飞轮壳周边孔的工序尺寸要求，钻削飞轮壳周边孔，需限制 6 个自由度，即完全定位。

2) 选择定位基准和定位元件。定位基准选择力求与工序基准重合，并尽量与设计基准重合，以减小定位误差，获得夹具最大加工允差，降低夹具制造精度或采用基准统一原则，以避免因基准更换而降低工件各表面相互位置的准确度。

飞轮壳在夹具中的定位是以飞轮壳前端面和其上的两个工艺孔作为定位基面，即以一面两孔定位。相对应的定位元件为圆柱销、菱形销和支承板，其中平面定位元件限制 $\vec{Z}$、$\vec{X}$、$\vec{Y}$ 自由度，圆柱销和菱形销限制 $\vec{X}$、$\vec{Y}$、$\vec{Z}$ 自由度，共限制 6 个自由度。

3) 合理布置定位元件，对于一面两销定位，选最大的平面作为定位基准；通常尺寸大、精度高的主要基准孔用作圆柱销，次要的基准孔用菱形销；如果在工序图上，与基准孔有关的工序尺寸数目相同、精度都很高，则考虑原工序任务用两个夹具在两道工序中分别加工；两定位销中心距力求大些，减少定位误差，设计产品时，应尽量使两定位孔布置得远些；尽量使定位支承元件接近夹紧压力的作用线。

4110 发动机飞轮壳上，定位孔 2 是设计基准和工序基准，因此取孔 2 作为与圆柱销配合孔，孔 1 和菱形销配合，定位平面取左端大平面。

4) 定位误差分析。工件在机械加工中会受到许多因素的影响，因此必然会产生加工误差。根据影响工件加工误差的因素不同，可将工件在夹具中加工时加工误差的组成分为以下几个方面：定位误差 Δ_d、对定误差 Δ_{dd} 和其他加工误差 Δ_{qt}。

为了满足工件的加工要求，得到合格的产品，必须使上述各项加工误差总和等于或小于规定的工件的相应公差 T，即有不等式为：

$$\Delta_d + \Delta_{dd} + \Delta_{qt} \leqslant T$$

定位误差 Δ_d 可粗略地按 3 项误差平均分配，各不超过公差的 1/3 来考虑。

$$\Delta_d \leqslant (1/3)T$$

4110 飞轮壳周边孔工件以两孔一面在两销一面上定位，两孔定位元件为圆柱销和削边销，工件在平面上的运动方式有平移、转动、平移与转动。

两定位孔 $2-\phi 12.7^{+0.064}_{+0.038}$ mm $= 12.738^{+0.026}_{0}$ mm，中心距 442.98mm，确定圆柱销的直

径 $d_1 = \phi 12.738\text{g6}\ (^{-0.006}_{-0.017})\,\text{mm}$，确定菱形销 $d_2 = \phi 12.738^{-0.083}_{-0.094}\,\text{mm}$，由于两定位销是水平布置，只存在横向转角误差：

$$\tan\Delta\gamma = \frac{(T_{D2} + T_{d2} + X_2) - (T_{D1} + T_{d1} + X_1)}{2L} = 0.00005 \tag{2.3}$$

在中心线中间位置产生的铅垂方向上的误差为 0.012mm，小于每个被加工工序尺寸公差要求的 1/3，定位方案可行，如图 2.3 所示。

（2）夹紧方案设计。

1）夹紧原则。工件依靠夹具上的定位支承系统获得对于刀具及其导向的正确相对位置后，还需要依靠夹具上的夹紧机构来消除工件

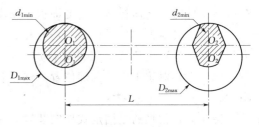

图 2.3 一面两销定位误差计算

因受切削力或工件自重的作用而产生的位移或振动，合工件在加工过程中能始终保持正确位置。

a. 保证工作可靠。夹紧机构应能保证工件可靠地接触相应的定位基面，夹紧过程中不至于因工件重力或夹紧力的影响而破坏正确的定位，夹紧后不许破坏工件定位后的正确位置和已加工表面。

b. 保证加工精度。夹紧机构应能产生足够大的夹紧力，避免切削力在切削过程中破坏工件的正确位置，必要时要求具备自锁性能。另外，夹紧力不宜过大和过于集中，避开工件产生超大型出表面精度允差范围的变形。

c. 保证生产率。夹紧动作力求迅速、便捷，并现工件的产量和批量相适应。

d. 在满足使用要求的前提下，力求夹紧机构紧凑简单、操作方便、使用安全。

2）夹紧方案设计。

a. 力源装置方案选择。力源有手动、机动和自夹紧 3 种。机动力源有气动、液压、气液联合、电动、磁力和真空等，自夹紧力源有切削力和离心力，见表 2.4。

表 2.4　　　　　　　　　　　　夹具夹紧力源对比

项目	气动夹紧	液压夹紧	手动机械夹紧
操作力	稍大	大	较大
操作速度	快	较快	慢
准确性	一般	较好	良好
配管	稍复杂	复杂	无
维护要求	简单	较高	简单
发生故障时的情形	消耗残余气量后停止	有蓄能时，可持续保持	停止
价格	一般	稍贵	一般

根据 4110 飞轮壳的生产纲领和企业投入情况考虑，飞轮壳为薄壁零件，为不使工件产生变形和表面损伤，夹具夹紧机构选择手动。

b. 夹紧机构方案选择。夹紧机构常见有螺旋夹紧机构、斜楔夹紧机构、偏心夹紧机构、铰链夹紧机构、联动夹紧机构和定心夹紧机构等。

所设计的夹具定位元件支承板和两定位销承受钻削时的切削扭矩，且定位销由于轴线

处于水平状态，还需承受飞轮壳的重量，为增大飞轮壳和定位面的摩擦力，需对工件施加水平压紧工件的夹紧力，为便于操作和提高机械效率，采用自锁能力强、结构简单、夹紧可靠、通用性大及适合于手动夹紧的螺旋压板夹紧机构，支承点设计置在飞轮壳的中央，力的作用点落在飞轮壳内底平面，夹紧采用结构简单的双头螺柱、压板和压紧螺母夹紧。在拆装工件时，将压板转一角度即可，不需拆除压板。

（3）夹具对刀装置设计。利用专用机床完成孔加工工序中，除采用刚性主轴加工外，为引导刀具在正确位置对工件进行加工，夹具大多数设计有刀枪引导装置，其主要作用是：保证刀具对于工件的正确位置，保证各刀具间的相互正确位置和提高刀具系统的支承刚性。

钻床夹具常见的是固定式导向装置，钻套安装在钻模式板上固定不动，刀具或刀杆在钻套内既作相对转动又作相对移动。

4110 飞轮壳为大批量生产，为了方便钻套磨损后容易更换，采用或换外套。

（4）分度装置设计。在机械加工中，经常会遇到一些工件要求在夹具一次装夹中完成一组表面加工，如孔系、槽第、多面体等。由于这些表面是按一定角度或一定距离分布的，因而要求夹具在工件加工过程中能进行分度。即当工件加工完一个表面后，夹具的某些部分应能连同工件转过一定的角度或一定的距离，可实现上述要求。分度装置能使工件工序集中，减少安装次数，从而提高加工表面间的位置精度，减轻劳动强度和提高生产率。

分度装置的基本形式主要由分度盘和分度定位器组成，分度盘可以绕轴线回转，分度器装在固定不动的分度装置底座上。常用的有回转分度装置和直线分度装置。回转分度装置按回转轴的位置可分为立轴式、卧轴式和斜轴式。

分度装置对定机构是用来完成分度、对准、定位的机构。对定机构常用的有弹簧钢球对定机构、圆柱销对定机构和圆锥销对定机构。弹簧钢球对定机构用于切削负荷小，分度精度要求不高的场合；圆柱销对定机构分度精度不高，主要用于中等精度的钻、铣夹具中。圆锥销对定机构能消除分度副间隙对分度精度的影响，分度精度较高，但制造较复杂，灰尘影响分度精度。

分度装置的拔销机构有手拉式拔销机构、旋转式拔销机构、齿轮齿条式拔销机构和凸轮式拔销机构。

为了增强分度装置工作时的刚性和稳定性，分度装置经分度对定后，应将转动部分锁紧在固定的基座上，但当加工中产生的切削力不大且振动较小时，可不设锁紧机构。分度装置常用的锁紧机构为螺旋锁紧机构。

4110 飞轮壳周边孔钻模分度装置采用回转分度装置，分度装置对定机构圆柱销对定机构，因钻削孔切削力较小，不加设置锁紧机构，利用插销将分度盘和夹具体连接，实现锁紧。

2.3.3　夹具的结构设计

1. 绘制工件轮廓

用双点划线在主视图中绘出工件的轮廓外形和主要表面，主要有定位基准、夹紧表面和待加工表面等。

2. 布置定位元件

根据上述分析的定位方案,设计两支承板 2 和 3、圆柱销 1、菱形销 4 定位(图 2.4),在定位前,为了能准确找正两定位孔,设计了初定位块,但不限制自由度。

3. 布置导引元件

引导刀具的可换钻套安装在钻模板上,钻套端面与工件表面间的距离 C 通常取工件钻孔直径的 $(1/3 \sim 1) D$。加工脆材:$C = (0.3 \sim 0.6) D$,加工塑材:$C = (0.5 \sim 1) D$(图 2.5)。

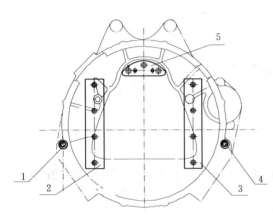

图 2.4 定位元件布置

1—圆柱销;2、3—两支承板;4—菱形销;5—初定位块

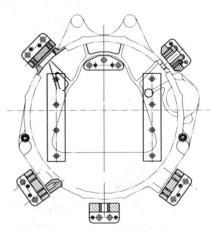

图 2.5 钻套布置

4. 布置分度盘和夹紧装置

将 5 个钻模板分别通过定位销和螺栓固定于分度盘上,根据工件和钻模板所占的尺寸,确定分度盘的尺寸,分度盘工作过程中需回转,因此分度盘轮廓不能存在尖角,以免对操作人员造成伤害(图 2.6)。

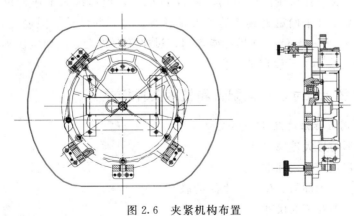

图 2.6 夹紧机构布置

5. 设计夹具体,完成夹具总图

4110 飞轮壳周边孔钻床夹具结构如图 2.7 所示。

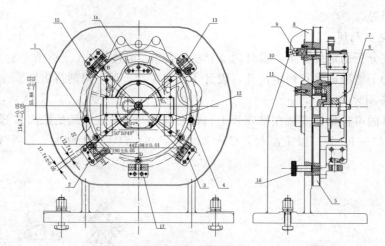

图 2.7　4110 飞轮壳周边孔钻床夹具结构

1—圆柱销；2、3、13、15、17—钻模板；4—菱形销；5—分度盘；6—双头螺栓；7—压板；
8—夹具体；9—插销；10—滚动轴承；11—心轴；12—支承板；14—初定位块；16—调整螺钉

夹具体作为夹具的基础件，夹具所需的各种元件、机构和装置都安装在夹具体上，夹具体设计应满足：

（1）具有足够的刚度和强度，保证在机床加工过程中，夹具体在夹紧力和切削力等外力作用下，不至于产生不允许的变形和振动。

（2）结构简单，具有良好的工艺性。

（3）尺寸精度要稳定，对于铸造夹具体，要进行二次时效处理；对于焊接的夹具体，要进生退火处理，以消除内应力，保证夹具体加工尺寸稳定。

（4）便于排屑。

夹具体毛坯结构有铸造结构，适合于切削负荷大、振动大的场合或批量生产；焊接结构适合于新产品试制或单件小批量生产；装配结构适合于采用标准化毛坯、型材及部件快速组装的夹具。本夹具体采用铸造结构，材料 HT200，根据机床工作台尺寸及机床主轴行程范围和分度盘尺寸来确定夹具体的外形及轮廓尺寸，并设计加强筋，以提高其刚度。夹具体壁厚一般为 15～30mm，并尽可能均匀，过厚和面积大处应挖空。加强筋取壁厚的0.7～0.9 倍，其高度不大于壁厚的 5 倍。

2.3.4　夹具总图上尺寸、公差配合和技术条件标注

1. 夹具装配图应标注的尺寸和公差配合

（1）夹具外形的最大轮廓尺寸。

（2）工件与定位元件之间的联系尺寸。

（3）对刀或导向元件与定位元件之间的联系尺寸。

（4）与夹具位置有关的尺寸。

（5）其他装配尺寸。

2. 夹具装配图应标注尺寸的公差取值

（1）夹具上的尺寸公差和角度公差取 $(1/2 \sim 1/5)$ T_g。

（2）夹具上的位置公差取（1/2～1/3）T_g。

（3）当加工工件直线尺寸为未注公差时，夹具取±0.1mm。

（4）夹具相应于工件无角度公差的角度取±10′。

（5）工件为未注形位公差的加工面时，按 GB1184 中 7.8 级精度的规定选取。

3. 夹具装配图应标注的位置公差

（1）定位元件之间的位置公差。

（2）连接元件（含夹具体基面）与定位元件之间的位置公差。

（3）对刀或导向元件的位置公差。

4. 根据上述夹具装配图标注要求完成本夹具尺寸标注

（1）外形轮廓尺寸的确定。夹具外形轮廓长、宽和高（不包含被加工工件、定位键），当夹具结构中有可动部分时，应包括可动部分处于极限位置时在空间所占的尺寸，本夹具长×宽×高＝800×500×820。

（2）夹具钻模板和对定插销位置尺寸。钻模板的位置尺寸根据产品图如图 2.2 所示，相对应的 A 向、B 向、C 向、E 向、F 向 5 处加工的孔的位置精度要求，在钻板上相应确定其安装尺寸。

插销的位置尺寸决定在加工飞轮壳周边孔时，钻模板转过的角度是否能使要加工部位的钻模块中的钻套轴线与机床主轴轴线保持平行。

飞轮壳周边 D、F 两处孔中心线系过飞轮壳中心线，并与飞轮壳放置位置的水平线中心线夹角分别为 90°和 40°，如图 2.1 所示，布局的对定插销中心线过钻套轴线与夹具水平中心线夹角分别为 90°和 40°的位置，如图 2.7 的钻模板 17、13 对应的定位插销位置 D、F 位置。

飞轮壳周边 B 处加工的是 4 个孔组成的孔系，孔系对称中心与飞轮壳水平中心线夹角为 45°，布局的对定插销中心线过孔系对称中心线与夹具水平中心线夹角分别为 45°的位置。

飞轮壳周边 C 处孔的位置如图 2.1 所示，被加工孔所在平面与飞轮壳水平中心线夹角为 55°，孔系其中一孔的位置尺寸距飞轮壳水平中心线（154.7±0.15）mm，距飞轮壳铅垂中心线（190±0.15）mm，且这一孔的轴线不通过飞轮壳的中心，布置对定插销的位置需通过计算研定。插销布局在与飞轮铅垂线夹角取 55°处，如图 2.8 所示，几何关系得出插销轴心与飞轮中心的连线与钻套轴线的距离 SH：

$$SH = OH \times \sin(\angle SOK - \angle HOK) \tag{2.4}$$

其中：

$$\angle SOK = 55°, \quad \angle HOK = \arctan\frac{190}{154.7} = 50.85°, \quad OH = \sqrt{154.7^2 + 190^2} = 245.01\text{mm}$$

$$SH = 17.74\text{mm}$$

$$O\overline{J} = \overline{OS} + \overline{SJ} = O\overline{S} + 5 = O\overline{H} \times \cos(55° - 50.85°) = 249.37\text{mm}$$

由 17.74mm 进而得出钻模板定位销孔轴线与对定插销孔轴线之间的位置尺寸为 12.74mm。飞轮壳周边 E 处孔加工位置与 C 处轴对称。

（3）两定位销位置尺寸的确定。作为定位元件应具有适当的精度，以保证工件的定位精度，一般定位元件的制造公差取工件相应化差的 1/5～1/2，与工件加工尺寸公差有关的夹具公差，参照表 2.5 选取。

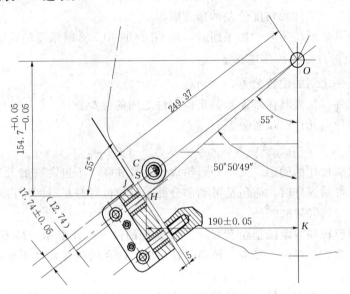

图 2.8　分度对定插销布置

表 2.5　　　　　　　　　　　按工件公差选取夹具公差

夹具型式	工件被加工尺寸的公差/mm				
	0.03～0.10	0.10～0.20	0.20～0.30	0.30～0.50	自由尺寸
车床夹具	$\frac{1}{4}$	$\frac{1}{4}$	$\frac{1}{5}$	$\frac{1}{5}$	$\frac{1}{5}$
钻床夹具	$\frac{1}{3}$	$\frac{1}{3}$	$\frac{1}{4}$	$\frac{1}{4}$	$\frac{1}{5}$
镗床夹具	$\frac{1}{2}$	$\frac{1}{2}$	$\frac{1}{3}$	$\frac{1}{3}$	$\frac{1}{5}$

飞轮壳零件图给定两定位孔的中心距尺寸为 442.98mm，两定位孔的中心线距飞轮壳中心尺寸为 55.88mm，均为自由尺寸，公差按 IT11，相应夹具的两定位销轴中心取 (442.98±0.01) mm；圆柱销距飞轮壳的中心距离提出 (221±0.01) mm 的要求，达到飞轮壳安装于夹具上对中。两定位销中心线距夹具水平中心线铅垂距离尺寸 (55.88±0.01) mm。把公差标注成偏差时，按"±"标注。大小确定时，在制造满足经济精度的前提下，尽可能减少夹具公差，以延长夹具寿命。

（4）夹具与机床的联系尺寸的确定。钻床夹具通过夹具体座耳、"T"形螺栓与钻床连接，夹具体座耳尺寸由"T"形螺栓的大小根据《机床夹具手册》确定。

（5）其他装配尺寸。

1）夹具内部的配合尺寸。衬套和夹具体、可换钻套和衬套、定位销和夹具体、定位销和工件之间的配合公差按表 2.6 选定，表 2.7 为几种常见元件定位对夹具体基面的技术要求。

表 2.6 　　　　　　　　　　　　常用夹具元件的公差配合

元件名称	部位及配合		备　注
衬套	外径与本体 $\dfrac{H7}{r6}$ 或 $\dfrac{H7}{n6}$		
	内径 F7 或 F6		
固定钻套	外径与钻模板 $\dfrac{H7}{r6}$ 或 $\dfrac{H7}{n6}$		
	内径 G7 或 F8		基本尺寸是刀具的最大尺寸
可换钻套 快换钻套	外径与衬套 $\dfrac{F7}{m6}$ 或 $\dfrac{F7}{k6}$		
	内径	钻孔及扩孔时 F8	基本尺寸是刀具的最大尺寸
		粗铰孔时 G7	
		精铰孔时 G6	
镗套	外径与衬套 $\dfrac{H6}{h5}\left(\dfrac{H6}{j5}\right)$，$\dfrac{H7}{h6}\left(\dfrac{H7}{js6}\right)$		滑动式回转镗套
	内径与镗杆 $\dfrac{H6}{g5}\left(\dfrac{H6}{h5}\right)$，$\dfrac{H7}{g6}\left(\dfrac{H7}{h6}\right)$		滑动式回转镗套
支承钉	与夹具体配合 $\dfrac{H7}{r6}$，$\dfrac{H7}{n6}$		
定位销	与工件定位基面配合 $\dfrac{H7}{g6}$，$\dfrac{H7}{f7}$ 或 $\dfrac{H6}{g5}$，$\dfrac{H6}{f6}$		
	与夹具体配合 $\dfrac{H7}{r6}$，$\dfrac{H7}{h6}$		
可换定位销	与衬套配合 $\dfrac{H7}{h6}$		
钻模板铰链轴	轴与孔配合 $\dfrac{G7}{h6}$，$\dfrac{F8}{h6}$		

表 2.7 　　　　　　　　　　几种常见元件定位对夹具体基面的技术要求

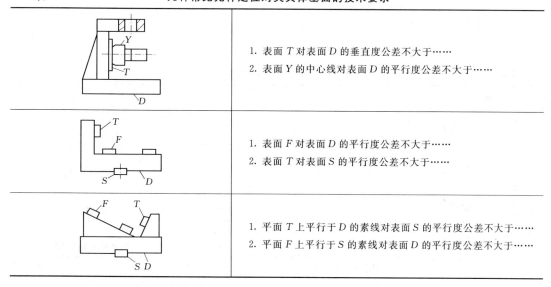

	1. 表面 *T* 对表面 *D* 的垂直度公差不大于…… 2. 表面 *Y* 的中心线对表面 *D* 的平行度公差不大于……
	1. 表面 *F* 对表面 *D* 的平行度公差不大于…… 2. 表面 *T* 对表面 *S* 的平行度公差不大于……
	1. 平面 *T* 上平行于 *D* 的素线对表面 *S* 的平行度公差不大于…… 2. 平面 *F* 上平行于 *S* 的素线对表面 *D* 的平行度公差不大于……

2) 相互位置要求的装配尺寸。加工飞轮壳周边 5 处孔时，对应零件上 5 处分度盘上分度的 5 个对定插销孔角度按工件要求标注。飞轮壳周边 5 处钻模板位置尺寸需标注，根

据几何关系求得 B、C、D、E、F 处钻模板的尺寸分别为 237mm、249.37mm、235mm、249.37mm 和 235mm。

（6）两定位销轴线对夹具底平面不平行允差为 0.01mm。

（7）支承板形成的定位平面与夹具底座平面不垂直允差为 0.01mm。

（8）分度盘回转轴线对夹具底座平面不平行允差为 0.01mm。

（9）夹具任一处钻套轴线在加工位置对夹具底座平面不垂直允差为 0.01mm。

（10）其他技术要求：零部件组装好后，应将对定插销拔出，分度盘应转动灵活无阻滞，且定位插销必须定位准确可靠，活动自如。定位后，应将调节器的调整螺钉拧紧，分度盘换位时，先退出调整螺钉。

2.3.5　夹具零件设计

按照最终确定的夹具结构总图，绘出除了标准件以外的夹具零件。机床夹具常用的已标准化的零件及部件可以参阅 JB/T 8004—8043—1999、JB/T 8004—8045、JB/T 8046—1999，其技术要求可参阅《机床夹具零件用部件技术条件》（JB/T 8044—1999）。

1. 零件结构的确定

（1）根据夹具总图所确定各功能元件具体结构的大小和形状，绘制夹具专用零件的结构和尺寸。专用零件的结构特点必须与其采用的材料、热处理要求和企业的制造条件相适应。

（2）夹具专用零件的尺寸公差。

1）夹具零件上的尺寸（角度）公差取（1/2～1/5）工件尺寸公差和角度公差 T_g。

2）夹具上的位置公差取（1/2～1/3）T_g。

3）相应于工件无尺寸公差的直线尺寸，夹具零件公差取 ±0.1mm。

4）相应于工件无角度公差的角度，夹具零件公差取 ±10′。

5）夹具体上找正基面与安装元件的平面间的垂直度不大于 0.01mm。

6）找正基面的直线度与平面度 0.005mm。

2. 夹具零件常用材料见表 2.8

表 2.8　　　　　　　　　　夹具零件常用材料

名　　称		推荐材料	热处理要求
定位元件	支承钉	$D \leqslant 12mm$，T7A $D > 12mm$，20 钢	淬火 60～64HRC 渗碳深 0.8～1.2mm，淬火 60～64HRC
	支承板	20 钢	渗碳深 0.8～1.2mm 淬火 60～64HRC
	可调支承螺钉	45 钢	头部淬火 38～42HRC $L < 50mm$，整体淬火 33～38HRC
	定位销	$D \leqslant 16mm$，T7A $D > 16mm$，20 钢	淬火 53～58HRC 渗碳深 0.8～1.2mm，淬火 53～58HRC
	定位心轴	$D \leqslant 35mm$，T8A $D > 35mm$，45 钢	淬火 55～60HRC 淬火 43～48HRC
	V 形块	20 钢	渗碳深 0.8～1.2mm 淬火 60～64HRC

名　称		推荐材料	热处理要求
夹紧元件	斜楔	20 钢或 45 钢	渗碳深　　　淬火 58～62HRC 0.8～1.2mm，　淬火 43～48HRC
	压紧螺钉	45 钢	淬火 38～42HRC
	螺母	45 钢	淬火 33～38HRC
	摆动压块	45 钢	淬火 43～48HRC
	普通螺钉压板	45 钢	淬火 38～42HRC
	钩形压板	45 钢	淬火 38～42HRC
	圆偏心轮	20 钢或优质工具钢	渗碳深 0.8～1.2mm 淬火 60～64HRC 淬火 50～55HRC
其他专用元件	对刀块	20 钢	渗碳深 0.8～1.2mm 淬火 60～64HRC
	塞尺	T7A	淬火 60～64HRC
	定向键	45 钢	淬火 43～48HRC
	钻套	内径≤26mm，T10A 内径>25mm，20 钢	淬火 60～64HRC 渗碳深 0.8～1.2mm 淬火 60～64HRC
	衬套	内径≤25mm，T10A 内径>25mm，20 钢	淬火 60～64HRC 渗碳深 0.8～1.2mm 淬火 60～64HRC
	固定式钢套	20 钢	渗碳深 0.8～1.2mm 淬火 55～60HRC
夹具体		HT150 或 HT200 Q195、Q215、Q235	时效处理 退火处理

3. 夹具零件的技术要求

(1) 零件毛坯质量要求。

1) 铸件不许有裂纹、气孔、砂眼、缩松和夹渣等缺陷。

2) 锻件不许有裂纹、皱折、飞边和毛刺等缺陷。

(2) 零件的热处理要求。

1) 需要机械加工的铸件或锻件，加工立脚点应进行时效处理或退火处理。

2) 热处理后的零件不许有裂纹或龟裂等缺陷。

3) 零件上的内、外螺纹均不得渗碳。

4) 零件淬火后的表面不应有氧化皮。

(3) 未注尺寸与公差要求。

1) 凡未注明尺寸倒角均为 C1。

2) 凡未注明尺寸倒圆半径均为 R0.5。

3）凡加工表面未注差的尺寸，其公差应按 GB/T 1804—2000 中 IT13 的规定。

（4）其他技术要求

1）零件的锐边应倒钝。

2）零件上有配合要求的表面应经防锈处理；钢制零件的其余表面，除有特殊要求外，应经发蓝处理。

4.4110 钻床夹具典型零件图

（1）定位销设计。

1）圆柱定位销。由飞轮壳零件图（图 2.9）可知：两定位孔 $2-\phi12.7^{+0.064}_{+0.038}\,mm$，＝ $12.738^{+0.026}_{0}\,mm$，中心距 442.98mm。

由前面确定的两定位销的中心距 442.98±0.01mm。

确定圆柱定位销的直径 $d_1=\phi12.738g6\ (^{-0.006}_{-0.017})\ mm$。

2）菱形定位销。如图 2.10 为菱形定位销的飞轮壳零件图。确定菱形定位销的尺寸，查表 2.9，$b=4mm$。

计算菱形定位销的最小间隙 $X_{2min}=\dfrac{b\ (T_{LD}+T_{Ld})}{D_{2min}}=0.053mm$

T_{LD}——工件两定位孔中心距公差，按 IT11；

T_{Ld}——夹具两定位销中心距公差，一般取 T_{LD} 公差的（1/5—1/2）；

D_{2min}——工件定位孔 2 的最小直径，为 27.738mm。

由定位孔的尺寸和以上计算得菱形定位销和定位孔配合的最小间隙，可确定菱形定位销的基本尺寸及公差：

菱形定位销的最大直径为：$d_{2max}=12.655mm$。

确定菱形定位销的公差等级：一般取 IT7 或 IT6，IT6＝0.011mm。

$$d_2=\phi12.738^{-0.083}_{-0.094}\,mm$$

表 2.9　　　　　　　　　　　　　　　菱形定位销尺寸

d/mm	>3~6	>6~8	>8~20	>20~24	>24~30	>30~40	>40~50
B/mm	$d-0.5$	$d-1$	$d-2$	$d-3$	$d-4$	$d-5$	$d-6$
b_1/mm	1	2	3	3	3	4	5
b/mm	2	3	4	4	5	6	8

注　d—菱形定位销直径。

3）衬套。参阅《机床夹具零件用部件技术条件》（JB/T 8044—1999），钻套材料 T10，淬硬 HRC55—60，表面发蓝处理。衬套内孔直径极限偏差取 F7，衬套外圆直径极限偏差取 n7，如图 2.11 所示。

4）可换钻套如图 2.12 所示。

5）支承板如图 2.13 所示。

6）钻模板如图 2.14 所示。

7）分度盘如图 2.15 所示（图见插页）。

8）夹具体如图 2.16 所示（图见插页）。

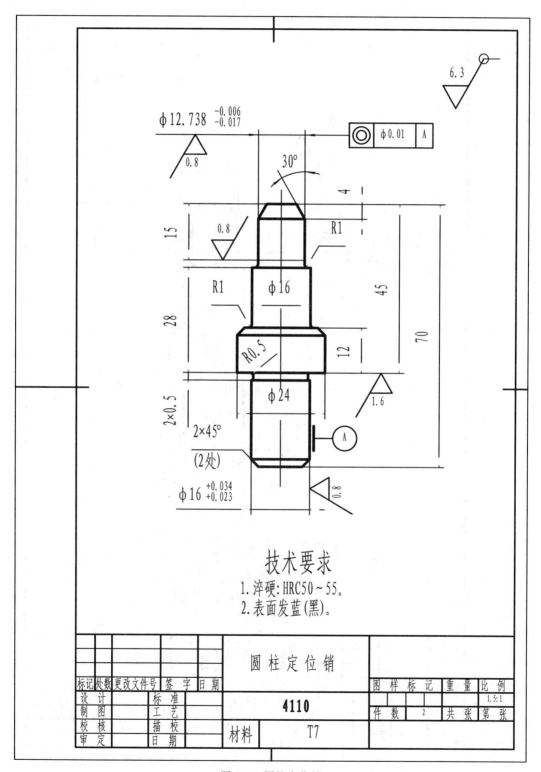

图 2.9 圆柱定位销

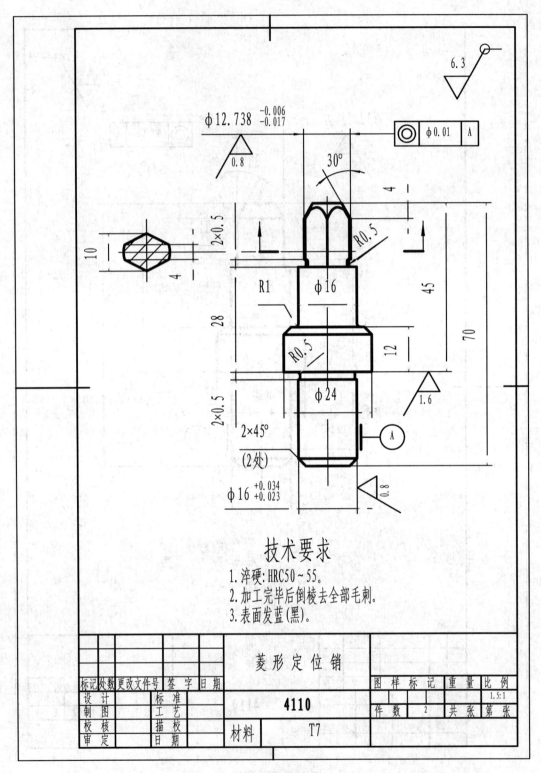

图 2.10　菱形定位销

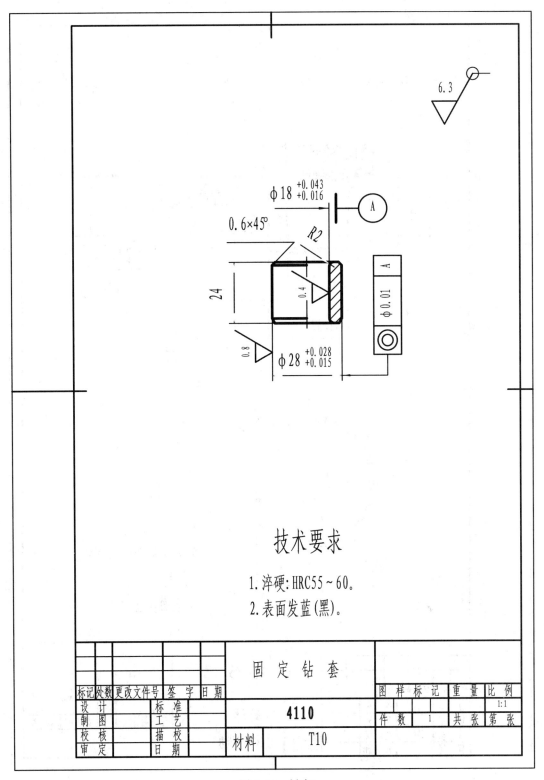

技术要求

1. 淬硬: HRC55~60。
2. 表面发蓝(黑)。

标记	处数	更改文件号	签 字	日 期	固 定 钻 套		图样标记		重量	比 例
设 计		标 准			**4110**					1:1
制 图		工 艺					件 数	1	共 张	第 张
校 核		描 校			材料	T10				
审 定		日 期								

图 2.11 衬套

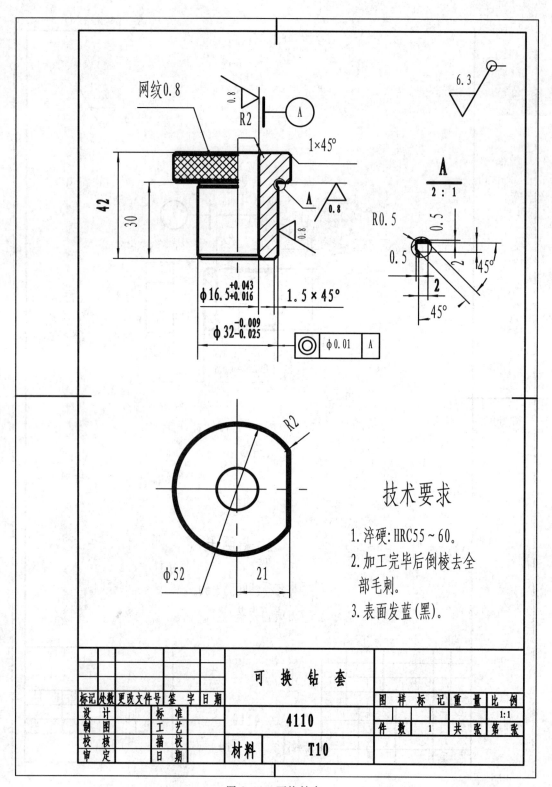

图 2.12 可换钻套

技术要求

1. 淬硬：HRC55~60。
2. 加工完毕后倒棱去全
   部毛刺。
3. 表面发蓝（黑）。

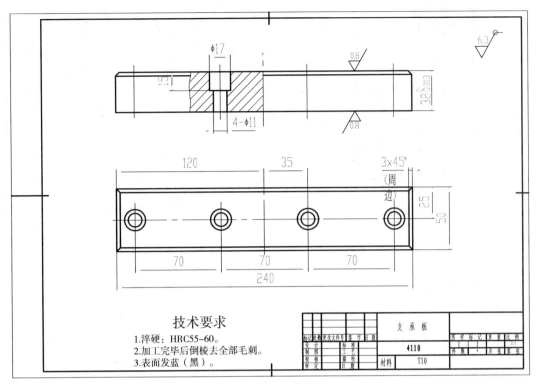

图 2.13 支承板

技术要求
1.淬硬：HRC55~60。
2.加工完毕后倒棱去全部毛刺。
3.表面发蓝（黑）。

		支 承 板				
标记 处数 更改文件号 签 字 日 期				图样标记	重量	比例
设 计		标 准		4110		
制 图		工 艺				
校 核		描 校		件 数 4	共 张	第 张
审 定		日 期		材料	T10	

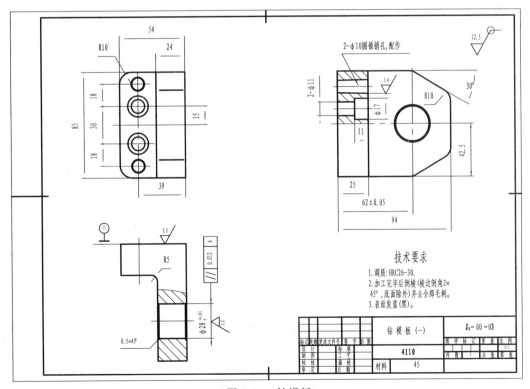

图 2.14 钻模板

技术要求
1.调质：HRC26~30.
2.加工完毕后倒棱（棱边倒角2×45°,底面除外）并去全部毛刺。
3.表面发蓝（黑）。

		钻 模 板 (一)		J₁-00-03		
标记 处数 更改文件号 签 字 日 期				图样标记	重量	比例
设 计		标 准		4110		
制 图		工 艺				
校 核		描 校		件 数	共 张	第 张
审 定		日 期		材料	45	

附表

机械加工工序卡

产品型号	4110		零部件图号		文件编号	
产品名称	柴油机		零部件名称	飞轮壳	工序名称	钻周边孔
					工序号	
			材料牌号	HT250	设备	Z3050
					夹具名称	钻周边孔夹具	夹具图号	1
					同时加工件数	1	操作人数	1	工种	钳
						共 1 页　第 1 页

工步号	工步内容	切削用具	辅助工具	主轴转速 $/(r\cdot min^{-1})$	走刀量 $/mm$	切削深度 $/(mm\cdot r^{-1})$	走刀次数	时间 $/min$ 基本	辅助
1	清理干净定位表面		刷子、抹布						
2	摆放、定位、夹紧工件		12″活动扳手						
3	钻孔 1-φ16.5 通	锥柄麻花钻 φ16.5×125×223-2#	莫氏锥套 5#×3#、3#×2#	400	0.25		1	0.2	
4	将夹具顺转 20°定位								
5	钻孔 4-φ5 通	直柄麻花钻 φ5×52×86	三爪钻夹头	1250	0.10		4	0.5	
6	将夹具顺转 70°定位								
7	钻孔 4-φ10.2 深 30（左侧面）	锥柄麻花钻 φ10.2×87×168-1#	莫氏锥套 5#×3#、3#×1#	630	0.2		4	1.0	
8	将夹具顺转 180°定位								
9	钻孔 4-φ10.2 深 30（右侧面）	锥柄麻花钻 φ10.2×87×168-1#	莫氏锥套 5#×3#、3#×1#	630	0.2		4	1.0	
10	将夹具顺转 65°定位								
11	钻孔 1-φ16.5 通	锥柄麻花钻 φ16.5×125×223-2#	莫氏锥套 5#×3#、3#×2#	400	0.25		1	0.2	
12	将夹具顺转 25°（复位）								
13	拆卸、去全部毛刺	三角刮刀、细砂布							
14	用压缩空气吹除所有孔内切屑								
				编制（日期）	审核（日期）	标准化（日期）	会签（日期）		
标记	处数	更改文件号	签字	日期	标记	处数	更改文件号	登记	日期

切削液

参 考 文 献

[1] 朱耀祥，浦林祥. 现代机床夹具手册. 北京：机械工业出版社，2010.

[2] 赵如海. 金属机械加工工艺设计手册. 上海：上海科学技术出版社，2009.

[3] 刘玉梅，潘卫祥. 飞轮壳工艺方案分析及典型夹具设计. 制造技术与机床，2008.

[4] 要厚生. 内燃机制造工艺学. 北京：机械工业出版社，1991.

[5] 王启平. 机床夹具设计. 哈尔滨：哈尔滨工业大学出版社，2010.

[6] 周世学，冯丰，王建锋. 机械制造工艺与夹具. 北京：北京理工大学出版社，1999.

[7] 范忠仁，陈世忠. 刀具工程师手册. 哈尔滨：黑龙江科学技术出版社，1985.

第3章 组合机床总体设计案例

3.1 设计任务书

发动机机体生产纲领6万台/a，加工模式为组合机床及其自动生产线，实现高效、高质和经济实用。加工发动机机体两端面孔系的组合机床设计内容如下：

（1）对某发动机机体加工工艺进行分析。

（2）设计加工发动机机体两端面孔系的组合机床。

（3）绘制发动机机体两端面孔系的组合机床总图。

（4）绘制发动机机体两端面孔系的组合机床的零件图。

（5）编写设计说明书。

3.2 零件工艺分析

3.2.1 机体的主要技术条件

发动机机体是发动机主要的基础件，它的加工质量对发动机的工作精度和性能有很大的影响，因此机体的加工是发动机制造中重要的一环。机体主要加工内容由平面和孔构成，其主要技术条件如下：

1. 初始参数

发动机机体材料 HT250，硬度 187—255HBS，缸体长（565.5±0.075）mm，宽（318±0.1）mm，高（410.2.±0.035）mm。

2. 平面的精度

气缸体底面 C 平面度为 0.04mm、100：0.015mm，粗糙度为 Rz10；机体顶平面 D 至主轴承孔中心线距离为（335±0.035）mm；顶面 D 的平面度为 100：0.02mm；机体前面 G 和后端面 F 对两工艺孔轴线垂直度100：0.02mm 的平面度均为 0.08mm；G 面和 F 面与 C 面的垂直度为 0.12mm。机体顶面 D、机体端面 G 和后端面 F 为装配基准。机体底面上面有两个 $2-\phi19^{+0.063}_{+0.037}$mm 工艺孔，底面 C 两个销孔是后续加工中的定位基准面。

3. 轴孔的精度

机体上两侧面的大部分孔是装配柴油机附件的，要求的精度不高，而机体的前后端面的大部分孔和缸孔不仅本身有较高的尺寸精度、几何形状精度、表面粗糙度要求，而且还有较高的位置精度和同轴度要求，如果主轴承孔 5 个孔的同轴度（主轴承孔同轴度最小公差为 0.015mm）达不到要求，将会使曲轴无法正常运转，如果相关联孔的中心距偏差较大，或两孔中心线不平行，就会影响齿轮的啮合质量，最后导致发动机的噪音过大。

3.2.2 定位基准的选择

1. 精基准的选择

在总体工艺设计上，机体的孔与孔、孔与平面及平面与平面之间大部分都有较高的尺寸精度和位置精度要求。为有利于这些要求的保证，选择精基准时首先考虑"基准统一"原则，即除了底面 C 以外其他各加工面、孔的主要工序，尽可能用同一组基准定位进行加工，以避免因基准转换过多而带来积累误差。同时，由于各工序采用同一组基准定位，使所用的夹具结构大同小异，减少了夹具的设计与制造的工作量，缩短了生产产前准备时间，降低了成本。根据这一原则，选择机体轮廓尺寸大的底面 C 面及其面上的两个销孔作为定位基准，可以实现设计要求，且工件安装稳定可靠。

2. 粗基准的选择

精基准选定之后，就要选择粗加工基准。根据定位基准选择原则和机体的尺寸要求，粗基准是在粗加工气缸体时选用，选择粗基准主要考虑缸孔的加工余量问题，缸孔是机体的最主要表面，所以选择粗基准应该保证缸孔加工余量均匀，才能保证缸孔壁厚均匀，在第一步加工定位基准（过渡基准）时，选取机体缸孔 1 和 3 及缸孔的台阶面作为粗基准，如图 3.1 所示。

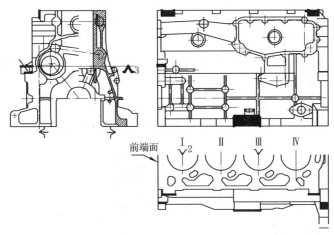

图 3.1 机体加工粗基准

3.2.3 工艺路线的拟定

拟定零件的加工工艺路线，实质上是制定机械工艺规程的总体布局，对零件加工质量、生产效率和成本有决定性的影响。因此它是制定工艺规程中最关键的一步。

1. 加工方法的选择

（1）基准加工。为整个加工过程准备基准面，一般安排在最初几道工序完成，包括过渡基准和精基准。设备选专用的铣床，定位销孔可在数控机床完成。

（2）平面加工。根据机体主要平面的表面粗糙度和平面度的技术要求，选择粗铣→半精铣→精铣的工艺方案。由于生产批量较大，前后端面，左右两侧可用双面组合专用铣床。

（3）孔加工。在加工主轴承孔时，本书采用粗镗→半精镗→精镗的加工方案。

缸孔精度要求较高，故采用粗镗→半精镗→精镗→珩磨机的加工方案。选用的设备为立式金刚镗、加工中心和珩磨机等设备。主油道孔采用单面专用钻床的加工方案。

2. 工艺路线的拟定

根据机体的设计要求和工艺路线设计原则，将工艺过程分为粗加工、半精加工和精加工 3 个阶段。根据先粗后精、先基准后一般、先平面后孔、先主要表面后次要表面的原则，将机体加工的工艺路线设计如下：

(1) 铣加工定位基准。

(2) 粗铣上下平面，精铣下平面，半精铣上平面。

(3) 钻铰工艺孔。

(4) 粗铣两端面、铣大小侧面、半精铣两端面、铣主轴承座接合面以及其他各面。

(5) 纵向孔的加工：粗镗主轴承半圆孔、铣主轴孔两端面、钻主轴道。

(6) 气缸体上平面、下平面、大侧面、小侧面的孔加工：钻、扩、攻各孔，并钻主轴孔上的斜油孔。

(7) 缸孔的粗加工：粗镗缸孔。

(8) 清洗，装主轴承盖。

(9) 半精镗缸孔。

(10) 粗镗两轴孔，精镗两轴孔。

(11) 钻铰前后端面孔、精镗铰两轴孔。

(12) 两侧面精加：精铣两侧面，加工各孔。

(13) 主要表面的半精加工：半精铣前后面、加工各孔、反铣泵座结合面、半精镗主轴孔、半精铣上面、加工上面孔及半精镗缸孔。

(14) 主轴孔的精加工：精镗主轴孔。

(15) 精铣两端面后面、精铣上平面、精镗缸孔，镗缸孔止口及倒角。

(16) 珩磨缸孔。

(17) 清理：水腔、油腔、螺栓孔和光孔清理吹风。

(18) 压缸套：压装成品缸套。

(19) 清洗检查：清洗机体、压碗形塞、水道、油道密封检测。

(20) 检验：整理、终检。

3.3　组合镗床总体设计

3.3.1　组合机床的组成及特点

1. 组合机床组成及特点

据工件加工要求，用大量通用部件及少量专用部件组合起来的高效专用机床。组合机床由通用部件和专用部件组成，一般多采用多轴、多刀、多工序、多面及多工位同时加工，组合机床是一种工序集中的高效率机床。组合机床通用部件和标准件约占 70%～80%，其余 20%～30% 的专用部件是由工件的形状和轮廓尺寸用工艺过程设计的，因此组合机床具有设计与制造周期短、有利于产品更新（工件的结构、尺寸和形状有变化时，组合机床只改动小部分，而大部分的零部件可以重新组合使用）、生产效率高、自动化程度高的特点。

（1）组合机床的主要组成部分有：

1）动力部件。动力箱和滑台等是传递动力的部件，使组合机床实现主运动、工作进给运动以及各种工作循环，如快速前进工作进给、快速退回等。

2）支承部件。底座、中间底座等，主要用来安装其他工作部件，如动力部件、夹具等，使之保持正确的相对位置和相对运动轨迹，支承部件是组合机床的基础部件，起骨架作用。

3）输送部件。例如多工位的移动工作台、回转工作台等，它们用在多工位组合机床上，完成夹具和工件的移动或转位，以实现工件的多工位加工。

4）控制部件。例如各种液压操纵板、液压传动装置、电气柜、按钮台和控制行程挡铁等，起着中枢神经的作用，保证机床按照既定程序进行工作。

5）辅助部件。例如冷却装置、润滑装置、排屑装置和机械扳手等。

（2）组合机床的专用部件，按机床用途各异，主要有以下几种：

1）主轴箱。主轴箱的功用是使各主轴获得一定的位置和转速。主轴箱结构根据工件上孔的数量、尺寸大小和分布位置来确定。

2）夹具。一般根据工件的尺寸、结构和工艺要求设计的专用夹具。

3）刀具。组合机床刀具与工具的设计、制造和使用情况，直接影响着机床的生产效率、加工质量和经济效果。

2. 组合机床总体设计内容

组合夹具的总体设计内容为"三图一卡"，即加工零件工序图、加工示意图、机床联系尺寸图和机械生产率计算卡。

3.3.2 工艺方案拟订

3.3.2.1 确定组合机床工艺方案的基本原则

（1）粗精加工分开原则。粗加工时切削负荷大，切削产生的热变形、较大夹紧力引起的工件变形以及切削振动等。对精加工工序十分不利，影响加工尺寸精度和表面粗糙度。因此，在拟订工件一个连续的多工序工艺过程时，应选择粗精加工工序分开原则。

（2）工序集中原则。运用多刀集中在一台机床上完成一个或多个工件的同表面的复杂工艺过程。如箱体类零件品面上孔相互之间有严格的位置精度要求，为避免二次安装误差的影响和便于机床精度的调整和找正，这类孔的精加工应集中在一台机床上一次安装完成。

3.3.2.2 组合机床工艺方案拟订

柴油机机体零件的材料为 HT250，硬度为 187—255HBS，机体两侧面各孔的尺寸精度、位置精度要求高，特别是机体凸轮轴轴瓦孔圆柱度允差 0.008mm，且凸轮轴轴瓦孔在 588.88mm，长度上同轴度允差仅 $\phi 0.025$mm、同轴度 $\phi 0.025$mm、与主轴孔的平行度 $\phi 0.06$mm 以及粗糙度 Ra0.8 等要求难于控制，前端面定位孔、后端面定位孔、惰轮孔及后端油封挡板定位孔对主轴孔的位置精度也是机体加工难点之一。加工具体技术要求见工序简图 3.2 和表 3.1。

从表 3.1 可知，气缸体两端面孔间有较高的尺寸精度和位置精度要求，如利用两轴镗专机镗主轴孔、凸轮底孔；用摇臂钻加工前后端面定位孔；以两端面与钻模定位、镗后油封挡板定位孔与惰轮孔；以下平面与定位销孔定位加工，分别在 5 道工序内完成。这样工序分散，气缸体采用了多个基准面定位，使得孔与孔之间的位置度要求很难得到保证，且生产成本

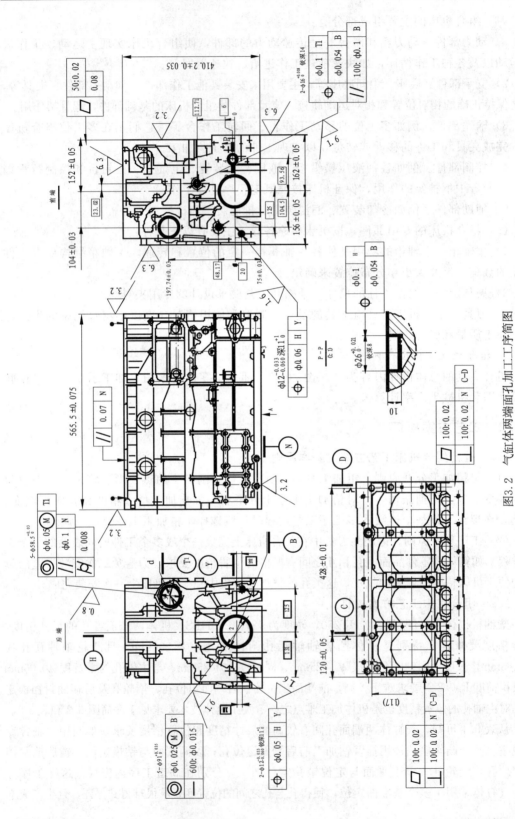

图3.2　气缸体两端面孔加工工序简图

表 3.1 发动机两端面孔尺寸

孔	前端面定位孔 $2-\phi 9.405_0^{+0.023}$	后端面定位孔 $2-\phi 12.67_{+0.004}^{+0.030}$	惰轮孔 $\phi 50.775_0^{+0.038}$	后端油封挡板定位孔 $\phi 141.02_0^{+0.038}$	凸轮轴衬套孔 $5-\phi 60.744_0^{+0.026}$	主轴孔 $5-\phi 92.065\pm 0.01$
精度	与主轴孔、下平面位置度 $\phi 0.1$mm，粗糙度 Ra1.6	与主轴孔、下平面位置度 $\phi 0.1$mm，粗糙度 Ra1.6	与主轴孔位置度 0.08mm，粗糙度 Ra1.6	与主轴孔同轴度 $\phi 0.038$mm，粗糙度 Ra1.6	与主轴孔位置度 $\phi 0.06$mm 与 $\phi 0.1$mm，圆柱度 0.008mm，同轴度 $\phi 0.025$mm，平行度 $\phi 0.06$mm。粗糙度 Ra0.8	与下平面及下平面定位销孔位置度 $\phi 0.1$mm，圆柱度 $\phi 0.005$mm，同轴度 $\phi 0.025$mm，粗糙度 Ra1.6

高，产品质量不稳定，且工序加工时间长，劳动强度大。现拟订采用工序集中，各孔精加工在一道工序一台机床上完成，这样避免气缸体二次安装和机床调整产生的加工误差，整个过程选气缸体底面及其上的两销孔定位，即"一面两孔"定位，工序卡如图 3.3（a）、（b）、（c）所示。

气缸体两面孔具体加工工艺如下：

1. 主轴孔和凸轮轴孔的加工工艺

（1）粗镗主轴孔和凸轮轴孔，主轴孔镗至 $5-\phi 91\pm 0.1$mm，粗糙度为 Ra6.3，同轴度为 $\phi 0.05$mm。凸轮轴底孔镗至 $5-\phi 63.3_0^{+0.1}$mm，粗糙度为 Ra6.3，同轴度为 $\phi 0.1$mm，与主轴孔平行度 $\phi 0.1$mm，在两轴组合镗床上一道工序进行。

（2）半精镗主轴孔和凸轮轴孔，主轴孔镗至 $5-\phi 91.65_{-0.05}^0$mm，粗糙度为 Ra3.2，同轴度为 $\phi 0.025$mm；圆柱度为 $\phi 0.01$mm，与底平面的平行度为 0.05mm。凸轮轴底孔镗至 $5-\phi 64.18_0^{+0.03}$mm，粗糙度为 Ra3.2，同轴度为 $\phi 0.03$mm，与主轴孔平行度 $\phi 0.06$mm，圆柱度为 $\phi 0.01$mm。在两轴组合精镗床上一道工序完成。

（3）精镗主轴孔和凸轮轴孔，主轴孔镗至 $5-\phi 92.065\pm 0.01$mm，粗糙度为 Ra1.6，同轴度为 $\phi 0.025$mm；圆柱度为 $\phi 0.005$mm。凸轮轴衬套孔镗至 $5-\phi 60.744_0^{+0.026}$mm，粗糙度为 Ra1.6，同轴度为 $\phi 0.025$mm，与主轴孔平行度 $\phi 0.06$mm，圆柱度为 $\phi 0.008$mm。在七轴组合镗床上一道工序完成。

2. 惰轮孔的工艺路线

以"一面两孔"定位，在组合钻床上将惰轮孔利用专用刀具钻至 $\phi 49.5_{-0.1}^0$mm，然后在组合镗床精镗至 $\phi 50.777_0^{+0.028}$mm。

3. 后端面油封挡板定位孔、前后端面定位孔工艺路线

以"一面两孔"定位，在组合钻床上将后端面油封挡板定位孔、前后端面定位孔进行钻孔，然后在七轴组合镗床上进行精镗后端面油封挡板定位孔和铰前后端面定位孔达要求。精加主轴孔、凸轮轴衬套孔、惰轮孔后端面油封挡板定位孔、前后端面定位孔进行钻孔安排在一道工序并在七轴组合镗床上进行，这样就排除了工件多次定位产生的定位误差，大大减少了孔距精度的影响因素。

3.3.3 加工示意图

1. 加工示意图的内容

加工示意图是表达工艺方案具体内容的机床工艺方案图，它是设计刀具、辅具、夹具、多轴箱和液压、电气系统以及选择动力部件、绘制机床总联系尺寸图的主要依据，也

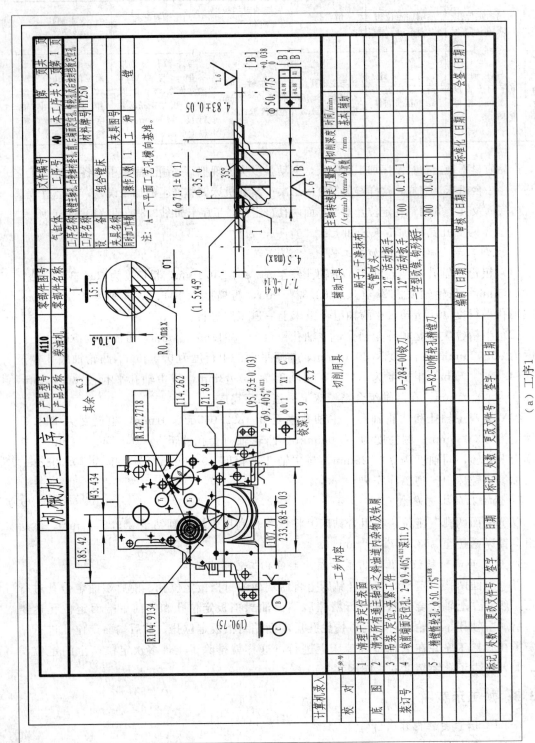

图3.3（一）　气缸体两端面孔加工工序卡

（a）工序1

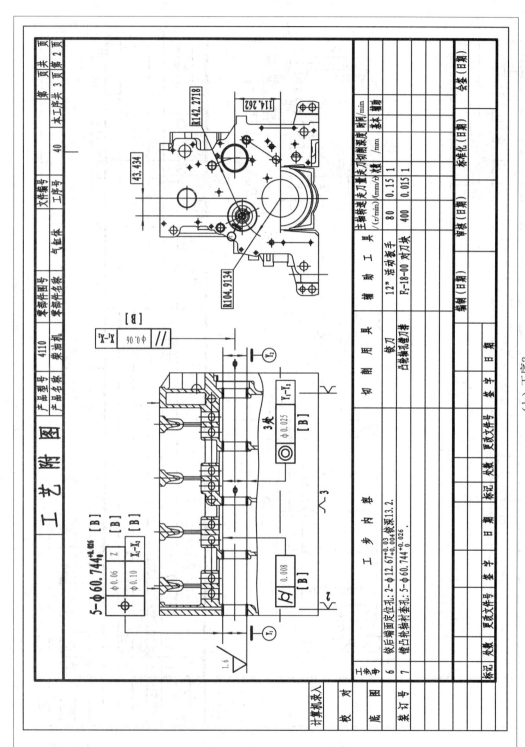

图3.3（二） 气缸体两端面孔加工工序卡

（b）工序2

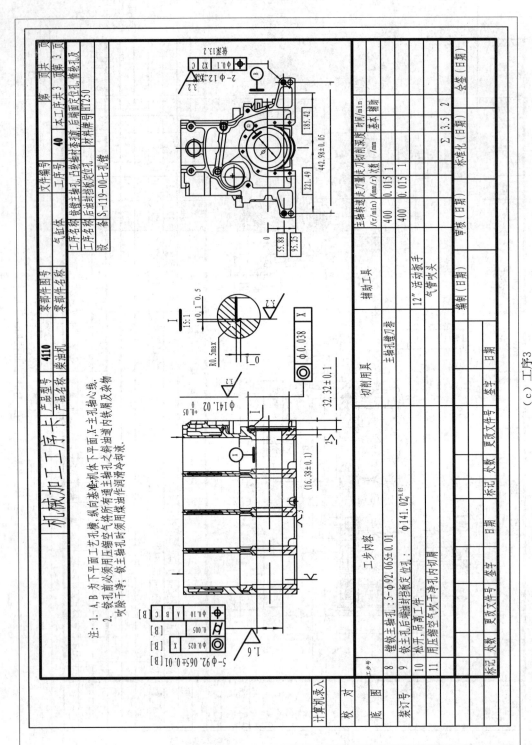

图3.3（三）　（c）工序3　气缸体两端面孔加工工序卡

是对机床总体布局和性能的原始要求。

加工示意图表达的内容有：机床的加工方法、切削用量、工作循环图和工作行程；工件、刀具及导向、托架及多轴箱之间的相对位置及其联系尺寸；主轴结构类型、尺寸及外伸长度；刀具类型、数量和结构尺寸；刀具，导向套间的配合，刀具、接杆、主轴之间的连接方式及配合尺寸等。

2. 绘制加工示意图

(1) 选择刀具。加工气缸体两端面孔，铰刀和镗刀均需自行设计。

(2) 导向结构选择。组合机床加工孔时，除采用刚性主轴加工方案外，零件上孔的位置精度主要是靠刀具的导向装置来保证的，并提高刀具系统的支承刚度。刀具的导向装置设置在机床夹具上。铰孔单导向，导向长度 (2~4) d；镗孔导向套长度 (2~3) d；刀杆悬伸较大时，取大值。

(3) 选择接头。在外、扩、铰、锪孔及倒角等加工小孔时，通常都采用接杆，因各主轴的外伸长度和刀具长度都为定值，为保证多轴箱上各刀具同时到达加工终了位置，须采用轴向可调节器中的接杆来协调各轴的轴向长度，以满足同时加工完各孔的要求。为使工件端面至多轴箱端面为最小距离，首先应按加工部位在外壁、加工孔最浅、孔径又最大的主轴选定接杆，由此选用其他接杆，接杆已标准化，可选通用标准接杆，也可根据刀具尾部结构和主轴头部内孔直径自行设计。

(4) 选择浮动卡头。镗主轴孔和凸轮轴孔的镗刀和主轴连接采用浮动卡头，镗主轴孔和凸轮轴孔采用双向导向，为提高加工精度、减少主轴位置误差，和主轴振摆对加工精度的影响，以实现镗刀杆和动力头位置在一定范围内的适应，并保证力矩的传递，从而降低工件对定位精度的要求，同时采用浮动连接，使孔的加工精度降低对机床本身精度的依赖即为避免主轴与夹具导套不同轴而引起刀杆"别劲"现象而影响加工精度，采用浮动卡头连接。

(5) 标注尺寸。首先从同一多轴箱上所有刀具中找出影响联系尺寸的关键刀具，即使其接杆最短，以获得加工终了时多轴箱前端面到工件端面之间所需的最小距离，并据此确定刀具、接杆 (或卡头)、导向套及工件之间的联系尺寸。需标注的有：主轴端外径、外伸长度 (根据组合机床设计手册确定)；刀具直径和长度 (刀具设计确定)；导向套的直径、长度、配合 (钻床夹具设计，镗床夹具设计知识确定)；工件至夹具导向套端面距离 (钻床夹具设计，镗床夹具设计知识确定)；工件尺寸及加工部位尺寸 (被加工零件图确定)。

(6) 标注切削用量。各主轴的切削用量应标注在相应主轴后端，其内容有：主轴转速 n_i、相应刀具的切削速度 v_i、每转进给量 f_i 和第分钟进给量 f_M。同一多轴箱上各主轴的进给量是相等的，等于动力滑台的工进速度 v_f，即 $f_M=v_f$。

(7) 动力部件工作循环及行程的确定。

1) 工件进给长度。

$$L_x=L+L_1+L_2 \tag{3.1}$$

式中　L_x——工件进给长度；

L——加工部位长度；

L_1——刀具切入长度，一般取 5~10mm；

L_2——刀具切出长度，铰孔 10~15mm，镗孔 5~10mm。

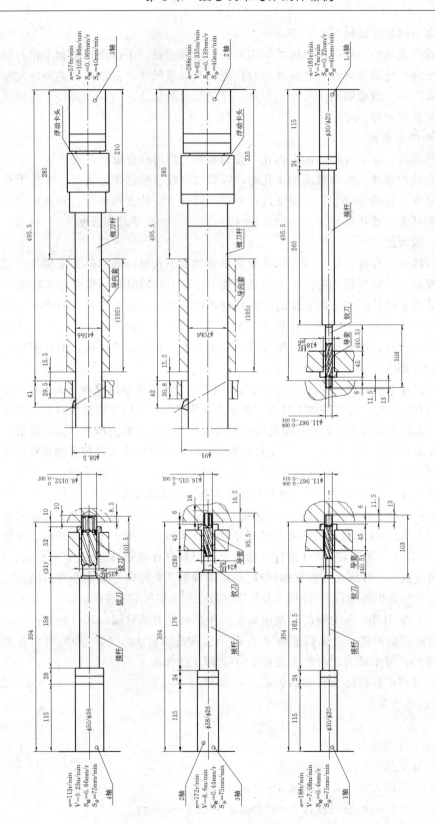

图3.4　加工示意图

2）快速引进长度。动力部件将刀具送到工件进给位置，其长度按具体情况定。

3）快速退回长度。快速退回长度等于快速引进和工作进给长度之和。动力部分必须退回到刀具装夹工件无碍的位置。

4）动力部分总行程。动力部分总行程为快退行程与前后备量的和，如图3.5所示。前备量是考虑刀具磨损或补偿制造、安装误差、动力部件能够向前调节的距离，后备量是考虑刀具装卸以及刀具从接杆中或接杆连同刀具一起从主轴孔中取出时，动力部件需后退的距离（刀具退离夹具导套外端面的距离应大于接杆插入主轴孔内或刀杆插入接杆孔内的长度）。

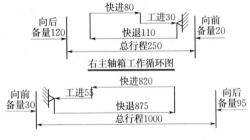

图 3.5 工作循环及行程

工件吊于夹具的让刀位置→按电源开关，左侧滑台快进（主轴不转）→用手将工件推至定位位置手动插销定位并夹紧→左侧主轴箱主轴周向定位脱开，主轴旋转后左侧滑台工进，带动镗铰刀进行切削加工→冷却系统启动→工进到位，死挡铁停留，主轴停转，延时2～5s主轴自动定位（电控自动）→右侧滑台快进→右侧主轴旋转后滑台工进，带动镗铰刀进行切削加工→工进到位，死挡铁停留，主轴停转，冷却系统停止，延时2～5s主轴自动定位（电控自动）→右侧滑台快退，停止→手动拔销，松夹推工件让刀→右侧滑台快退（手控），到位停止→吊下工件。

3.3.4 机床联系尺寸总图

机床联系尺寸总图是以被加工零件工序和加工示意图为依据，按初步选定的主要通用部件以及确定的总体结构绘制的。是用来表达机床的配置型式、主要构成及各部件安装位置、相互联系、运动关系和操作方位的总体布局图。

绘制机床联系尺寸总图：①标明机床的配置型式。②反映各部件间的主要装配关系和联系尺寸，专用部件轮廓尺寸、运动部件的运动极限位置及各滑台工作循环总的工作行程和前后行程备量尺寸。③标注主要通用备件的规格代号和电动机的型号、功率、转速，并标出机床的分组编号及组件名称。④标明机床验收标准及安装规程。

1. 组合床配置型式的选择

组合机床配置型式有单工位组合机床和多工位组合机床。根据气缸体零件加工工艺特点和技术要求，选择双面单工位组合机床，具有固定式夹具，安装一个工件，利用多轴主轴箱同时从两个方向（面）对工件进行加工。这类机床可达到的加工精度最高。实现有关工艺方案的同时考虑了经济性和加工效率等方面的要求，铰刀和主轴连接采用接杆，镗刀杆和动力头的连接采用浮动卡头。

2. 动力部件选取

动力部件主要是动力箱和动力滑台。选用的基本方法是：根据所需的功率、进给力、进给速度等要求选择动力部件及其配套部件。

（1）电动机功率的选择。利用切削功率，选择主传动电机功率，由于被加工气缸体材料为HT250，各主轴的切削功率、切削转矩计算公式为：

钻削切削功率： $$p_{切削}=\frac{Tv}{9740\pi D}\ (\text{kW}) \tag{3.2}$$

钻削转矩： $$T=10D^{1.9}f^{0.8}HB^{0.6}\ (\text{N}\cdot\text{mm}) \tag{3.3}$$

镗削切削功率： $$p_{切削}=\frac{Fzv}{61200}\ (\text{kW}) \tag{3.4}$$

镗削转矩： $$T=25.7Da_{p}f^{0.75}HB^{0.55}\ (\text{N}\cdot\text{mm}) \tag{3.5}$$

组合机床部总的切削功率：

$$P_{总切削}=\sum p_{切削} \tag{3.6}$$

$$P_{多轴箱}=\frac{P_{总切削}}{\eta} \tag{3.7}$$

式中　D——加工孔直径，mm；

$\quad\quad v$——切削速度，m/min；

$\quad HB$——布氏硬度；

$\quad\quad f$——进给量，mm/r；

$\quad\quad a_{p}$——切削深度，mm；

$\quad\quad z$——刀具齿数；

$\quad p_{切削}$——各主轴的切削功率，kW；

$P_{总切削}$——各主轴的切削功率的总和，kW；

$P_{多轴箱}$——多轴箱所需传递的切削功率，kW；

$\quad\quad \eta$——主轴箱的传动功率。

根据上述公式计算得左多轴箱所需传递的切削功率和右多轴箱所需传递的切削功率，左多轴箱选用 TD32A 型动力驱动，电机选 Y112M2—4（$n_{驱}=1440\text{r/min}$，功率为 4.0kW，输出转速 503r/min）；右多轴箱选用 TD50A 型动力驱动，电机选 Y132M2—6（$n_{驱}=960\text{r/min}$，功率为 5.5kW，输出转速 480r/min）。

（2）动力滑台的选用。

1）动力滑台的类型选择。动力滑台实现直线进给运动的动力部件，根据被加工零件的工艺要求，在滑鞍上安装动力箱（用以配多轴箱）或切削头（如钻削头、镗削头、铣削头、攻螺纹头等主轴部件配以传动装置），可以完成钻、扩、铰、镗孔、倒角、刮端面、铣削及攻螺纹等工序。常用的滑台可分为液压滑台和机械滑台两种类型。综合液压滑台和机械滑台的优缺点，考虑工作的稳定性，选用液压滑台。

2）切削力的计算。

切削力计算公式：

钻削切削力： $$F=26Df^{0.8}HB^{0.6}\ (\text{N}) \tag{3.8}$$

镗削切削力： $$F_{x}=0.15a_{p}^{1.2}f^{065}HB^{1.1}\ (\text{N}) \tag{3.9}$$

组合机床总的进给力：

$$F_{总}=各主轴切削力之和$$

式中　D——加工孔直径，mm；

$\quad\quad v$——切削速度，m/min；

$\quad HB$——布氏硬度；

f——进给量，mm/r；

a_p——切削深度，mm；

F——各主轴的切削力，N；

F_x——镗削横向切削力，N；

$F_总$——总进给力，N。

根据 $F_总$ 所需要的最小进给速度、工作行程、结合多轴箱的轮廓尺寸，选取液压滑台型号 HY50B。

（3）侧底座选用。

侧底座主要用来安装其他工作部件，因此，要求具有足够的刚性，以保证各部件之间保持正确的相对位置，侧底座上安装液压滑台，选与型号 HY50B 液压滑台配套的通用侧底座 CC50（$L=2140$mm）。

3. 确定机床装料高度

装料高度指工件安装基面至地面的垂直距离。考虑工人操作方便性、运送工件的滚道高度等因素，机床装料高度取 885mm。

4. 确定夹具轮廓

主要确定专用夹具底的长、宽、高尺寸。工件的轮廓尺寸和形状是确定夹具尺寸底座轮廓尺寸的基本依据。

根据加工示意图已确定的加工方向工件与导向套间距离、镗模架体的尺寸在加工方向的尺寸一般不小于导向长度和气缸体的加工方向的尺寸，确定夹具底座长为 990mm，夹具底座宽可根据气缸体初定位块装配位置和气缸体的宽度确定为 644mm，夹具底座高度考虑其刚度、其上安装的定位部件、中间底座刚度和装料理高度，一般不小于 240mm，确定为 300mm。

5. 确定中间底座尺寸

中间底座的轮廓尺寸，在宽度方向上满足夹具的安装，取 800mm；在加工方向上的尺寸由加工示意图确定。

由加工示意图知，气缸体在这道工序加工终了位置，工件端面至多轴箱前端面的距离为 394mm 和 495.5mm，由此，根据选定的动力箱、滑台、侧底座等标准的位置关系，并考虑滑台的左右前备量 20mm 和 30mm，通过尺寸链计算得中间底座加工方向的尺寸为 1430mm。

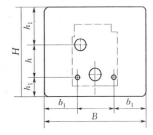

图 3.6 多轴箱轮廓

6. 确定多轴箱轮廓尺寸

主轴箱的标准厚度是 180mm，因此，确定多轴箱尺寸主要是确定多轴箱的宽度 B 和高度 H 及最低主轴高度 h_1，如图 3.6 所示。

多轴箱的宽度 B 和高度 H 计算公式：

$$B = b + 2b_1 \tag{3.10}$$

$$H = h + h_1 + b_1 \tag{3.11}$$

$$h_1 = h_2 + H_1 - (0.5 + h_3 + h_4) \tag{3.12}$$

式中 b——工件在宽度方向相距最远的两孔距离，mm；

b_1——最边缘主轴孔中心至外壁距离，mm；

h——工件在最高度方向相距最远的两孔距离，mm；

h_1——最低主轴高度，mm；

h_2——工件最低孔位置，mm；

H_1——机床装料理高度，mm；

h_3——滑台高度，mm；

h_4——侧底座高度，mm。

气缸体组合镗铰右多轴箱的轮廓尺寸为：

$$b = 125 + 93.56 = 218.56\text{mm}$$
$$b_1 = 100\text{mm}$$
$$h = 197.74 + 20 = 217.74\text{mm}$$

$H_1 = 885\text{mm}$——机床装料理高度（mm）；

$h_3 = 260\text{mm}$——滑台高度（mm）。

$h_4 = 560\text{mm}$

可得：

$B = 418.56\text{mm}$

$H = 437.71\text{mm}$

取 $B \times H = 500\text{mm} \times 500\text{mm}$

7. 绘制气缸体镗铰组合机床联系尺寸总图（图 3.7，见插页）

3.3.5　机床生产率计算卡

生产率计算卡是反映机床生产节拍或实际生产率和切削用量、动作时间、生产纲领及负荷率等关系的技术文件。根据加工示意图所确定的工作循环及切削用量等，计算机床生产率计算卡。

1. 理想生产率 Q

理想生产率 Q（单件为件/h）是指完成年生产纲领 A（包括备品及废品率）所要求的机床生产率。它与全年工时总数 t_k 有关，一般情况下，单班制取 2350h，两班制取 4600h，则有：

$$Q = \frac{A}{t_k} \tag{3.13}$$

有已知条件知，$A = 65000$ 件，$t_k = 4600\text{h}$。

则由式（3.13）得：

$$Q = \frac{65000}{4600} = 14 \text{（件）}$$

2. 实际生产率 Q_1

实际生产率（单位为件/h）是指所设计机床每小时实际可生产的零件数量。则有：

$$Q_1 = \frac{60}{T_单} \tag{3.14}$$

式中　$T_单$——生产一个零件所需时间，min，可按式（3.15）计算：

$$T_单 = t_切 + t_辅 = \left(\frac{L_1}{v_{f1}} + \frac{L_2}{v_{f2}} + t_停 \right) + \left(\frac{L_快进 + L_快退}{v_{fk}} + t_移 + t_装卸 \right) \tag{3.15}$$

式中 L_1、L_2——刀具第 I、第 II 工作进给长度，mm；

v_{f1}、v_{f2}——刀具第 I、第 II 工作进给量，mm/min；

$t_{停}$——当加工沉孔、止口、锪窝、倒角、光整表面时，滑台在死挡铁上的停留时间，通常指刀具在加工终了时无进给状态下旋转 5～10 转所需的时间，min；

$L_{快进}$、$L_{快退}$——动力部件快进，快退行程长度，mm；

v_{fk}——动力部件快行程速度。用机械动力部件时取 5～6m/min；用液压动力部件时取 3～10m/min；

$t_{移}$——直线移动或回转工作台进行一次工位转换时间，一般取 0.1min；

$t_{装卸}$——工件装、卸（包括定位或撤销定位、夹紧或松开、清理基面或切屑及吊运工件等）时间。它取决于装卸自动化程度、工件重量大小、装卸是否方便及工人的熟练程度。通常取 0.5～1.5min。

气缸体组合镗铰机床：

$$L_1 = 30\text{mm}$$
$$L_2 = 55\text{mm}$$
$$v_{f1} = 12\text{mm/min}$$
$$v_{f2} = 60\text{mm/min}$$
$$t_{停} = 0.05\text{min}$$
$$L_{快进} = 820\text{mm}$$
$$L_{快退} = 875\text{mm}$$
$$v_{fk} = 9000\text{mm/min}$$
$$t_{移} = 0.1\text{min}$$
$$t_{装卸} = 1.5\text{min}$$

由式（3.15）可得：

$$T_{单} = t_{切} + t_{辅} = \left(\frac{L_1}{v_{f1}} + \frac{L_2}{v_{f2}} + t_{停}\right) + \left(\frac{L_{快进} + L_{快退}}{v_{fk}} + t_{移} + t_{装卸}\right) = 2.89 \text{（min）}$$

则可由式（3.14）得：

$$Q_1 = \frac{60}{T_{单}} = \frac{60}{2.89} = 20 \text{（件/h）}$$

由于 $Q_1 > Q$，即机床实际生产率满足理想生产率，则所选择的切削用量符合机床设计。

3.3.6 机床负荷率 $\eta_{负}$

当 $Q_1 > Q$，机床负荷率为两者之比。即：

$$\eta_{负} = \frac{Q}{Q_1} = \frac{14}{20} = 0.70 \tag{3.16}$$

3.4 组合机床部分零件图

中间底座如图 3.8 所示（图见插页）。

齿轮如图 3.9 所示。

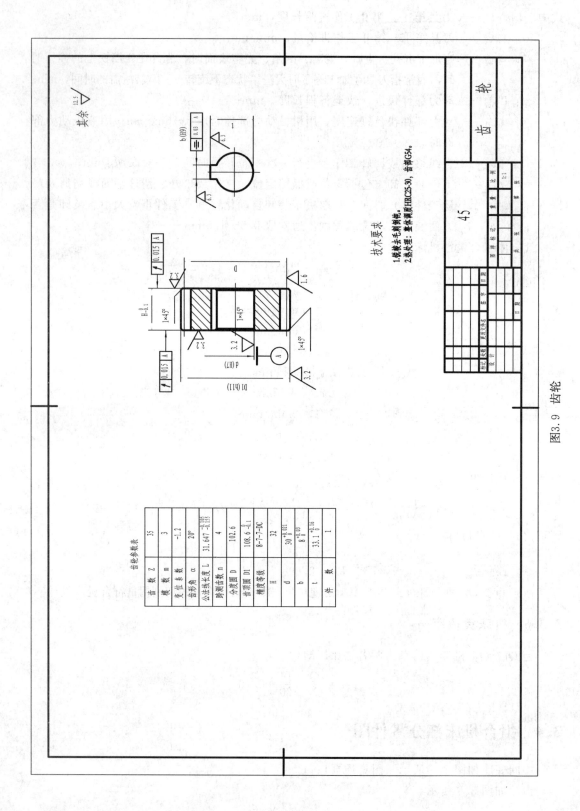

图3.9 齿轮

齿轮参数表

齿 数 Z	35
模 数 m	3
变位系数	−1.2
齿形角 α	20°
公法线长度 L	$31.647^{-0.185}_{-0.155}$
跨测齿数 n	4
分度圆 D	102.6
齿顶圆 D1	$108.6_{-0.1}$
精度等级	8-7-7-DC
H	32
d	$30^{+0.021}_{0}$
b	$8^{+0.03}_{0}$
t	$33.1^{+0.16}_{0}$
件 数	1

技术要求

1. 锐棱去毛刺倒钝。
2. 热处理:整体调质HRC25-30, 齿部G54。

齿 轮

45

参 考 文 献

[1] 大连组合机床研究所. 组合机床设计（机械部分）. 北京：机械工业出版社，1975.

[2] 王先逵. 机械加工工艺师手册. 北京：机械工业出版社，2006.

[3] 上海金属切削协会. 金属切屑手册（3 版）. 上海：上海科学技术出版社，2006.

[4] 东北重型机械学院，洛阳工学院，第一汽车制造厂职工大学. 机床夹具设计手册. 上海：上海科学技术出版社，1988.

[5] 李育锡. 机械设计课程设计. 北京：高等教育出版社，2008.

[6] 姚永明. 非标准设备设计. 上海：上海交通大学出版社，1999.

[7] 金振华. 组合机床及其调整与使用. 北京：科学技术出版社，1990.

[8] 刘华明. 金属切屑刀具课程设计指导资料. 北京：机械工业出版社，1988.

第4章 机电控制系统设计案例

4.1 设计任务书

课题：数控机床 $X—Y$ 工作台伺服控制系统设计

设计任务书

设计一个机床 $X—Y$ 工作台的开环伺服系统，要求 $X—Y$ 工作台运动范围：X：$0\sim$ 100mm；Y：$0\sim$100mm；V：$0\sim$1m/s；a：$0\sim$0.1m/s²；脉冲当量为 0.01mm/step。完成 $X—Y$ 工作台机械结构设计（装配图和主要零件图）；伺服驱动电路设计，计算选择驱动电机，设计驱动电路图；控制系统设计，包括硬件设计、软件设计，显示当前运动位置、越界报警并停止运动。主要的设计内容：

（1）设计 $X—Y$ 工作台的机械结构装配图，主要零件图。

（2）伺服驱动系统设计。

（3）控制系统设计（包括硬件和软件设计）。

（4）编写设计说明书。

4.2 课题概述

主要是课题意义、研究现状和发展前景展望等。（略）

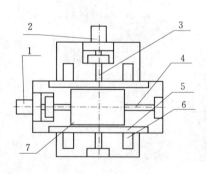

图 4.1　$X—Y$ 工作台示意图

1—X 向电机；2—Y 向电机；

3—Y 向丝杠；4—X 向丝杠；

5—X 向导轨；6—Y 向导轨；

7—工作台面

4.3 拟定课题设计方案

课题总体方案设计内容包括：数控系统的确定（控制系统设计），伺服驱动系统的选择（机电传动计算和电机选择），机械结构设计等内容。应根据设计任务和要求提出系统的总体方案，并对方案进行分析比较和论证，最后确定总体方案，系统组成及结构用框图表示。

4.3.1 $X—Y$ 工作台基本工作原理

能分别沿 X、Y 向运动的工作台称 $X—Y$ 工作台。结构及传动关系如图 4.1 所示。由任务书可知系统设计精度及要求，系统采用开环伺服控制系统，数控装置发出脉冲指令，经脉冲分配和功率放大后，驱动步进电机旋转。由于没有检测反馈环节，工作台的位移精度主要取决于步进电机和传动件的累计误差。

$X—Y$ 工作台驱动原理图如图 4.2 所示。

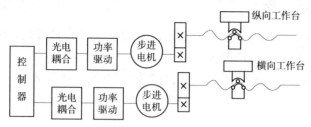

图 4.2　$X—Y$ 工作台驱动原理示意图

1. $X—Y$ 工作台的组成

（1）$X—Y$ 工作平台，能用键盘输入指令，控制工作台沿 X、Y 向自由移动，运动范围为 X：$0\sim100\text{mm}$；Y：$0\sim100\text{mm}$。

（2）用步进电机作为驱动元件。X、Y 向两个步进电机，其脉冲当量为 0.01mm/step。

（3）控制器：单片机、单板机、PLC 等及输入、输出设备。$X—Y$ 工作台的工作原理比较简单，通过控制 X、Y 向步进电机驱动传动机构，从而带动 X、Y 工作平台沿 X、Y 向运动。

2. 控制要求

能实时显示工作台的当前运动位置。当工作台超越边界时，能以指示灯报警，并停止运动。

4.3.2　系统运动方式的确定

数控系统按运动方式可分为点位控制系统和连续控制系统。铣床加工时要求工作台或刀具沿各坐标轴有精确的轨迹运动关系，故选用连续控制方式。

4.3.3　伺服系统的选择

开环伺服系统在负荷不大时多采用功率步进电机作为伺服电机。开环控制由于没有检测反馈部件，因而不能纠正系统的传动误差。但开环系统结构简单，调整维修容易，在速度和精度要求不太高的场合得到广泛应用。

闭环伺服系统，检测反馈元件安装在机床移动的部件上，检测实际位移量，能补偿系统的传动误差，因而控制精度高，闭环系统多采用直流伺服电机或交流伺服电机驱动。闭环系统造价高，结构和调试较复杂，多用于精度要求高的场合。本课题选用步进电机驱动的开环控制系统。

4.3.4　执行机构传动方式的确定

为确保数控系统的传动精度和工作平稳性，在设计机械传动装置时，应考虑以下几点：

（1）用低摩擦的传动和导向元件。如采用滚珠杠螺母传动副、滚动导轨等。

（2）传动间隙。增添间隙消除装置。

（3）传动链。缩短传动链可以提高系统的传动刚度，减小传动链误差。采用预紧可以提高系统的传动刚度。如应用预加负载的滚动导轨和滚珠丝杠传动副，丝杠支承设计成两

59

端轴向固定，并加预拉伸的结构等提高传动刚度。

4.3.5　控制系统的选择

计算机数控系统一般由控制器（微机、PLC 和工业单板机等）、I/O 接口电路、光电隔离电路、放大电路等几部分所组成。

在经济型数控系统中，数控系统部分大多采用 MCS－51 系列的单片机控制，其典型的代表是 8031、8051。程序可由用户的键盘输入，将其存入外部芯片 RAM 中，还可以通过键盘修改。

课题设计内容包括控制系统设计、伺服驱动系统设计、选电动机、$X—Y$ 工作台机械结构设计。

设计时按照系统组成反向设计，先设计机械结构，再选驱动电机，伺服驱动系统设计，控制系统设计（硬件和软件）。

4.4　机械结构设计

4.4.1　工作台外形尺寸及重量的估算

取 X 向导轨支撑钢球的中心距：180mm。

Y 向导轨支撑钢球的中心距：200mm。

X 向拖板的尺寸：长×宽×高：200mm×180mm×60mm。

重量估算：重量＝体积×密度＝$200×180×60×10^{-3}×7.8×10^{-2}≈160$（N）。

Y 向拖板尺寸：200mm×200mm×60mm。

重量估算：重量＝体积×密度＝$200×200×60×10^{-3}×7.8×10^{-2}≈180$（N）。

上导轨座（连电机）重量估算：180N。

夹具及工件重量：约 160N。

$X—Y$ 工作台运动部分的总重量：约 680N。

Y 轴方向移动的工作台尺寸长×宽×高为 480mm×120mm×70mm，最大行程为 100mm；X 轴方向移动的工作台尺寸长×宽×高为 480mm×120mm×70mm，最大行程为 100mm；工作台总重量 W1 不超过 1200N；工作台导轨摩擦系数：动摩擦系数 $\mu=0.1$；快速进给速度 $V_{\max}=1m/s$；定位精度 $10\mu m$。

4.4.2　切削力的计算

（1）车削时切削力的计算：根据已知条件，可拟定参数表，见表 4.1。

表 4.1　　　　　　　　　　　　　　车削力参数表

切削方式	纵向切削力 P_{xi}/N	垂向切削力 P_{zi}/N	进给速度 $V_i/$ (m·min^{-1})	工作时间 百分比/%	丝杠轴向 载荷/N	丝杠转速 / (r·min^{-1})
强力切削	2000	1200	0.4	10	2920	60
一般切削	1000	200	0.6	30	1850	80

续表

切削方式	纵向切削力 P_{xi}/N	垂向切削力 P_{zi}/N	进给速度 $V_i/$ (m·min^{-1})	工作时间 百分比/%	丝杠轴向 载荷/N	丝杠转速 / (r·min^{-1})
精切削	500	200	0.8	50	1320	100
快速进给	0	0	1	10	8	1000

（2）钻削力的基本计算。切削力与工件的硬度、进刀量和孔径有关。可按《机械加工技术手册》中的公式进行计算。

X 方向的切削力为：

$$P_{z1} = C_F d^{X_F} f^{Y_F} K_F \tag{4.1}$$

以钻削 40Cr 钢为参考，查手册中有关表得：$C_F = 304.11$，$X_F = 1$，$d = 5$，$Y_F = 0.8$，$K_F = 1$，取 $f = 0.05$，则：

$$P_{z1} = 304.11 \times 5 \times 0.05^{0.8} \times 1 = 138 \text{（N）}$$

（3）铣削力的基本计算。

铣削圆周力：
$$F_z = 9.81 \times 22.6 a_e^{0.86} a_f^{0.72} d_0^{-0.86} a_p Z$$

铣削宽度 $a_e = 2$，铣削深度 $a_p = 10$，$a_f = 0.1 \text{mm}/Z$，$d_0 = 15$，$Z = 3$，得：

$$F_{z2} = 9.81 \times 22.6 \times 2^{0.86} \times 0.1^{0.72} \times 15^{-0.86} \times 10 \times 3 = 224 \text{（N）}$$

4.4.3 滚动导轨的参数确定

（1）导轨型式：双 "V" 形滚珠导轨。

（2）导轨长度。

1）X 向导轨：取动导轨长度 $L_B = 200$，动导轨行程：$L_1 = 180$

支承导轨长度：
$$L = L_B + L_1 = 380$$

保持器长度：
$$L_G = L_B + L_1/2 = 290$$

2）Y 向导轨：取动导轨长度 $L_B = 200$，动导轨行程：$L_2 = 200$
$$L = 400, \quad L_G = 300$$

（3）滚动体尺寸与数目的确定。

滚珠直径取 $d = 6\text{mm}$，数目根据式（4.2）决定。

$$Z \leqslant G/30\sqrt{d} \tag{4.2}$$

X 向上导轨：$G_x = 160 + 180 = 340\text{N}$，所以滚珠有：$Z_x \leqslant \dfrac{340}{30\sqrt{0.6}} = 14.6$

X 向导轨长度 $L_B = 200$，取 $Z_x = 15$。

Y 向导轨：$G_y = 680\text{N}$，所以有：$Z_y \leqslant \dfrac{680}{30\sqrt{0.6}} = 29$

Y 向导轨长度 $L_B = 200$，取 $Z_y = 29$。

（4）许用负荷验算。每个滚珠上最大负载 $P_{max} = P_G/Z$，而

$$P_G = \frac{\sqrt{2}}{2}\left(P_H + \frac{G + P_{z1}}{2}\right) \tag{4.3}$$

式中 P_H——导轨的预加负荷，按最大工作负荷的 1/2 计算，铣削时滚珠所受负荷较小，

因此要按钻孔的情况验算，$P_G=\dfrac{\sqrt{2}}{2}(P_{z1}+G)$。

X 向导轨最大负荷：$P_{\max x}=0.707\dfrac{G_x+P_{z1}}{Z}=0.707\dfrac{340+138}{15}=22.53$（N）

Y 向导轨最大负荷：$P_{\max y}=0.707\dfrac{G_y+P_{z1}}{Z}=19.9$（N）

许用负荷：$[P]=kd^2\xi$

查表得 $k=60\text{N/cm}^2$，考虑到制造精度高，且导轨短可取 $k=90\text{N/cm}^2$；取 $\xi=1$，则 $[P]=90\times0.6^2\times1=32.4\text{N}$，$P_{\max x}=22.53<[P]$，$P_{\max y}=19.9<[P]$，导轨可用。

4.4.4　滚珠丝杆设计

滚珠丝杆的负荷包括铣削力及运动部件的重量所引起的进给抗力。应按铣削时的情况计算。

（1）最大动负载 Q 的计算。

$$Q=\sqrt[3]{L}f_\omega f_H P \tag{4.4}$$

查表得系数 $f_\omega=2$，$f_H=1$，寿命值为 $L=\dfrac{60nT}{10^6}$。

查表得使用寿命时间 $T=15000\text{h}$，初选丝杆螺距 $t=6\text{mm}$，得丝杆转速为：

$$n=\frac{1000V_{\max}}{t}=\frac{1000\times1}{6}=167\text{（r/min）}$$

$$L=\frac{60\times167\times15000}{10^6}=150$$

所以 X 向丝杆牵引力为：

$$P_x=P_{x2}+1.414f_当 G_x=224+1.414\times0.01\times340=228\text{（N）}$$

式中　$f_当$——当量摩擦系数。

Y 向丝杆牵引力为：

$$P_y=P_{x2}+1.414f_当 G_y=234\text{（N）}$$

所以最大动负载为：

X 向：$Q_x=\sqrt[3]{150}\times2\times1\times228=2423$（N）

Y 向：$Q_y=\sqrt[3]{150}\times2\times1\times234=2487$（N）

取滚珠丝杆公称直径 $d_0=25$，选用滚珠丝杆螺母副的型号为 LL25×5-2.5-E_2 左（两只），其额定动载荷为 9610N，强度足够。

（2）滚珠丝杆螺母副的几何参数计算。

表 4.2　　　　　　　　　　　滚珠丝杆螺母副几何参数

名　　称		符号	计算公式和结果
螺纹滚道	公称直径	d_0	25mm
	螺距	t	6mm
	接触角	β	45°
	钢球直径	d_q	3.175mm

续表

名 称		符号	计算公式和结果
螺纹滚道	螺纹滚道法面半径	R	$R=0.52$ $d_q=1.651mm$
	偏心距	e	$e=(R-d_q/2)\sin\beta=0.0449mm$
螺杆	螺纹升角	γ	$\gamma=\arctan\dfrac{\tan}{\pi d_0}=4.37°$
	螺杆外径	d	$d=d_0-(0.2\sim0.25)d_q=24.603mm$
	螺杆内径	d_1	$d_1=d_0+2e-2R=22.76mm$
	螺杆接触直径	d_Z	$d_z=d_0-d_q\cos\beta=22.59mm$
螺母	螺母螺纹外径	D	$D=d_0-2e+2R=28.21mm$
	螺母内径（外循环）	D_1	$D_1=d_0+(0.2\sim0.25)d_q=25.4mm$

（3）传动效率计算。

$$\eta=\frac{\tan\gamma}{\tan(\gamma+\varphi)} \tag{4.5}$$

式中　φ——摩擦角；

γ——丝杆螺纹升角，把表4.2中数值代入，得：

$$\eta=\frac{\tan\gamma}{\tan(\gamma+\varphi)}=0.96$$

（4）刚度验算。滚珠丝杆受工作负载 P 引起的导程 L_P 的变化量为：

$$\Delta L_1=\pm\frac{PL_0}{EF} \tag{4.6}$$

Y 向所受牵引力大，故应用 Y 向参数计算：$P=228N$，$L_0=0.5cm$，$E=20.6\times10^6$ （N/cm²）（材料为钢），$F=\pi R^2=3.14\times(1.679/2)^2=2.213$ （cm²）

所以有：
$$\Delta L_1=\pm\frac{PL_0}{EF}=\pm\frac{228\times0.5}{2.6\times10^6\times2.213}=2.5\times10^{-6} （cm）$$

丝杆因受扭矩而引起的导程变化量 ΔL_1 很小，可以忽略。

所以，导程误差为：

$$\Delta=\Delta L_1\frac{100}{L_0}=2.5\times10^{-6}\times\frac{100}{0.5}=5.0 （\mu m/m）$$

查表可知 E 级精度的丝杆允许误差 $15\mu m$，故刚度足够。

（5）稳定性验算。由于丝杆两端采用止推轴承，故不需要稳定性验算。

4.4.5　齿轮设计计算

1. 确定齿轮传动比

因步进电机步距角 $\theta_b=1.5°$，滚珠丝杠螺距 $t=6mm$，要实现脉冲当量 $\delta_p=0.01mm/$ step，在传动系统中应加一对齿轮降速传动。齿轮传动比为：

$$i=\frac{Z_1}{Z_2}=\frac{\delta_p\times360°}{\theta_b t}=\frac{0.01\times360}{1.5\times6}=0.4$$

选 $Z_1=20$，$Z=50$。

2. 确定齿轮模数及有关尺寸

因传递的扭矩较小，取模数 $m=1\text{mm}$，齿轮有关尺寸见表 4.3 所示。

表 4.3　　　　　　　　　齿轮尺寸表　　　　　　　　　单位：mm

Z	20	50
$D=mZ$	20	50
$d_a=d+2m$	22	52
$d_f=d-2\times1.2$	17.5	47.5
$b=(3\sim6)\ m$	5	5
$a=(d_1+d_2)/2$	35	

4.4.6　机械结构装配图设计

工作台结构装配图（见附录 1），零件图设计及校核，考虑篇幅而省略，不作详述。

4.5　步进电动机的选用

步进电动机主要用于开环控制系统，也可以用于闭环控制系统。步进电动机是工业过程控制及仪表中的主要控制元件之一，由于它可以直接接收计算机输出的数字信号，而不需要进行数/模转换，所以步进电动机广泛应用于数字控制系统中。因为步进电动机具有快速启停、精确步进以及能直接接收数字量的特点，所以使其在定位场合中得到了广泛的应用，特别在工业过程控制的位置控制系统中应用越来越广泛。

根据 $X-Y$ 数控工作台控制精度要求，取系统脉冲当量 $\delta_p=0.01\text{mm/step}$，初选步进电机步距角 $\delta_b=1.5°$。

1. 步进电机启动力矩的计算

设步进电机等效负载力矩为 T，负载力为 P，根据功率守恒原理，电机所做的功与负载力做的功有如下关系：

$$T\varphi\eta=P_s \tag{4.7}$$

式中　φ——电机转角；

　　　s——移动部件的相应位移；

　　　η——机械传动效率。

若取 $\varphi=\theta_b$，则 $s=\delta_p$，且 $P=P_s+\mu(G+P_s)$，所以有：

$$T=\frac{36\delta_p\ [P_s+\mu(G+P_z)]}{2\pi\theta_b\eta}\ (\text{N}\cdot\text{cm}) \tag{4.8}$$

式中　P_s——移动部件负载，N；

　　　G——移动部件重量，N；

　　　P_z——与重力方向一致的作用在移动部件上的负载力，N；

　　　μ——导轨摩擦系数；

　　　θ_b——步进电机步距角，rad；

T——电机轴负载上矩，N·cm。

取 $\mu=0.03$（淬火钢滚珠导轨的摩擦系数），$\mu=0.96$，P_S 为丝杠牵引力，$P_S=P_H=282N$。考虑到重力影响，Y 向电机负载较大，因此取 $G=G_y=900N$，所以有：

$$T=\frac{36\times0.01\,[282+0.03\times900]}{2\pi\times1.5\times0.96}=12.3\ (\text{N}\cdot\text{cm})$$

若不考虑启动时运动部件惯性的影响，则启动力矩为：

$$T_q=\frac{T}{0.3\sim0.5} \tag{4.9}$$

取安全系数为 0.3，则 $T_q=\dfrac{12.3}{0.3}=41$（N·cm）。

对于工作方式为三相六拍的三相步进电机有：

$$T_{jmax}=\frac{T_q}{0.866}=47.35\ (\text{N}\cdot\text{cm})$$

2. 步进电机的最高工作频率

$$f_{max}=\frac{100V_{max}}{60\delta_p}=\frac{1000\times1}{60\times0.01}=1667\ (\text{Hz})$$

3. 步进电机惯性负载的计算

根据等效转动惯量的计算公式，得：

$$J_d=J_0+J_1+\left(\frac{Z_1}{Z_2}\right)^2(J_2+J_3)+M\left[\frac{\delta_p}{\frac{\pi}{180}\theta_b}\right]^2 \tag{4.10}$$

式中 J_d——折算到电机轴上的负载惯量，kg·cm²；

$\quad\ \ J_0$——步进电机转轴的转动惯量，kg·cm²；

$\quad\ \ J_1$——齿轮 Z_1 的转动惯量，kg·cm²；

$\quad\ \ J_2$——齿轮的转动惯量，kg·cm²；

$\quad\ \ J_3$——滚珠丝杠的转动惯量，kg·cm²；

$\quad\ \ M$——移动部件质量，kg。

对材料为钢的圆柱零件转动惯量可按下式估算有：

$$J=0.78\times10^{-2}D^4L\ (\text{kg}\cdot\text{cm}^2)$$

式中 D——圆柱零件直径，cm；

$\quad\ \ L$——零件长度，cm。

所以有：$\qquad J_1=0.78\times10^{-3}\times2.4^4\times0.5=1.294\times10^{-2}$（kg·cm²）

$\qquad\qquad\quad J_2=0.78\times10^{-3}\times5.0^4\times0.5=24.375\times10^{-2}$（kg·cm²）

$\qquad\qquad\quad J_3=0.78\times10^{-3}\times2.0^4\times30=37.44\times10^{-2}$（kg·cm²）

电动机轴转动惯量很小，可以忽略，则有：

$$J_d=1.294\times10^{-2}+\left(\frac{24}{50}\right)^2(24.375+37.44)\times10^{-2}+55.0\left[\frac{0.001}{\frac{3.14}{180}\times1.5}\right]^2$$

$$=0.2357(\text{kg}\cdot\text{cm}^2)$$

查表选用两个 $55\overline{BF}003$ 型步进电动机，电动机的有关参数见表 4.4。

型号	主要技术数据										
	步距角/°	最大静转矩/（N·cm）	最高空载启动频率/（step·s⁻¹）	相数	电压/V	电流/A	外径	长度	轴径	重量/N	
55BF003	1.5/3	49.0	2200	3	27	3	55	62	6	6.5	

表 4.4　　　　　　　　　　　　55BF003 步进电动机参数

4.6　步进电动机的驱动电路

步进电动机是一种用脉冲信号控制的电动机。由于步进电动机的驱动电流比较大，所以微型机与步进电动机的连接都需要专门的接口电路及驱动电路。如图 4.3 所示为步进电动机驱动系统示意图。

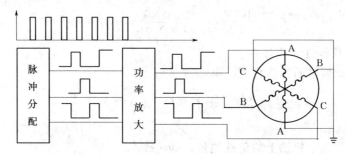

图 4.3　步进电动机驱动系统示意图

步进电动机的运行特性，不仅与步进电动机本身的特性和负载有关，而且与配套使用的驱动电源（即驱动电路）有着十分密切的关系。选择性能优良的驱动电源对于充分发挥步进电动机的性能是十分重要的。步进电动机控制绕组是按一定的通电方式工作的，为了实现这种轮流通电，必须依靠环形分配器将控制脉冲按规定的通电方式分配到各相控制绕组上。环形分配可以用硬件电路来实现，也可以由微型计算机通过软件进行。经分配器输出的脉冲，未经放大时，其驱动功率很小，而步进电动机绕组需要相当大的功率，即需要较大的电流才能工作。所以由分配器输出的脉冲还需进行功率放大才能驱动步进电动机。因此，驱动电源包括脉冲分配和功率放大两部分电路。

4.6.1　环形分配器的选择

脉冲分配器是驱动步进电机必不可少的环节，其作用是将数控装置送来的一系列指令脉冲按一定的指令分配方式和顺序输送给步进电机的各相绕组，实现电机的启停、正反转。

（1）方案一：脉冲分配器采用硬件来完成。选用 YB013 等硬件脉冲分配器，硬件电路接线如图 4.3 所示。

（2）方案二：脉冲分配器采用软件来完成。用软件的方式进行脉冲分配，按照给定的通电换相顺序，通过单片机的 I/O 口向驱动电路发出控制脉冲。采用不同的计算机及接口器件有不同的形式。如图 4.4 所示是控制三相步进电动机的接口示意图。利用 8051 系列单片机的 P1.0～P1.2 的 3 条 I/O 线,向三相步进电动机传送控制信号。

由于 8031、8051 系列单片机用户接口不够用,常用 8155、8255 进行扩展,如图 4.5 所示是一种步进电动机驱动电路与微机接口连接图。

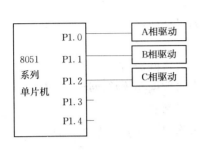

图 4.4　微型计算机与步进电动机接口示意图

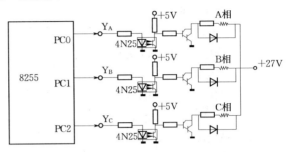

图 4.5　步进电动机驱动电路与微型计算机接口图

在图 4.5 中,当 PC 口的某一位(如 PC_0)输出为 1 时,A 相绕组通电。反之,当 $PC_0 = 0$ 时,A 相不通电。由 PC_1 和 PC_2 控制的 B 相和 C 相亦然。总之,只要按一定的顺序改变 $PC_0 \sim PC_2$ 三位通电的顺序,则可控制步进电动机按一定的方向步进。图 4.5 中,在微型计算机与驱动器之间增加了一级光电隔离。当 PC_0 输出为 1,经反向驱动器变为低电平,发光二极管不发光,因此光敏三极管截止,从而使达林顿管导通,A 相绕组通电。反之,当 $PC_0 = 0$,经反相后,使发光二极管发光,光敏三极管导通,从而使达林顿管截止,A 相绕组不通电。现在,已经生产出许多专门用于步进电动机的接口器件,用户可根据需要选用。下面以三相步进电动机工作在六拍方式为例,说明如何设计软件。

三相六拍工作方式的正序为:A—AB—B—BC—C—CA,共有 6 个通电状态。如果 PC 口输出的控制信号中,1 代表使绕组通电,0 代表使绕组断电,则可用 6 个控制字来对应这 6 个通电状态(表 4.5),这 6 个控制字见表 4.6。根据 8031 单片机的基本原理,对 PC0、PC1、PC2 位编程,使其按表 4.5 的规定改变输出状态就实现了三相六拍分配任务。

表 4.5　　　　　　　　　　　　　**三相六拍输出状态表**

	PC7	PC6	PC5	PC4	PC3	PC2	PC1	PC0	通电相
TABLE	X	X	X	X	X	0	0	1	A
TABLE+1	X	X	X	X	X	0	1	1	AB
TABLE+2	X	X	X	X	X	0	1	0	B
TABLE+3	X	X	X	X	X	1	1	0	BC
TABLE+4	X	X	X	X	X	1	0	0	C
TABLE+5	X	X	X	X	X	1	0	1	CA

表 4.6　　　　　　　　　　　　　**三相六拍对应的控制字**

存储单元地址	单元内容	对应通电相	存储单元地址	单元内容	对应通电相
$K+0$	01H (0001)	A	$K+3$	06H (0110)	BC
$K+1$	03H (0011)	AB	$K+4$	04H (0100)	C
$K+2$	02H (0010)	B	$K+5$	05H (0101)	CA

在程序中，只要依次将这 6 个控制字送到 8255 的 PC 口，每送一个控制字，就完成一拍，步进电动机转过一个步距角。程序就是根据这个原理设计的。用 R0 作为状态计数器，来指示第几拍，按正转时加 1，反转时减 1 的操作规律，则正转程序为：

```
CW：  INC  R0                           ;正转加 1
      CJNE  R0,#06H,ZZ                  ;如果计数器等于 6 修正为 0
      MOV  R0,#00H
ZZ：  MOV  A,R0                         ;计数器值送 A
      MOV  DPTR,#ABC                    ;指向数据存放首地址
      MOVC  A,@A+DPTR                   ;取控制字
      MOV  PC,A                         ;送控制字到 PC 口
      RET
ABC：  DB  01H,03H,02H,06H,04H,05H      ;6 个控制字
```

反转程序为：

```
CCW：  DEC    R0                        ;反转减 1(反序)
       CJNE  R0,#0FFH,FZ                ;如果计数器等于 FFH 修正为 5
       MOV  R0,#05H
 FZ：  MOV  A,R0
       MOV  DPTR,#ABC                   ;指向数据存放首地址
       MOVC  A,@A+DPTR                  ;取控制字
       MOV  PC,A                        ;送 PC 口
       RET
```

软件法在电动机运行中要不停地产生控制脉冲，占用了大量的 CPU 时间，可能使单片机无法同时进行其他工作（如监测等），所以人们更喜欢用硬件法，或软硬件相结合。而在下面的硬件电路设计中采用的是硬件法。

4.6.2　计算机接口

在数控系统中，步进电机接口电路至关重要，没有它将无法实现微型计算机对步进电动机的控制。接口电路可以用缓冲器和锁存器等组成，也可以选用 LSI 并行 I/O 接口芯片，如 8255、8155 等。

4.6.3　隔离电路

在步进电动机驱动电路中，脉冲分配器输出的信号经放大后，控制步进电动机的励磁绕组，由于步进电动机需要的驱动电压较高，电流也较大，如果将输出信号直接与功率放大器相连，将会引起强电气干扰，轻则影响计算机程序的正常进行，重则导致计算机和接口电路的损坏。所以一般在接口电路与功率放大器之间都要加上隔离电路，实现电气隔离，通常使用最多的是光电耦合器。

光电耦合器由发光器和受光器件组成，连接发光源的引线作为输入端，连接受光器件

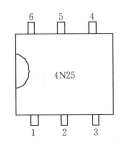

图 4.6　4N25 光电耦合器

的引线为输出端。通常发光器件为发光二极管，受光器件为光敏三极管，一般所选用的光电耦合器的型号为 4N25 光电耦合器，如图 4.6 所示。隔离电路接线图如图 4.7 所示。

4.6.4　功放电路的设计

脉冲分配器的输出功率很小，远不能满足步进电动机的需要，必须将其输出的信号放大，产生足够大的功率，才能驱动步进电动机的正常运转，功率放大器电路设计采用双电压供电，步进电动机的绕组回路串联一个小于 10Ω 的电阻，以增大功率放大器负载回路的电阻，使步进电动机绕组中电流上升的时间常数减小，提高上升沿的陡度。接线图如图 4.7 所示。

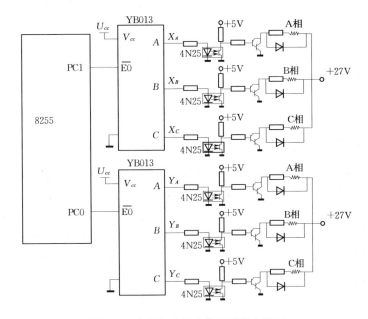

图 4.7　步进电动机功放和隔离电路图

4.6.5　越界报警

为了防止工作台越界，可分别在极限位置安装限位开关。如果是两坐标联动的数控系统，则有 4 个方向可能越界，即 $+X$、$-X$、$+Y$、$-Y$，一旦某一方向越界，步进电动机应立即停止进行。越界报警电路接线图如图 4.8 所示。

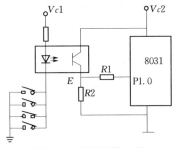

图 4.8　越界报警电路

4.6.6　时钟电路

为了确保数控系统能正常地工作，控制系统需要按一定节律分配其对每一个器件的工作任务所用的时间。因此，需要配置一个能够产生基本时序的装置。该装置一般用时钟电路来完成其功能。本设计课题的时钟电路接线图如图 4.9 所示。

4.6.7　复位电路

复位是单片机的初始化操作，目的在于营造程序正常运行的环境。

当程序出错或系统进入死循环时，通过复位操作，可以摆脱困境。本设计课题的复位电路如图 4.10 所示。

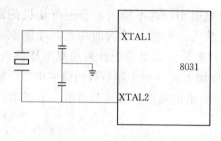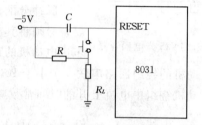

图 4.9　时钟电路　　　　　　　　　　　　图 4.10　复位电路

4.7　伺服控制系统设计

4.7.1　控制系统的组成

任何一个机床控制系统都由硬件和软件两个部分组成，有了硬件才有软件运行的基础，而只有配置了软件的硬件才是可工作的控制系统。

软、硬件任务合理分配。涉及软、硬件任务分配的有：控制步进电动机的脉冲发生与脉冲分配；数码显示的字符发生；键盘扫描管理。上述 3 项任务都可以用专用硬件芯片实现，也可以用软件编程实现。用硬件实现，编程比较简单，但同时增加了硬件成本及故障源。用软件实现时，可节省芯片，降低成本，但是增加了编程难度。在设计时，应统筹兼顾，同时还应考虑设计者的软、硬件方面的实际经验及能力。此课题设计时，控制步进电动机用的脉冲发生器用硬件，采用国产 YB013 环形分配器实现，字符发生及键盘扫描均由软件实现。

微型计算机对步进电动机控制原理图如图 4.11 所示，有串行和并行两种方式。

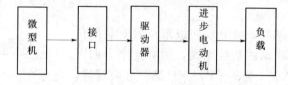

图 4.11　用微型计算机控制步进电动机原理图

1. 串行控制

具有串行控制功能的单片机系统与步进电动机驱动电源之间，具有较少的连线将信号送入步进电动机驱动电源的环形分配器，所以在这种系统中，驱动电源中必须有环形分配器。这种控制方式的示意图如图 4.12 所示。

2. 并行控制

用微型计算机系统的数个端口直接去控制步进电动机各相驱动电路的方法称为并行控

制。并行控制方案的示意图如图 4.13 所示，本题采用串行控制。

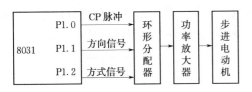

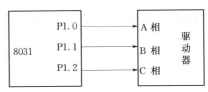

图 4.12 串行控制示意图

图 4.13 并行控制示意图

4.7.2 控制系统硬件设计

机床数控系统的硬件电路概括起来由以下 4 部分组成：主控制器（选单片机）；总线，包括数据总线（DB）、地址总线（AB）和控制总线（CB）；存储器（EPROM、RAM）和 I/O 接口。组成框图如图 4.14 所示。

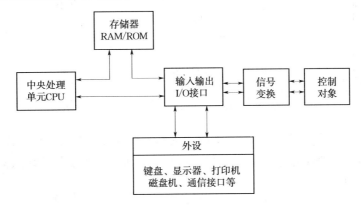

图 4.14 控制系统组成框图

CPU 是整个系统的核心，是控制其他各部分协调工作的"大脑"。存储器则是系统软件（监控程序）及整个系统运行中各种数据的存储库。I/O 接口电路是系统与外界进行信息交换的桥梁。总线则是连接 CPU、存储器和 I/O 接口电路的纽带，是各部分进行通信的线路。微机控制系统硬件设计，主要是上述四部分的具体设计。根据任务书的要求，本设计主要涉及伺服驱动系统的硬件和软件设计。

1. 主控制器 CPU 的选择

采用 MCS—51 系列单片机 8031；MCS—51 系列单片机引脚及其功能介绍（略）。

2. 扩展电路的设计

8031 单片机所支持的存储系统，其程序存储器和数据存储器为独立编址，因此，EPROM 和 RAM 的地址分配比较自由，不必考虑是否发生冲突。按特定接口接线就可以了。程序存储器采用 2764，数据存储器采用 6264，最多都可以扩展到 8 片，最大容量均为 64K，分别由 3～8 译码器的 8 个片选输出端产生片选信号。地址都是从 0000H～FFFFH。2764、6264 都为 8K 容量，都需要 13 根地址线 A0～A12，故高位地址为 5 位。2764 的允许取指信号 $\overline{OE}$ 与 8031 的取指信号 $\overline{PSEN}$ 相连；6264 的读、写信号 $\overline{RD}$、$\overline{WE}$ 分别均与 8031 的读、写信号相连。

（1）程序存储器的扩展。如图 4.15 所示为采用 2764EPROM 程序存储器的扩展电路。2764 中低 8 位地址线通过地址锁存器 74LS373 与 8031P₀ 口相连。当地址锁存允许信号 ALE 为高电平，则 P$_0$ 口输出地址有效。8 位数据线直接与 8031P$_0$ 口相连；高 5 位地址线分别与 P2.0～P2.4 相连；$\overline{OE}$引脚直接同 8031PSEN 引脚相接。片选信号$\overline{CE}$则是 8031 通过译码电路与之相连，当 CE 为低电平时，选通 2764。由于 8031 只能选通外部程序存储器，因而其 EA 引脚接地。

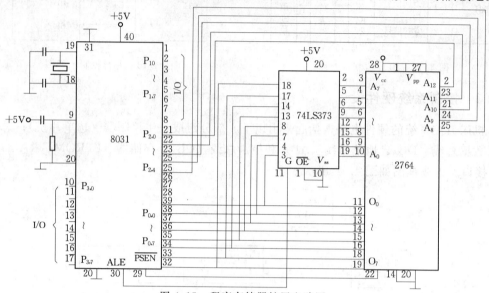

图 4.15　程序存储器扩展电路图

　　（2）数据存储器的扩展。由于 8031 内部 RAM 存储容量只有 128 字节，远远不能满足系统的要求，需扩展片外的数据存储器。这里采用 6264 静态 RAM 数据存储器，其扩展电路图如图 4.16 所示。

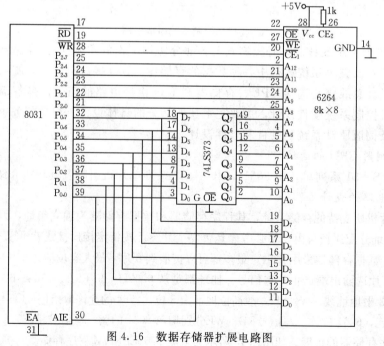

图 4.16　数据存储器扩展电路图

　　（3）I/O 口扩展电路设计。选用通用可编程接口芯片 8255。8255 与微型计算机的接口比较简单，其引脚说明、工作方式的设定、状态查询、定时功能、与8031的连接方法在此不详细列举。8255与8031的连接电路如图4.17所示。

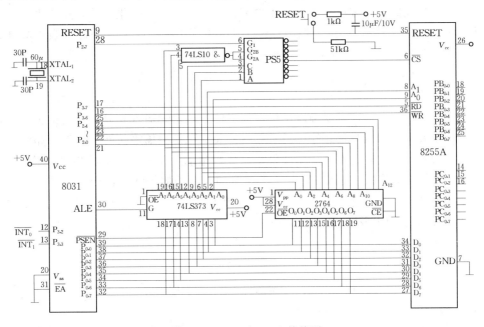

图 4.17　8255 与 8031 接线图

（4）控制面板、键盘和显示器接口电路。控制面板、键盘和显示器是数控系统常用的人机交互的外部设备，可以完成数据的输入和计算机状态数据的动态显示，通常数控系统都采用行列式键盘，即用 I/O 口线组成行、列结构，按键设置在行列的交点上，控制面板需要配置以下功能：状态指示；工作方式选择；手动调节操作；参数与状态显示；参数与命令的输入；系统暂停；复位与急停等。控制面板设计布局如图4.18所示。

　　控制系统硬件电路图如附录2所示。

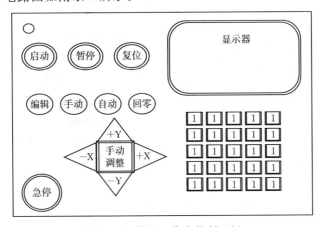

图 4.18　数控工作台控制面板

4.7.3　控制系统软件设计

　　在步进电动机的微机控制系统中，微型计算机代替了步进控制器。用微型计算机控制步进电动机，软件的设计主要包括：①系统软件设计。②子程序设计。③步进电动机控制程序设计。同一硬件控制系统，可采用不同的软件结构和编程方法。为便于读者阅读和理解，采用了模块化的设计方法。本程序主要有以下模块组成：①主模块，用于系统初始化和监控。②子程序模块：越界报警、急停处理模块、实时修改显示缓冲区数据模块、键盘、显示定时扫描管理模块。③步进电动机的控制程序。

$X—Y$ 数控工作台功能包括：①系统初始化，如对 I/O 接口 8155、8255、8255A 等进行必要的初始化工作，控制接口的工作方式。②工作台复位，开机后工作台应自动复位，亦可手动复位。工作台复位后就确定了机械原点的位置。③输入和显示加工数据。④监视按键、键盘及开关，如监视紧急停机键及行程开关、键盘扫描等功能。工作台超程显示与处理。工作台移位超过规定值时应立即停止工作台运动，并显示相应的指示字符。⑤$X—Y$ 数控工作台的自动控制。⑥$X—Y$ 数控工作台的手动控制。⑦工作台的联动控制。工作台的联动控制是通过步进电动机的转角及速度控制实现的。由于篇幅有限，没有给出全部程序设计，仅举几个例子说明程序的设计方法。

1. 系统管理程序设计

管理程序是系统的主程序。开机后即进入管理程序。管理程序的主要功能是接收和执行操作者的命令。在设计管理程序时，应确定接收命令的形式、系统的各种操作功能等。如从键盘上接收命令则需要确定键盘上各键的功能。

数控钻铣床的基本操作功能有输入加工数据、自动钻削加工、自动铣削加工、钻头及工作台位置的手动控制、紧急停机等功能。

主程序在系统中主要起到初始化系统与协调各功能模块运行的作用，主程序没有很多功能，它只是使各个功能模块有机地结合在一起，使模块化程序得以实现。其控制流程图如图 4.19 所示。

```
主程序
C8155      EQU      7FF8H             ;8155 命令口地址
C8155A     EQU      7FF9H             ;8155PA 口地址
C8155B     EQU      7FFAH             ;8155PB 口地址
C8155C     EQU      7FFBH             ;8155PC 口地址
C8155L     EQU      7FFCH             ;定时器低 8 位
C8155H     EQU      7FFDH             ;定时器高 8 位
SCALE      EQU      1                 ;插补比例系数
DISTM      EQU      200               ;终点坐标显示速度
           ORG      0000H
           AJMP     MAIN
           ORG      0030H
MAIN：     CLR      P1.7,
           MOV      12H#20H            ;#20H
           MOV      0FH,#80H           ;置延时速度
           MOV      R4,#0              ;置坐标初值,R4,R5 为 X
```

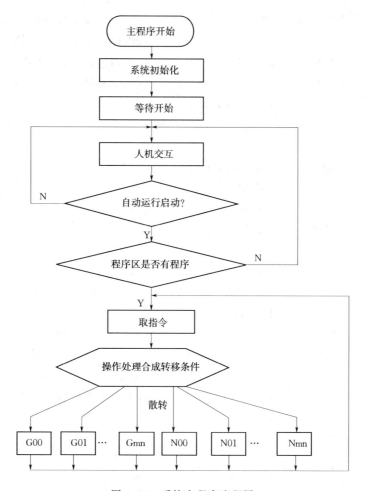

图 4.19　系统主程序流程图

MOV	R5,♯0	
MOV	R6,♯0	;R6,R7 为 Y
MOV	R7,♯0	
MOV	7EH,♯0	;7E,7F 为 Z
MOV	7FH,♯0	
SETB	01H	
SETB	02H	;01H,02H 是 X,Y 的符号位
SETB	18H	;18H 是 Z 的符号位
SETB	11H	;显示开关
MOV	SP,♯60H	
SETB	EX_0	;开放中断,实现限位保护
SETB		;
MOV	DPTR,♯C81255	;开始初始化 8155
MOV	A,♯05H	

```
            MOVX      @DPTR,A              ;置 8155 为工作方式 1
                                           ;(PA 输出,PB 输入,PC 输出)
            MOV       DPTR,#5000H          ;5000H 开始的 RAM 空间为数
            MOV       A,#13H               ;控代码存储空间,初始化为 13H
            MOV       R2,#0FH
M_LP1:
            MOV       R1,#0FFH
M_LP2:      MOVX      @DPTR,A
            INC       DPTR
            DJNZ      R1,M_LP2
            DJNZ      R2,M_LP1
M_WAIT1:
            LCALL     HEAD                 ;调用显示
            JNB       P1.7,M_WAIT1         ;P1.7 为系统总开关
M_LP3:      JNB       P1.1,M_NT1           ;P1.1 是编辑程序开关
            LCALL     EDIT                 ;调用编辑子程序
M_NT1:      JNB       P1.2,M_NT2           ;P1.2 手动调整开关
            LCALL     MANTAL               ;调用手动调整子程序
M_NT2:      JNB       P1.3,M_NT3           ;P1.3 工作台自动回机床零点开关
            SETB      20H
            LCALL     RETURN
            CLR       20H
M_NT3:      LCALL     DELAY                ;调用延时子程序
            JNB       P1.4,M_LP3           ;为 0 时返回编辑,为 1 时系统为自动方式
            MOV       DPTR,#5000H          ;指针指向程序开头
            MOVX      A,@DPTR
            CJNE      A,#13H,M_OK          ;是否有程序存在,有则运行
            LCALL     NPRG                 ;显示无程序信号
            SJMP      M_LP3                ;跳到 M_LP3 继续等待
M_OK:       CLR       11H                  ;关显示开关
            MOVX      A,@DPTR              ;取指令
            CJNE      A,#0EH,M_MCD
            LCALL     GET                  ;取操作码
            PUSH      DPH
            PUSH      DPL                  ;保护程序区指针
            MOV       DPTR,#TAB1           ;散转表首址
            RL        A                    ;A←(A)×2,求距离
            JMP       @A+DPTR              ;散转
```

```
TAB1：    AJMP    PG0
          AJMP    PG1
          AJMP    PG2
          AJMP    PG3
          AJMP    PG4
          AJMP    PG5
          ...
```

2. 键盘程序设计

通过键盘可向数控装置输入程序，对工作台进行手动或自动调整。由显示器可查阅程序清单，必要时还可通过键盘对已有的程序进行修改。本设计采用非编码矩阵式键盘，8155 为键盘接口，按 8 行 4 列布线。$PA_0 \sim PA_7$ 为行线，$PC_1 \sim PC_4$ 为列线。C 口为输出口，A 口为输入口，每个键对应一个键码，根据键码转至相应键处理子程序。常用按键识别方法有扫描法和线翻转法。本设计采用扫描法。其原理是：一条列线为低电平，若此列线上无闭合键，则各行线状态均为高电平；有键闭合，则对应行线为低电平，其余行线为高电平，然后按行号、列号求得闭合键键码。键号对应的键功能见表 4.7。键盘扫描流程图如图 4.20 所示。

表 4.7　　　　　　　　　　　　　　键号键功能对应表

键号	10H~19H		1AH	1BH	1CH	1DH	1EH	1FH	20H	21H	22H	2EH
功能	0~9		—	$\frac{\%}{LF}$	N	G	M	F	S	$\frac{\uparrow}{X}$	$\frac{\uparrow}{Y}$	$\frac{\uparrow}{Z}$

键号	23H	24H	25H	26H	27H	28H	29H	2AH	2BH	2CH	2DH	2F
功能	$\frac{\leftarrow}{I}$	$\frac{\rightarrow}{J}$	DEL	COPY	$\frac{DISP}{ZOOM}$	IDX	穿孔纸带	单步	回参考点	运行	SHIFT	$\frac{\uparrow}{W}$

键盘扫描子程序

```
SCAN：    MOV     A,♯00H              ;定义扫描信号
          MOV     DPTR,♯C8155C        ;指 PC 口
          MOVX    @DPTR,A
          MOV     DPTR,♯C8155A        ;指 A 口
          MOVX    A,@DPTR             ;取扫描结果
          ANL     A,♯0FFH
          CJNE    A,♯0FFH,NEXT1       ;有键按下转 NEXT1
          SJMP NEXT4                  ;无键按下返回
NEXT1：ACALL DS20ms
          CLR C
          MOV     R2,♯00H             ;串键标识初值
          MOV     R1,♯01H             ;首次扫描信号
LOOP：    MOV     DPTR,♯C8155C
```

77

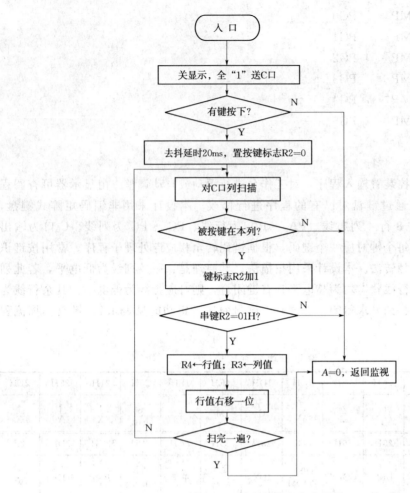

图 4.20　键盘扫描程序流程图

	MOV	A,R1	
	CPL	A	
	MOVX	@DPTR,A	;送扫描结果
	MOV	DPTR,♯C8155A	
	MOVX	A,@DPTR	;取扫描结果
	ANL	A,♯0FFH	;保留低 5 位
	CJNE	A,♯0FFH,NEXT2	;不全为高电平时,即有键按下时转 NEXT2
	SJMP	NEXT3	
NEXT2:	INC	R2	;置未串键标志
	CJNE	R2,♯01H,NEXT4	;有串键时转 NEXT4
	MOV	R4,A	;行存 R4
	MOV	A,R1	
	MOV	R3,A	;行存 R3

```
NEXT3：MOV     A,R1
       RLC     A                       ;扫描信号修正
       MOV     R1,A                    ;保存下一次扫描信号
       CJNE    A,♯00H,LOOP            ;扫描未结束,转 LOOP
       AJMP    GETKEY                  ;结束,去获键值
NEXT4：CLR A
       RET
GETKEY：                               ;键盘调用子程序,当有键按下
       PUSH    DPH                     ;时将键值存于B,往 A 送 0FFH
       PUSH    DPL                     ;无键按下,往 A 送 H
       MOV     DPTR,♯C8155A          ;指 8279 控制口
       MOVX    A,@DPTR                 ;取状态字
       ANL     A,♯0FFH
       OPL     A
       JNZ     GETVAL                  ;有键按下转 GETVAL
       MOV     A,♯0                   ;置无键按下标志
       SJMP    NKBHIT
GETVAL：
       MOVX    A,@DPTR
       MOV     B,A                     ;暂存有键按下
       MOV     A,♯0FFH                ;置有键按下标志
NKBHIT：
       POP     DPL
       POP     DPH
       RET
```

3. 显示器程序设计

8155 有关地址寄存器端口地址：命令字寄存器为 C8155，定时器 TL 为 T8155L，TH 为 T8155H。显示器段码使用 PB 口，地址为 C8155B；位码使用 PA 口，地址为 C8155A。控制显示器工作的初始化程序为：

```
       MOV     DPTR,♯C8155           ;指向 8155 控制口
       MOV     A,♯07H                 ;方式 3,无中断,方式 1 为 A、B、C 口均输出
       MOVX    @DPTR,A                 ;送控制字
```

4. 插补原理

插补是对直线、圆弧等低次方程曲线的一种逼近方式。通过计算使沿坐标方向的折线所构成的图形与加工图形间的误差保持在允许的范围内。常用的方法有逐点比较法和数字积分法。逐点比较法的工作原理为：在控制过程中，逐步计算，判别折线运动与要求轨迹之间的偏差，决定下一步的进给方向。用步进电动机控制工作台沿某一方向进给一步。一个插补由 4 个节拍组成，即偏差判别、进给、偏差计算和终点计算。无论是直线插补、还

是插补和逆圆插补都遵守此规则（插补计算子程序略）。

5. 步进电动机的控制程序

（1）步进电动机的速度控制，是通过控制单片机发出的步进脉冲频率来实现的，即控制步进脉冲频率的快慢用来实现调速。由计算机产生一系列脉冲波，控制步进电动机的运行速度，实际上就是控制系统发出步进脉冲的频率或者换相的周期。系统可用两种方法来确定步进脉冲的周期：一种是软件延时；软件延时的方法是通过调用延时子程序的方法来实现的，它占用大量的 CPU 时间，因此没有实用价值。另一种是通过定时器中断的方法。定时器方法是通过设置定时时间常数的方法来实现的。当定时时间到而使定时器产生溢出时发生中断，在中断子程序中进行改变 P1.0 电平状态的操作，改变定时常数，就可改变方波的频率，得到一个给定频率的方波输出，从而实现调速。

调速指令是通过输入界面由外界输入的，可通过键盘程序或 A/D 转换程序接收，通过这些程序将外界给定的速度值转换成相应的定时常数，并存入 30H 和 31H。提取这一常数送至 8155 定时器就可以改变步进脉冲的频率，达到调速的目的。

设用于改变速度的定时常数存放在内部 RAM30H（低 8 位）和 31H（高 8 位）中，使用定时器 T，工作方式 3，则定时器中断服务子程序为：

```
AA:    PUSH   ACC              ;累加器 A 进栈
       PUSH   PSW
       PUSH   DPL
       PUSH   DPH
       MOV    DPTR,#C8155      ;指 8155 控制口
       MOV    A,#0C7H          ;定时器按方式 3 工作,PA、PB、PC 为输出
       MOVX   @DPTR,A
       MOV    DPTR,#C8155 L    ;指向定时器低 8 位寄存器
       MOV    A,#30H           ;时间常数低 8 位
       MOVX   @DPTR,A
       INC    DPTR
       MOV    A,#31H           ;时间常数高 6 位及定时器输出方式
       MOVX   @DPTR,A
       POP    DPH
       POP    DPL
       POP    PSW
       POP    ACC
       RET
```

（2）步进电动机的位置控制。步进电动机的位置，从起点至终点的运行速度都有一定要求。在一般情况下，系统的极限启动频率是比较低的，而要求的运行速度往往较高。需要有一个加速—恒速—减速—（低恒速）—停止的速度变化过程，如图 4.21 所示。系统在工作过程中要求加减速过程时间尽量短，而恒速时间尽量长。特别是在要求快速响应的工作中，从起点至终点运行的时间要求最短，这就必须要求升速、减速的过程最短，而恒

速时的速度最高。

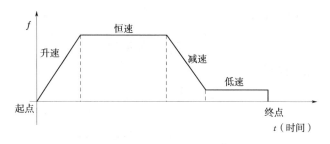

图 4.21　点、位控制中的加减速控制

　　升速规律一般可有两种选择：一种是按直线规律升速；另一种是按指数规律升速。按直线规律升速时加速度为恒值，因此要求步进电动机产生的转矩为恒值。从电动机本身的矩—频特性来看，在转速不是很高的范围内，输出的转矩可基本认为恒定。但实际上电动机转速升高时，输出转矩将有所下降，如按指数规律升速，加速度是逐渐下降的，接近电动机输出转矩随转速变化的规律。

　　用微型计算机对步进电动机进行加减速控制，实际上就是改变输出步进脉冲的时间间隔。升速时使脉冲串逐渐加密，减速时使脉冲串逐渐稀疏。微型计算机用定时器中断的方式来控制电动机变速时，实际上就是不断改变定时器装载值的大小。一般用离散办法来逼近理想的升降速曲线。为了减少每步计算装载值的时间，系统设计时就把各离散点的速度所需的装载值固化在系统的 EPROM 中，系统运行中用查表方法查出所需的装载值，从而大大减少占用 CPU 的时间，提高系统的响应速度。系统在执行升降速的控制过程中，对加减速的控制还需准备下列数据：①加减速的斜率。②升速过程的总步数。③恒速运行总步数。④减速运行总步数。

　　要想使步进电动机按一定的速率精确地到达指定的位置（角度或线位移），步进电动机的步数 N 和延时时间 t 是两个重要的参数。

　　1）步进电动机步数的确定。例如，用步进电动机控制旋转变压器或多圈电位器的转角及穿孔机的进给机构、软盘驱动系统、光电阅读机、打印机和数控机床等的精确定位。若用步进电动机带动一个 10 圈的多圈定位器来调整电压。假定其调节范围为 $0 \sim 10V$，现在需要把电压从 2V 升到 2.1V，此时，步进电动机的行程角度为：

$$\frac{10V}{3600^{\circ}} = \frac{2.1V - 2V}{X}$$

$$X = 36^{\circ}$$

　　如果用三相三拍控制方式，步距角定为 3°，由此可计算出步进电动机的步数 $N = 36^{\circ}/3^{\circ} = 12$（步）。如果用三相六拍的通电方式则步距角为 1.5°，其步数为 $N = 36^{\circ}/1.5^{\circ} = 24$（步）。由此可见，改变步进电动机的控制方式，可以提高精度。但在同样的脉冲周期下，步进电动机的速率将减慢。同理，可求出任意位移量与步数之间的关系。

　　2）步进电动机控制速率的确定。步进电动机的步数是精确定位的重要参数之一。在某些场合，不但要求能精确定位，而且还要求在一定的时间内到达预定的位置，这就要求控制步进电动机的速率。

　　步进电动机速率控制的方法就是改变每个脉冲的时间间隔，亦即改变速度控制程序中的延时时间。例如，若步进电动机转动 10 圈需要 2000ms，则每转动一圈需要的时间为 $t=$ 2000ms/10＝200ms，步距角为：

$$\theta_b = \frac{360}{mzk} = \frac{360}{3 \times 40 \times 2} = 1.5°$$

每步进一步需要的时间为：

$$\frac{360}{\theta_b} = \frac{200}{t}$$

$$t = \frac{T}{mzk} = \frac{200\text{ms}}{3 \times 40 \times 2} = 833\mu s$$

所以，只要在输出一个脉冲后，延时 $833\mu s$，即可达到上述目的。步进电动机的速度控制就是控制步进电动机产生步进动作时间，使步进电动机按照给定的速度规律近似工作。步进电动机的工作过程是"走一步停一步"，也就是说步进电动机的步进时间是离散的。计算相邻两步之间的时间间隔。当定时计数器的定时时间一到，就向 CPU 发出中断请求，CPU 接收中断后立即响应，转入脉冲分配的中断服务程序。

所有的操作都发生在定时中断程序中，而且每次中断仍然改变一次 P1.7 的状态，也就是说，每两次中断，步进电动机才走一步。设 30H、31H 为存放定时常数，低位在前；32H～34H 为存放绝对位置参数（假设用 3 个字节），低位在前；35H、36H 为存放步数（假设最大值占 2 个字节），低位在前。位置控制程序框图如图 4.22 所示。

根据图 4.22 可写出下面步进电动机控制程序。

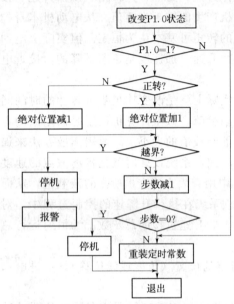

图 4.22　位置控制程序框图

程序代码如下：

```
POS:    PUSH    ACC                     ;累加器 A 进栈
        PUSH    PSW
        PUSH    R0                      ;R0 进栈
        CPL     P1.7                    ;改变 P1.7 电平状态
        JNB     P1.7,POS4               ;P1.7＝0 时,半个脉冲,转到 POS4
        CLR     EA                      ;关中断
        JNB     P1.1,POS1               ;反转,转到 POS1
        MOV     R0,#32H                 ;正转。指向绝对位置低位 32H
        INC     @R0                     ;绝对位置加 1
        CJNE    @R0,#00H,POS2           ;无进位则转向 POS2
        INC     R0                      ;指向 33H
```

	INC	@R0	;(33H)+1
	CJNE	@R0,♯00H,POS2	;无进位则转向 POS2
	INC	R0	;指向 34H
	INC	@R0	;(34H)+1
	CJNE	@R0,♯00H,POS2	;无越界,则转向 POS2
	CLR	TR0	;发生越界,停定时器(停电动机)
	LCALL	BAOJING	;调报警子程序
DD:	SJMP	$	
POS1:	MOV	R0,♯32H	;反转。指向绝对位置低位 32H
	DEC	@R0	;绝对位置减 1
	CJNE	@R0,♯0FFH,POS2	;无借位则转向 POS2
	INC	R0	;指向 33H
	DEC	@R0	;(33H)-1
	CJNE	@RO,♯0FFH,POS2	;无借位则转向 POS2
	INC	R0	;指向 34H
	DEC	@R0	;(34H)-1
	CJNE	@R0,♯0FFH,POS2	;无越界,则转向 POS2
	SJMP	DD:	
POS2:	MOV	R0,♯35H	;指向步数低位 35H
	DEC	@R0	;步数减 1
	CJNE	@R0,♯0FFH,POS3,	;无借位则转向 POS3
	INC	R0	;指向 36H
	DEC	@R0	;(36H)-1
POS3:	SETB	EA	;开中断
	MOV	A,35H	;检查步数=0
	ORL	A,36H	
	JNZ	POS4	;不等于零转向 POS4
	CLR	TR0	;等于零。停定时器
	SJMP	POS5	;退出
POS4:	CLR	C	
	CLR	TR0	;停定时器
	MOV	A,TL0	;取 TL0 当前值
	ADD	A,♯08H	;加 8 个机器周期
	ADD	A,30H	;加定时常数(低 8 位)
	MOV	TL0,A	;重装定时常数(低 8 位)
	MOV	A,TH0	;取 TH0 当前值
	ADDC	A,31H	;加定时常数(高 8 位)
	MOV	TH0,	;重装定时常数(高 8 位)

```
        SETB    TR0                 ;开定时器
POSS：POP     R0
        POP     PSW
        POP     ACC
        RET1                        ;返回
```

步进电动机的正反转控制在主程序中实现。如果正转，使 P1.1＝1；反转，使 P1.1＝0，所以，不管在正转还是反转情况下，上面程序都能适用。

3）步进电动机的加、减速控制程序。步进电动机驱动执行机构从起点到终点时，要经历升速、恒速和减速的过程。如图 4.22 所示。步进电动机的速度控制曲线如图 4.23 所示，图 4.23 是按匀加速原理画出来的，对于某些场合也可采用变加速原理来实现速度控制。速度离散后并不是一直上升的，而是每升一级都要在该级上保持一段时间，因此实际加速轨迹呈阶梯状。为了简化，可用速度级数 N 与一个常数 C 的乘积来模拟，并且保持的时间用步数代替。因此速度每升一级，步进电动机都要在该级上走 NC 步（其中 N 为速度级数），如图 4.24 所示。减速过程是加速时的逆过程。本程序的参数有速度级数 N 和级步数 NC、加速过程的总步数、恒速过程的总步数、减速过程的总步数。

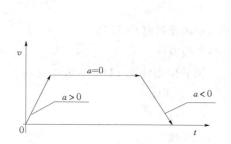

图 4.23　步进电动机的速度控制曲线

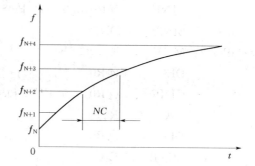

图 4.24　加速曲线离散化

本程序的资源分配如下：$R0$——中间寄存器；$R1$——存储速度级数；$R2$——存储级步数；$R3$——加减速状态指针，加速时指向 35H，恒速时指向 37H，减速时指向 3AH；32H～34H——存放绝对位置参数（假设用 3 个字节），低位在前；35H、36H——存放加速总步数（假设用 2 个字节），低位在前；37H～39H——存放恒速总步数（假设用 3 个字节），低位在前；3AH、3BH——存放减速总步数（假设用 2 个字节），低位在前。

定时常数序列存放在以 ABC 为起始地址的 ROM 中。初始 $R3＝35H$，$R1$、$R2$ 都有初始值。加减速程序框图如图 4.25 所示。

控制程序代码如下：

```
JAJ：CPL     P1.7                ;改变 P1.7 电平状态
      PUSH    ACC                 ;保存现场
      PUSH    PSW
      PUSH    B
      PUSH    DPL
```

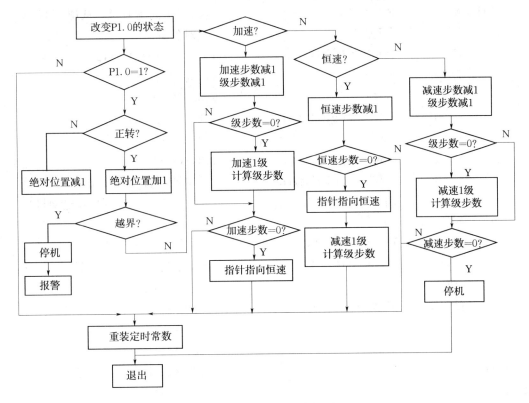

图 4.25 加减速程序框图

	PUSH	DPH	
	SETB	RS0	;选用第 1 组工作寄存器
	JNB	P1.7,JAJ10	;P1.7＝0 时,半个脉冲,转到 JAJ10
	CLR	EA	;关中断
	JNB	P1.1,JAJ1	;反转,转到 JAJ1
	MOV	R0,＃32H	;正转,指向绝对位置低位 32H
	INC	@R0	;绝对位置加 1
	CJNE	@R0,＃00H,JAJ2	;无进位则转向 JAJ2
	INC	R0	;指向 33H
	INC	@R0	;(33H)＋1
	CJNE	@R0,＃00H,JAJ2	;无进位则转向 JAJ2
	INC	R0	;指向 34H
	INC	@R0	;(34H)＋1
	CJNE	@R0,＃00H,JAJ2	;无越界,则转 JAJ2
BJ：	CLR	TR0	;发生越界,停定时器(停电动机)
	LCALL	BAOJING	;调报警子程序
	SJMP	$	
BMC：	AJMP	JAJ10	

JAJ1：	MOV	R0,＃32H	;反转,指向绝对位置低位 32H
	DEC	@R0	;绝对位置减 1
	CJNE	@R0,＃0FFH,J	;无借位则转向 JAJ2
	INC	R0	;指向 33H
	DEC	@R0	;(33H)－1
	CJNE	@R0,＃0FFH,JAJ2	;无借位则转向 JAJ2
	INC	R0	;指向 34H
	DEC	@R0	;(34H)－1
	CJNE	@R0,＃0FFH,JAJ2	;无越界,则转 JAJ2
	AJMP	BJ	;发生越界,停定时器(停电动机)
JAJ2：	SETB	EA	;开中断
	CJNE	R3,＃35H,JAJ5	;不是加速则转 JAJ5
	MOV	R0,＃35H	;指向加速步数低位 35H
	DEC	@R0	;加速步数减 1
	CJNE	@R0,＃0FFH,JAJ3	;无借位则转向 JAJ3
	INC	R0	;指向 36H
	DEC	@R0	;(36H)－1
JAJ3：	DJNZ	R3,＃37H,JAJ7	;判断该级步数是否走完
	INC	R1	;走完,速度升一级
	MOV	A,R1	;计算级步数
	MOV	B,＃N	;立即数 N
	MUL	AB	
	MOV	R2,A	;保存级步数
JAJ4：	MOV	A,35H	;检查加速步数＝0
	ORL	A,36H	
	JNZ	JAJ10	;不等于 0,转向 JAJ10
	MOV	R3,＃37	;等于零,加速结束,指针指向恒速
	SJMP	JAJ10	
JAJ5：	CJNER3,	＃37H,JAJ7	;不是恒速则转 JAJ7
	MOV	R0,＃37H	;指向恒速位置低位 37H
	DEC	@R01	;恒速步数减 1
	CJNE	@R0,＃0FFH,JAJ6	
	INC	R0	
	DEC	@R0	
	CJNE	@R0,＃0FFH,JAJ6	
	INC	R0	
	DEC	@R0	
JAJ6：	MOV	A,37H	;检查恒速步数＝0

	ORL	A,38H	
	ORL	A,39H	
	JNZ	JAJ10	;不等于0,转向JAJ10
	MOV	R3,♯3AH	;等于零,恒速结束,指针指向减速
	DEC	R1	;减速一级
	MOV	A,R1	;计算级步数
	MOV	B,♯N	
	MUL	AB	
	MOV	R2,A	;保存级步数
	SJMP	JAJ10	
JAJ7：	MOV	R0,♯3AH	;指向减速步数低位3AH
	DEC	@R0	;减速步数减1
	CJNE	@R0,♯0FFH,JAJ8	
	INC	R0	
	DEC	@R0	
JAJ8：	DJNZ	R2,JAJ9	;判断该级步数是否走完
	DEC	R1	;走完,速度降一级
	MOV	A,R1	;计算级步数
	MOV	B,♯N	
	MUL	AB	
	MOV	R2,A	;保存级步数
JAJ9：	MOV	A,3AH	;检查减速步数＝0
	ORL	A,3BH	
	JNZ	JAJ10	;不等于0,转向JAJ10
	CLR	TR0	;等于0,停定时器
	SJMP	JAJ11	;退出
JAJ10：	MOV	DPTR,♯ABC	;指向定时常数存放的首地址
	MOV	A,R1	;取速度级数
	RL	A	;每级定时常数占2个字节,乘2
	MOV	B,A	;暂存
	MOVC	A,@A+DPT	;取定时常数(低8位)
	CLR	C	
	ADD	A,♯09H	;加9个机器周期
	CLR	TR0	;停定时器
	ADD	A,TL0	;加定时常数(低8位)
	MOV	TL0,A	;重装定时常数(低8位)
	MOV	A,B	
	INC	A	

MOVC	A,@A+DPTR	;取定时常数(高 8 位)
ADDC	A,TH0	;加定时常数(高 8 位)
MOV	TH0,A	;重装定时常数(高 8 位)
SETB	TR0	;开定时器
JAJ11:POP	DPTH	;恢复现场
POP	DPTL	
POP	B	
POP	PSW	
POP	ACC	
RET1		;返回
ABC:DB…		;定时常数序列表

延时子程序、手动调整工作台子程序、X 轴电机驱动子程序、Y 轴电机驱动子程序等设计方法类同,在此不作详述。

4.8　$X—Y$ 工作台系统说明

$X—Y$ 工作台的系统说明如下:

(1) 工作台系统使用的流程如图 4.26 所示。开总电源开关,如系统正常,则显示器上闪烁 HEND 作系统就绪提示,这时按系统启动键,系统就可进入人机交互状态。

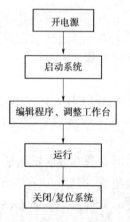

图 4.26　$X—Y$ 工作台使用流程

(2) 在人机交互过程中,用户可通过手动调整按钮对工作台进行手动调整,也可使工作台回到参考点。若要系统按用户的意图运行,在人机交互过程中,用户必须输入程序,在无程序下按运行按钮时,显示器会提示 NPG(无程序),然后返回交互状态。因系统的语法纠错能力不强,在程序编辑时应注意。

(3) 在运行过程中,可按"暂停"按钮停止工作台的进给,再按"暂停"按钮工作台会继续运动,要工作台停止也可按"复位"按钮,但按"复位"按钮会引起数据丢失。

(4) 如工作台超程,工作台会自动停止,显示器上闪烁 E—E 提示出错。超程停止后,可按手动调整按钮进入手动调整状态,退出调整状态工作台可继续运行,在机床的运行过程中,显示器上显示目标点坐标值。

附录 1

$X—Y$ 工作台机械结构装配图见插页。

附录2

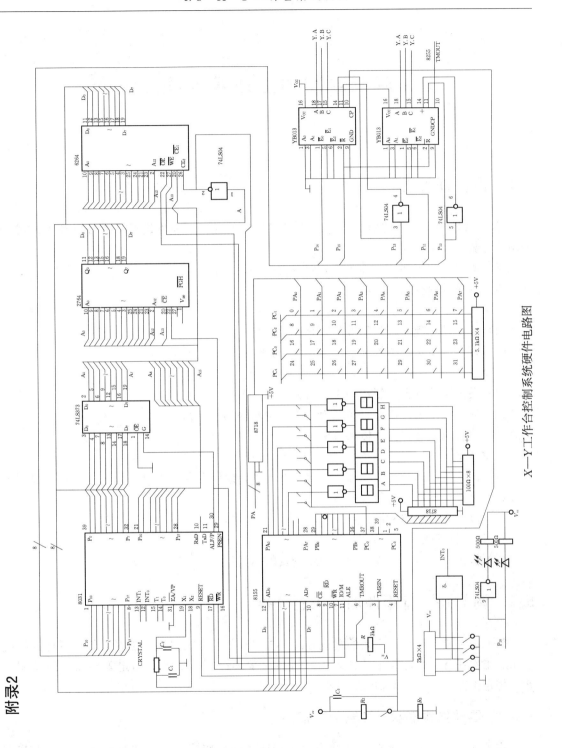

X—Y工作台控制系统硬件电路图

第5章 数控加工技术及程序设计

5.1 设计任务书

　　基于数控加工技术的毕业设计，选用调节装置盘，对零件进行工艺分析与工艺规程编制、工装与加工程序设计。

　　设计题目：调节装置盘加工工艺及数控程序设计。

　　主要的设计内容：

　　1. 程序设计

　　(1) 节点计算程序（采用等间距直线逼近）。

　　(2) 阿基米德螺旋槽铣削加工程序（6条螺旋槽，数控加工）。

　　2. 工艺设计

　　(1) 设计调节装置盘制造的工艺流程。

　　(2) 编写加工工艺规程（包括刀、夹、量和辅的使用）。

　　(3) 绘制调节装置盘立体效果图。

　　3. 工装设计

　　(1) 设计铣削调节装置盘加工专用夹具一副，绘制总装图及其零件图，并进行强刚度校验，给出夹具制造必备的技术条件。

　　(2) 设计直纹滚花专用刀具。

　　4. 撰写设计说明书

　　包括依据、理由、计算与说明、结论及附属材料，约15万～20万字。

5.2 调节装置盘零件加工工艺分析

　　数控加工是一种快捷高效的制造方法。在实施数控加工之前，需对被加工零件的结构形状、工作任务、装配关系及技术条件进行必要的分析。据此，确定零件加工的总体方案，拟定工艺路线，做好加工前的各项准备工作。

5.2.1 零件结构形状对工艺的要求

　　在零件加工之前，需根据其结构形状特征，选择快捷、经济和有质量保障的工艺方法。当零件具有下列结构特征时，可以参考采用一些实用的工艺方法。

　　1. 零件为回转体

　　可优先考虑采用车床或数控车床加工。当回转体结构复杂，如有曲面、螺旋槽、阶梯槽、径向孔、螺纹孔和斜孔等时，可考虑分步采用不同的机床加工，或使用车削中心加工。

2. 零件为壳体或箱体

这类零件加工部位的形状多为面、孔、槽，可考虑采用铣床、镗床或数控铣床、数控镗床加工。当零件加工部位结构复杂，或需要频繁更换刀具时，可考虑采用加工中心加工。

3. 零件为异形或非规则体

这类零件加工部位一般需要通过专用夹具辅助找正，方可在相应的机床上加工。专用夹具通常需要用户自己设计制造。对于有回转运动要求的专用夹具而言，调试专用夹具时需携带零件毛坯做动平衡实验，以确保机床的运动精度不受影响。

5.2.2 零件工作环境与任务对工艺的要求

零件的工作环境与工作任务对制造过程也会提出各种要求，如何科学合理地选择零件的制造工艺尤为重要。当零件的工作环境与工作任务有下列情况时，可以考虑增补一些增强零件抵抗外部损坏的辅助工艺。

1. 零件在交变载荷条件下工作

零件长期在交变载荷的作用下，极易产生疲劳破坏。为了改善零件因承受交变载荷而产生的不良影响，可以考虑在零件毛坯的制造上，选用锻造工艺。在零件毛坯加工、半成品加工过程中插入适当的热处理工艺，从根本上改善零件材料的内部组织，增强其机械性能。

2. 零件在冲击载荷条件下工作

冲击载荷对零件的使用寿命影响极大。在加工这类零件时，可通过适当热处理工艺，改善零件的机械性能。也可以通过选材、毛坯加工等手段，提高零件的机械强度、心部韧性来应对工作中的冲击载荷。

3. 零件在较大摩擦力条件下工作

当零件的工作表面与其他零部件接触并有相对运动时，零件表面磨损在所难免。解决这种问题的基本原则就是提高零件表面的耐磨性。一般可选择提高零件工作表面加工精度，以降低该表面的摩擦系数。也可以通过增加热处理工艺，如表面淬火，提高零件工作表面的硬度，改善零件的耐磨性。

4. 零件在温度剧烈变化环境中工作

环境温度的变化对零件安全使用影响很大，特别是温度剧烈变化影响更大。解决这类问题一般以改善零件基体组织的方法，来提高零件对环境温度变化的耐受力。例如选用锻件毛坯，通过增加热处理工艺改善零件基体组织。在加工中添加倒角、过渡圆弧等工序，尽量避免应力集中轮廓的出现，从而改善零件的传热性。也可以选择传热性较好的材料制造零件，提高零件对环境温度变化的耐受力。

5. 零件在腐蚀性环境中工作

对于在腐蚀性环境中工作的零件而言，零件表面的防腐是极其重要的一项工作。一般可以通过表面精饰工艺或提高零件表面加工精度等手段，来增加零件对腐蚀性环境的耐受力。

5.2.3 零件装配关系对工艺的要求

在零件制造过程中，一般需兼顾该零件在机构中的装配位置和使用要求，有时需要适度补充辅助工艺，满足零件在机构中的装配要求。

1. 零件有导向对中要求

当零件在装配过程中有导向或对中要求时，可在零件加工过程中添加倒角、倒圆等工序，以改善零件装配的对中性。若零件在机构中有相对往复运动要求，则零件在加工过程中，可考虑在零件工作表面添加微小锥面工艺，以确保零件运动时的导向要求。

2. 零件有定位要求

许多零件在机构中的安装位置有定位、定向甚至止动要求，此时，在工艺安排上应考虑特殊的工艺步骤。例如，配钻径向孔定位或定向，在适当位置加工止口，确保止动要求等。

3. 零件有密封要求

对于具有密封要求的零件，首先考虑其是否有运动要求；其次，根据零件的运动属性和工作环境安排适宜的工艺步骤。例如，加工时在零件需要密封的部位添加一个或一组密封槽；也可以添加止口实现端部极限位的密封；通过提高零件配合表面的尺寸精度、位置精度和形状精度实现密封。

5.2.4 调节装置盘结构分析

调节装置盘的实体图如图 5.1 所示，零件结构尺寸如图 5.2 所示。显然，调节装置盘是一个典型的盘型零件。在其工作面上设有 6 条阿基米德螺旋槽，通过旋转调节装置盘，可使插入螺旋槽的圆销沿径向作等速位移运动。适宜用在需要等速、等进调整位置的某些机构。因此，阿基米德螺旋槽的加工质量至关重要，普通机床加工此轮廓非常困难，即便是数控机床，也需要特殊处理后方可加工阿基米德轮廓。因为，数控机床没有配置阿基米德螺旋线插补功能。

图 5.1 调节装置盘实体图

为了便于旋转调节装置盘，调节螺旋槽内圆销的位置，在调节装置盘上设有直纹手轮。该结构在工艺处理中，一般需要配置专用刀具进行加工，例如：选用直纹滚花刀具加工零件的手轮部位，满足零件的功能需求。

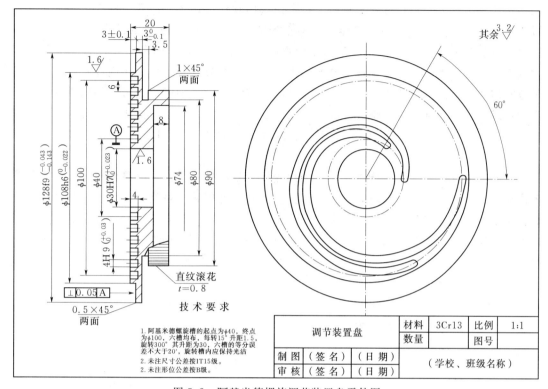

调节装置盘	材料	3Cr13	比例	1:1
	数量		图号	
制图 （签名）（日期）		（学校、班级名称）		
审核 （签名）（日期）				

技术要求
1. 阿基米德螺旋槽的起点为φ40，终点为φ100，六槽均布，每转15°升距1.5，旋转300° 其升距为30，六槽的等分误差不大于20′，旋转槽内应保持光洁
2. 未注尺寸公差按IT15级。
2. 未注形位公差按B级。

图 5.2　阿基米德螺旋调节装置盘零件图

5.2.5　调节装置盘工艺规程

调节装置盘是一个比较典型的回转零件。在制造过程中，应以车削加工为主。由于其工作表面有圆销与螺旋槽的相对滑动运动，因此阿基米德螺旋槽的尺寸精度和耐磨性在编写工艺规程时必须给予充分地考虑，即不仅有切削加工，还应配置相应的热处理工艺。根据加工轮廓的难易程度不同，合理分配一般机床与数控机床的加工内容，力争获得较好的加工质量与经济效益。

5.2.5.1　工艺分析

由材料学知识可知，黑色金属随着含碳量的增加，材料的硬度、强度和耐磨性均有所提高。因此，含碳量较多的黑色金属多用于制造力学性能较高、耐腐蚀性要求较低的零件。对于这种材料的零件，在加工过程中一般需适当地插入相应的热处理工艺，以改善材料的切削性能，提高零件的加工精度。

调节装置盘零件的材料（图 5.2）为3Cr13，因该材料硬度较高，为了便于加工，可考虑在加工前对其毛坯进行正火处理，以降低其表面硬度、减少内部应力。由调节装置盘零件图所标表面粗糙度和精度等级，可以看出该零件的加工精度比较高。因此，在选用刀具、设备以及加工方案上应综合考虑，不仅可以保证零件有足够的精度，同时还可以降低生产成本，缩短加工周期，提高生产效率。

从零件图样图 5.2 可以看出，调节装置盘的结构形状比较简单，为典型的盘类零件，毛坯尺寸并不太大。故在选择毛坯时，可考虑选用圆柱形钢坯，以便工件的加工。调节装置盘主要加工部位是 3 个外圆柱面，即尺寸分别 $\phi128$、$\phi108$、$\phi90$ 的柱面；两个内孔面，即尺寸分别为 $\phi74$、$\phi30$，以及 6 条阿基米德螺旋槽。其中，外圆和内孔都以中心线为尺寸基准，可以考虑采用集中工序、减少装夹次数的工艺方法来处理。车削内外圆柱面是非常适宜的加工方法。这样不仅可以保证零件的定位精度、同轴度，还可节约辅助时间，减少生产成本。由于阿基米德螺旋槽在加工时，要求刀具沿其直径方向作圆弧等进运动。显然，在车床上直接加工该轮廓非常困难。因此，可以考虑选用数控铣床或加工中心来加工。

外圆和内孔主要使用车床加工，应采用先粗后精原则进行。在夹具使用方面，可优先考虑选用机床已配的通用夹具，如三爪卡盘。阿基米德螺旋槽是调节装置盘零件的加工重点，也是难点，本设计选用数控铣床或加工中心来加工，并为其设计专用夹具。在工艺安排上，应先完成调节装置盘的外圆、内孔以及其他辅助表面的加工，后进行阿基米德螺旋线的加工。

5.2.5.2　工艺设计

1. 确定生产纲领及生产类型

零件的生产纲领可按以下公式计算：

$$N = Qn\ (1 + a\% + b\%)$$

式中　N——零件的生产纲领，件/年；

　　Qn——机器产品的年生产量，台/年；

　$a\%$——备品百分率；

　$b\%$——废品百分率。

2. 零件图的工艺审查

其内容包括：

（1）审查零件图的完整性。零件图上的尺寸标注是否完整、结构表达是否清楚。

（2）分析技术要求是否合理。加工表面的尺寸精度；主要加工表面的形状精度；主要加工表面的相互位置精度；表面质量要求；热处理要求。

（3）零件材料选用是否适当。

（4）零件是否具有良好的结构工艺性。

3. 毛坯的选择

毛坯选择需考虑零件的工艺特性、结构形状、外形尺寸、生产纲领以及现场生产条件等因素，并根据其表面粗糙度和精度等级要求，确定毛坯材料与生产方式。调节装置盘零件选用自由锻造的圆柱形毛坯，其尺寸为：直径 $\phi = 36\text{mm}$，长度 $L = 40\text{mm}$。

4. 基准的选择

确定零件上某一点、线、面的基准有设计基准和工艺基准。

（1）设计基准。在设计零件时，根据零件在机构中的装配关系，以及零件自身结构要素之间的相互联系，确定标注尺寸的起始位置称作设计基准。

如图 5.3 所示，调节装置盘的轴线是其内孔及各外圆的设计基准；端面 B 是各端面位置的设计基准；柱面 A 是端面 C 垂直度的设计基准；端面 F 是端面 G 在深度上的设计基准。

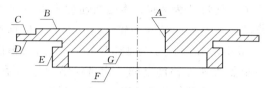

图 5.3 调节装置盘基准面示意图

（2）定位基准。它是工件加工时定位所用的基准，工件上与定位支撑直接接触的一个具体表面即定位基面，它是某工序直接达到加工尺寸的起点。

定位基准应考虑先选择粗基准，再选择精基准。精基准必须是经过加工后的能够保持一定尺寸精度和表面粗糙度的表面。

（3）工艺基准。它是加工、测量和装配过程中使用的基准，又称制造基准。

1）工序基准，在工序图上用来确定加工表面位置的基准，如图 5.3 所示的 B、D、F 等表面。

2）定位基准，在加工过程中，使工件相对机床或刀具占据正确位置所使用的基准，如 F 面。

3）测量基准，在加工过程或加工完毕后测量所用的基准。用于测量加工表面位置和尺寸，如 B 面和轴线等。

4）装配基准，在装配过程中用以确定零部件在产品中位置的基准，如 D 面。

综上所述，选 B 面为粗基准，F 面为精基准。

5. 内孔、外圆及端面的加工方案

（1）内孔表面的加工方案。调节装置盘有两个同轴内孔：小孔的尺寸及精度为 $\phi30H7(^{+0.021}_{0.000})$，表面粗糙度为 Ra1.6，公差等级为 IT7，通过粗车、半精车和精车方可满足技术要求。大孔的尺寸 $\phi74$，表面粗糙精度为 Ra3.2。由于大孔未作尺寸精度标注，故要求比较低，根据机械加工通用规则，可选其公差等级为 IT15～IT19，选择先粗车、半精车可满足技术要求。由此，可确定内孔的加工顺序为先粗后精车削。

综上所述，调节装置盘内孔表面的加工方案见表 5.1。

表 5.1 内孔表面加工方案

加工部位	加工方法	加工精度（IT）	表面粗糙度（Ra）
$\phi30H7$ 中心孔	粗车	IT13～IT11	Ra50～Ra12.5
	半精车	IT10～IT9	Ra6.3～Ra3.2
	精车	IT8～IT7	Ra3.2～Ra1.6
$\phi74$ 中心孔	粗车	IT12～IT11	Ra50～Ra12.5
	半精车	IT10～IT9	Ra6.3～Ra3.2

（2）外圆表面的加工方案。调节装置盘有 4 个同轴的外圆尺寸：最大外圆尺寸及精度为 $\phi128f9(^{-0.043}_{-0.143})$，表面粗糙度为 Ra3.2，公差等级为 IT9，是该零件的安装空间尺寸，通过粗车、半精车可满足技术要求。次大外圆尺寸及精度为 $\phi108h6(^{0}_{-0.022})$，表面粗糙度为 Ra1.6，公差等级为 IT6，则是调节装置盘上最重要的功能装配尺寸，须经过粗车、半精

车和精车方可满足技术要求。而尺寸为 $\phi90$、表面粗糙度为 Ra3.2 的外圆，尺寸公差等级未注，并在其柱面滚压直纹，是典型的旋转手轮结构。因此，根据使用特性，可选该部位的尺寸公差等级为 IT10。最小的外圆尺寸为 $\phi80\times3.5$，表面粗糙度为 Ra3.2，是典型的退刀槽结构。设计目的在于预留加工辅助空间，为直纹滚刀加工手轮直纹滚花提供方便。该处未注尺寸公差，可选其尺寸公差等级为 IT10，通过粗车和半精车可满足技术要求。

　　由此可得，调节装置盘外圆尺寸的加工方案见表 5.2。

表 5.2　　　　　　　　　　　　外圆表面加工方案

加工部位	加工方法	加工精度（IT）	表面粗糙度（Ra）
$\phi128f9$ 外圆面及切槽、倒角	粗车	IT12～IT11	Ra50～Ra12.5
	半精车	IT10～IT9	Ra6.3～Ra3.2
108h6 外圆面及圆环端面	粗车	IT12～IT11	Ra50～Ra12.5
	半精车	IT10～IT9	Ra6.3～Ra3.2
	精车	IT8～IT6	Ra3.2～Ra1.6
$\phi90$ 外圆表面及倒角	粗车	IT12～IT11	Ra50～Ra12.5
	半精车	IT10～IT9	Ra6.3～Ra3.2
$\phi80\times3.5$ 退刀槽	粗车	IT12～IT11	Ra50～Ra12.5
	半精车	IT10～IT9	Ra6.3～Ra3.2

　　(3) 端面及螺旋槽面的加工方案。调节装置盘为典型的盘形零件，其小端面（$\phi90$ 处）为阿基米德螺旋槽加工的工艺基准，表面粗糙度为 Ra3.2。虽然未注尺寸公差，但其加工地位依旧重要，故选小端面的尺寸公差等级为 IT9。大端面（$\phi108$ 处）为阿基米德螺旋槽进刀加工表面，也是调节装置盘的装配基准面，注有轴向尺寸 3 ± 0.1，公差等级为 IT12～IT11，表面粗糙度为 Ra3.2，采用粗铣和精铣来保证该表面的加工精度。阿基米德螺旋槽为调节装置盘的功能轮廓形面，是该零件加工的核心，注有槽宽 $4H9(^{+0.03}_{0})$、槽深 4mm、槽长（300°/50mm）、槽间距 6mm 等尺寸，表面粗糙度为 Ra3.2。该部位尺寸、形状误差的大小，直接与阿基米德螺旋槽功能有关，故粗铣槽面时分层多次进刀铣削，再通过精铣满足加工要求。

　　据此得到端面及螺旋槽面的方案见表 5.3。

表 5.3　　　　　　　　　　　　端面加工方案

加工部位	加工方法	加工精度（IT）	表面粗糙度（Ra）
$\phi90$ 处小端面	粗车	IT12～IT11	Ra50～Ra12.5
	半精车	IT10～IT9	Ra6.3～Ra3.2
$\phi108$ 处大端面	粗铣	IT14～IT11	Ra50～Ra12.5
	精铣	IT9～IT7	Ra3.2～Ra1.6
螺旋槽面	粗铣	IT14～IT11	Ra50～Ra12.5
	精铣	IT9～IT7	Ra3.2～Ra1.6

6. 刀具的选择

常用的刀具材料有碳素工具钢、合金工具钢、高速钢、硬质合金、陶瓷、金刚石和立方氮化硼等。碳素工具钢及合金工具钢耐热性较差，通常仅用于手工工具和切削速度较低的刀具。陶瓷、金刚石和立方氮化硼虽性能好，但成本较高。目前，并没有广泛使用。刀具材料中使用最广泛的仍然是高速钢和硬质合金。

通过对调节装置盘工艺过程的分析，其加工过程主要是在普通卧式车床和数控铣床上进行。外圆柱面、内孔表面及部分端面，采用车削方式加工，而阿基米德螺旋槽则采用数控铣床进行加工。所以，加工所用的刀具主要是车刀和铣刀。

刀具选择首先要考虑加工工件的材料，其次考虑其机械性能，如硬度、耐磨性、强度、韧性以及耐热性等，第三要考虑轮廓形状及尺寸要求。不同的工件类型与加工要求，需要不同的刀具材料与形状。由于调节装置盘的材料为3Cr13，所以选用YT14刀具进行加工。

（1）车刀的选择。调节装置盘车削加工的刀具主要有外圆车刀、内圆车刀、端面车刀、切槽刀（切断刀）、倒角刀和直纹滚刀等。

外圆车刀的基本尺寸：刀杆尺寸为 $B \times H = 16 \times 25$，刀片厚度 $C = 6$，刀尖圆弧半径 $r_e = 0.5$。在不同工序中用同一把刀具加工时，可根据粗车、半精车、精车工序要求，适当调整其进给速度、切削速度和背吃刀量等工艺参数，以求达到相应的技术要求。

（2）铣刀的选择。铣削大、小端面时，采用立铣刀来加工。硬质合金钢面铣刀与高速钢圆柱形铣刀相比，前者铣削速度快，生产效率高，表面加工质量好。因此，选择硬质合金可转位面铣刀来加工大、小端面，并将粗、精铣削分开，分别使用不同的铣刀。粗铣选用粗齿面铣刀，精铣选用中齿面铣刀，从而确保加工精度。

在加工阿基米德螺旋槽时，根据其槽深及宽度尺寸，采用 $\phi 4$ 立铣刀进行加工。

（3）直纹滚花刀具的选择。依据任务书要求，需设计专业刀具——直纹滚花刀。为此，直纹滚花刀具材料选用T8专业刀具钢，刀具结构尺寸及装配关系参见附录直纹滚花刀具图。

7. 切削用量的选择

（1）切削用量、背吃刀量及进给量的选择原则。在选择切削用量时，应首先考虑有尽可能大的背吃刀量，再考虑选用较大的进给量，最后考虑如何提高切削速度。

切削深度的选择应以尽量依次走刀切除余量为原则，使走刀次数最少。

在粗加工时应选择较大的进给量，在精加工或半精加工时，一般根据粗糙度值选择较小的值。

（2）确定切削用量。调节装置盘车削加工、铣削加工的切削用量，选择与计算过程参见表5.4。

表5.4 切削用量确定一览表

		车削加工			
序号	加工部位	切削速度 $/ (\mathrm{m \cdot s^{-1}})$	进给量 $/ (\mathrm{mm \cdot r^{-1}})$	主轴转速 $/ (\mathrm{r \cdot min^{-1}})$	进给速度 $/ (\mathrm{mm \cdot min^{-1}})$
1	粗车 $\phi 128\mathrm{mm}$ 外圆	$v = 1.73$	$f = 0.5$	$n = \dfrac{1000v}{\pi D} \times 60 = 258$ 取 $n = 250$	$F = f \times n$ $= 0.5 \times 250 = 125$

车削加工					
序号	加工部位	切削速度 /（m·s⁻¹）	进给量 /（mm·r⁻¹）	主轴转速 /（r·min⁻¹）	进给速度 /（mm·min⁻¹）
2	粗车 φ90mm 外圆	$v=1.73$	$f=0.3$	$n=\dfrac{1000v}{\pi D}\times 60=367$ 取 $n=360$	$F=f\times n$ $=0.3\times 360=108$
3	粗车 φ108mm 外圆	$v=0.58$	$f=0.4$	$n=\dfrac{1000v}{\pi D}\times 60=110$	$F=f\times n=0.4\times 110=44$
4	粗车 φ90mm 处端面	$v=1.73$	$f=0.3$	$n=\dfrac{1000v}{\pi D}\times 60=367$ 取 $n=360$	$F=f\times n$ $=0.3\times 360=108$
5	半精车 φ90mm 处端面	$v=0.90$	$f=0.23$	$n=\dfrac{1000v}{\pi D}\times 60=191$ 取 $n=190$	$F=f\times n=0.23\times 190=43.7$ 取 $F=45$
6	粗车 φ80mm 退刀槽	$v=0.73$	$f=0.3$	$n=\dfrac{1000v}{\pi D}\times 60=174$ 取 $n=175$	$F=f\times n=0.3\times 175=52.5$ 取 $F=50$
7	半精车 φ90mm 外圆	$v=0.90$	$f=0.23$	$n=\dfrac{1000v}{\pi D}\times 60=191$ 取 $n=190$	$F=f\times n=0.23\times 190=43.7$ 取 $F=45$
8	粗车 φ30、φ74 孔	$v=1.5$	$f=0.2$	$n=\dfrac{1000v}{\pi D}\times 60=955.41$ 取 $n=960$	$F=f\times n=0.2\times 960=192$
9	精车 φ30 孔	$v=3.2$	$f=0.15$	$n=\dfrac{1000v}{\pi D}\times 60=2038$ 取 $n=2000$	$F=f\times n=0.15\times 2000=300$
10	车断毛坯	$v=2.65$	$f=0.36$	$n=\dfrac{1000v}{\pi D}\times 60=372.3$ 取 $n=360$	$F=f\times n=0.36\times 360=129.6$ 取 $F=130$

铣削加工					
序号	加工部位	铣刀直径/mm	切削速度 /（m·s⁻¹）	进给量 /（mm·r⁻¹）	主轴转速 （r·min⁻¹）	进给速度 /（mm·min⁻¹）
1	粗铣大端面	100	$v=2.70$	$a_f=0.13$	$n=\dfrac{1000v}{\pi D}\times 60=516$ 取 $n=510$	铣刀齿数 $Z=6$ $v_f=a_f\cdot Z\cdot n=402.48$ 取 $v_f=410\text{mm/min}$
2	精铣大端面	100	$v=2.80$	$a_f=0.13$	$n=\dfrac{1000v}{\pi D}\times 60=535$ 取 $n=540$	$v_f=a_f\cdot Z\cdot n=432$ 取 $v_f=400$
3	铣阿基米德螺旋槽	4	$v=0.30$	$a_f=0.13$	$n=\dfrac{1000v}{\pi D}\times 60=1432$ 取 $n=1500$	取 $v_f=60$ 铣削深度为 $a_p=4$

5.2.5.3　工艺规程

工艺规程是指导施工的技术文件。机械加工工艺规程一般应包括以下内容：零件加工的工艺路线；各工序的具体加工内容；切削用量；工时定额；所采用的设备与工艺装备。不同的企业有不同的工艺规程文件，一般用卡片或表格的形式展现。

调节装置盘工艺规程文件主要有：描述该零件整个工艺路线的综合卡；供生产管理者和实施者使用的机械加工工艺卡；具体指导工人生产的机械加工工序卡等。

机械加工工艺规程综合卡的编写方式参见表 5.5、表 5.6。

表 5.5   **调节盘的机械加工工艺过程综合卡**

单位名称			产品名称或代号			零件名称	调节装置盘	零件图号	
			生产类型	单件小批量生产					
材料牌号	3Cr13	毛坯种类	自由锻造	毛坯尺寸		车间名称		工段名称	
工序号	工序名称		工序内容			定位基准	设备		备注
1	锻造		自由锻造						
2	热处理		正火						
3	粗车小端端面		平小端端面			大端端面	卧式车床		
4	半精车小端端面					大端端面	卧式车床		
5	粗车 φ30、φ74 孔		粗车 φ30、φ74 中心孔			中心孔	卧式车床		
6	半精车 φ30、φ74 孔					中心孔	卧式车床		
7	精车 φ30 孔					中心孔	卧式车床		
8	粗车外圆各部		粗车 φ128、φ90 外圆柱面			中心孔	卧式车床		
9	调质								
10	半精车外圆各部		半精车 φ128、φ90 外圆柱面			中心孔	卧式车床		
编制		校队		审核		会签	日期	年 月 日	共2页 第1页

表 5.6   **调节盘的机械加工工艺过程综合卡（续）**

单位名称			产品名称或代号			零件名称	调节装置盘	零件图号	
			生产类型	单件小批量生产					
材料牌号	3Cr13	毛坯种类	自由锻造	毛坯尺寸		车间名称		工段名称	
工序号	工序名称		工序内容			定位基准	设备		备注
11	粗车退刀槽		车外圆 φ108 及退刀槽			中心孔	卧式车床		
12	半精车外圆及退刀槽		精车 φ90 外圆及各退刀槽			中心孔	卧式车床		
13	精车 φ108 外圆					中心孔	卧式车床		
14	滚直纹		滚直纹滚花			中心孔	卧式车床		
15	倒角		倒 1×45° 和 0.5×45° 的角			中心孔	卧式车床		
16	车断		按零件尺寸留有一定的余量车断毛坯			小端端面	卧式车床		
17	粗铣大端端面					小端端面	数控铣床		
18	精铣大端端面					小端端面	数控铣床		
19	铣阿基米德螺旋槽		铣 6 条阿基米德螺旋槽，差距为 0.1			中心孔	数控铣床		
20	检验		按图纸要求全部检验				专用检具		
编制		校队		审核		会签	日期	年 月 日	共2页 第2页

机械加工工艺卡的编写方式参见表 5.7～表 5.11 所示。

表 5.7　　　　　　　普通卧式车床加工调节盘工艺卡片

单位名称			产品名称或代号		零件名称	调节装置盘	零件图号	
			夹具名称	三爪自定义卡盘	使用设备	C6150 车床		
材料牌号	3Cr13	毛坯种类	自由锻造	毛坯尺寸	毛坯件数	每台件数	每批件数	

工步号	工步内容	工步简图	刀具号	刀具规格 B×H/mm	主轴转速/ (r·min⁻¹)	进给速度/ (mm·min⁻¹)	背吃力量 /mm	备注
1	粗车端面 F		T01	90°右偏车刀				
2	半精车端面 F		T01	90°右偏车刀				
3	粗车 φ30mm 孔至 φ27mm		T02	75°外圆车刀	960	192	2	
4	粗车 φ74mm 孔至 φ72.5mm		T02	75°外圆车刀	960	192	2	
5	半精车 φ30mm 孔至 φ29.84mm		T02	75°外圆车刀	190	45		
6	精车 φ30mm 孔至尺寸		T02	75°外圆车刀	175	50	0.5	
7	粗车 φ90mm 圆柱面至 φ91.2mm		T02	75°外圆车刀	250	125	3	
8	粗车 φ128mm 圆柱面至 φ134.8mm		T02	75°外圆车刀	250	125	0.5	
9	半精车 φ90mm 圆柱面至尺寸		T02	75°外圆车刀	130	30		
10	半精车 φ128mm 圆柱面至尺寸		T02	75°外圆车刀	190	45		

编制		审核		批准		会签		日期		年　月　日	共 2 页	第 1 页

表 5.8　　　　　　　普通卧式车床加工调节盘工艺卡片（续）

单位名称			产品名称或代号		零件名称	调节装置盘	零件图号	
			夹具名称	三爪自定义卡盘	使用设备	C6150 车床		
材料牌号	3Cr13	毛坯种类	自由锻造	毛坯尺寸	毛坯件数	每台件数	每批件数	

工步号	工步内容	工步简图	刀具号	刀具规格 B×H/mm	主轴转速/ (r·min⁻¹)	进给速度/ (mm·min⁻¹)	背吃力量 /mm	备注
11	粗车 φ80mm 圆柱面至 φ81.7mm		T03	16×25 硬质合金切槽刀	175	50	3	
12	粗车 φ108mm 圆柱面至 φ109.7mm		T03	16×25 硬质合金切槽刀	110	44	3	
13	半精车 φ80mm 圆柱面至尺寸	（略）	T03	16×25 硬质合金切槽刀	240	48		
14	半精车 φ108mm 圆柱面至 108.5mm		T03	16×25 硬质合金切槽刀	160	35		
15	精车 φ108mm 圆柱面至尺寸		T03	16×25 硬质合金切槽刀	220	30		
16	滚 t＝0.8 的直纹滚花		T04	直纹滚刀				
17	倒 1×45° 和 0.5×45° 的角	（略）	T05	倒角车刀				
18	车断 φ128mm 的外圆柱面		T06	强力切断刀	360	130	3	
19	检验							

编制		审核		批准		会签		日期		年　月　日	共 2 页	第 2 页

表 5.9　　　　　　　　　　　调节盘数控铣加工工艺卡片

单位名称		产品名称或代号			零件名称	调节装置盘	零件图号
		夹具名称	三爪自定义卡盘	使用设备	XK6352 数控铣床		

材料牌号	3Cr13	毛坯种类	自由锻造	毛坯尺寸		毛坯件数		每台件数		每批件数	

工步号	工步内容	工步简图	刀具号	刀具规格 $B \times H$/mm	主轴转速/ $(r \cdot min^{-1})$	进给速度/ $(mm \cdot min^{-1})$	背吃刀量 /mm	备注
1	粗铣 B 端面	（略）	T07	$\phi100$ 面铣刀	510	410		
2	精铣 B 端面		T07	$\phi100$ 面铣刀	540	400		
3	道检							
4	铣 6 条阿基米德螺旋槽		T08	$\phi4$ 立铣刀	1500	60		
5	成检							

编制		审核		批准		会签		日期		年 月 日	共 1 页	第 1 页

表 5.10　　　　　　　　　　　调节盘热处理工艺卡片

单位名称		产品名称或代号			零件名称	调节盘		零件图号
		生产类型	单件小批量生产					

材料牌号	3Cr13	毛坯种类	自由锻造	毛坯尺寸		车间名称		设备名称	专用设备

工序号	热处理方式（工序内容）	工艺目的	工艺说明	备注
1	正火（正常化）	消除自由锻件毛坯的内应力，细化均匀组织，降低硬度，改善切削加工性能	毛坯加热到临界温度以上 30°～50°，保温一定时间后取出，放在空气中冷却	
2	调质	使工件具有良好的综合机械性能，改善加工性能	淬火后高温回火	
3	时效处理	消除铸造应力，稳定铸件尺寸形状	自然失效，在空气中长期存放	

编制		校队		审核		会签		日期		年 月 日	共 1 页	第 1 页

表 5.11　　　　　　　　　　　　　　　调节盘检验工艺卡片

单位名称			产品名称或代号		零件名称		调节盘		零件图号	
			生产类型	单件小批量生产						
材料牌号	3Cr13	毛坯种类	自由锻造	工序名称	终检	车间名称			设备名称	

工序号	工序内容	检验工具名称	分度值	测量范围 /mm	示值误差 /μm	合格否	备注
1	测量 ϕ128mm 和 ϕ108mm 外圆直径	外径千分尺	0.01	100~125	6	合格	
2	测量 ϕ80mm 和 ϕ90mm 外圆直径	游标卡尺 Ⅱ 型	0.10	0~200			
3	测量 ϕ74mm 和 ϕ30mm 内孔直径	内径千分尺	0.01	50~125	±6		
4	测量 3±0.1、3.5、$3^0_{-0.1}$ 及各圆柱壁厚	游标卡尺	0.20	0~120			
5	测量阿基米德螺旋槽宽度 $4H9^{+0.03}_0$	内侧千分尺	0.01	5~30	±8		
6	测量阿基米德螺旋槽的深度 4mm	深度千分尺	0.01	0~25	±1.0		
7	测量 ϕ30mm 内孔表面粗糙度 Ra=1.6	IT6~IT9 级轴用量规		0~120			
8	测量 ϕ108mm 外圆表面粗糙度 Ra=1.6	激光数显示外表面 粗糙度检查仪		8~800			
9	测量其余各表面粗糙度为 Ra=3.2	表面粗糙度比较样块					
10	测量 C 面相对于 A 面的垂直度误差 0.05	圆度仪					
11	出厂检验	目测					

编制		校队		审核		会签		日期		年　　月　　日	共 1 页	第 1 页

5.3　调节装置盘数控加工程序设计

阿基米德螺旋槽是调节装置盘的重要结构，当阿基米德螺旋线的基圆半径为 ρ_0，等进升程系数为 a，在直角坐标系中，阿基米德螺旋线的方程为

$$\sqrt{X^2 + Y^2} = \rho_0 + a \times \arctan \frac{Y}{X} \tag{5.1}$$

显然，Y 是一个隐函数。当已知 X 值时，直接求取 Y 值也并非易事。在直角坐标系中，阿基米德螺旋线是一个典型的非圆曲线。大部分数控机床不具备非圆曲线的插补指令。因此，在编写非圆曲线轮廓零件的数控加工程序时，需对该零件轮廓进行数值处理，即在满足轮廓精度要求的前提下，根据已知零件轮廓的两点，按照约定的计算规则，在该两点之间补充插入若干个中间点，这些中间点就称为节点。通常选用直线段或圆弧段逼近零件轮廓来获得所需要的节点，使普通数控机床也能够加工非圆曲线轮廓零件。

获得节点的方法有两种：一种是通过 Mastercam 自动捕捉符合误差要求的节点；另一种是通过高级语言编写节点计算程序获得节点。自动捕捉的节点，一般节点数量庞大，通过计算程序获得的节点数一般较少。显然，当所求节点数量较多时，需要选用高级语言编写节点计算程序，辅助节点的计算。数控加工程序必须在节点计算后编写，此时加工程序的输入工作量与调试工作量都很大，极易出现错误。比较有效的办法就是选用自动编程方

式，编写阿基米德螺旋线的加工程序。但对于只能用手工方式输入数控加工程序的用户而言，节点数较少就意味着加工程序输入工作量小，差错率低。

5.3.1　节点的计算

用直线段替代非圆曲线，在数值计算中常常是首选。若非圆曲线为：$Y = f(X)$，起点为 $P_0(X_0, Y_0)$，终点为 $P_Z(X_Z, Y_Z)$。在这两点之间插入 P_1、P_2、P_3、…点，即节点，由这些节点构成的直线段逼近非圆曲线，如图 5.4 所示。

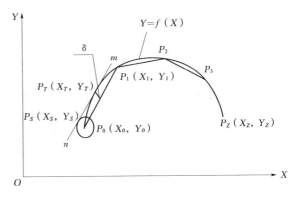

图 5.4　线性非圆曲线逼近图

求解节点的坐标，是实现数控编程的关键。逼近直线段的计算工作分两步进行：

（1）求逼近直线段的斜率。设线性非圆曲线 $Y = f(X)$，曲线起点为 $P_0(X_0, Y_0)$，编程许用误差为 δ。

现以 P_0 为圆心、δ 为半径作一个误差圆，然后再作一条与误差圆、非圆曲线 $Y = f(x)$ 均相切的直线，即公切线 $m—n$，切点分别为：$P_S(X_S, Y_S)$、$P_T(X_T, Y_T)$，由此可得：

误差圆方程：
$$(X_S - X_0)^2 + (Y_S - Y_0)^2 = \delta^2 \tag{5.2}$$

曲线方程：
$$Y_T = f(Y_T) \tag{5.3}$$

公切线斜率：
$$k = -(X_S - X_0)/(Y_S - Y_0) \tag{5.4}$$

公切线方程：
$$Y_T - Y_S = k(X_T - X_S) \tag{5.5}$$

起点到公切线的距离：
$$\delta = \frac{|AX_0 + BY_0 + C|}{\sqrt{A^2 + B^2}} \tag{5.6}$$

其中：$A = Y_T - Y_S$；$B = X_S - X_T$；$C = Y_S X_T - X_S Y_T$，联立式（5.2）～式（5.6），可求得公切线斜率 k。由于逼近直线段与公切线平行，因此逼近直线段的斜率也为 k。

（2）求节点坐标。对于第一个节点，根据曲线起点以及直线段的斜率，列方程式（5.7）、式（5.8）可求得。

$$Y_1 - Y_0 = k_1(X_1 - X_0) \tag{5.7}$$

$$Y_1 = f(Y_1) \tag{5.8}$$

对于其他节点，可以用已求出的节点作为起点，依次重复使用式（5.2）～式（5.6），先获取对应直线段的斜率 k_i，再用节点方程组求取节点 $P_i(x_i, y_i)$ 的坐标，即：

$$Y_i - Y_{i-1} = k_i(X_i - X_{i-1}) \tag{5.9}$$

$$Y_i = f(Y_i) \tag{5.10}$$

通过循环使用式（5.2）～式（5.10），可获得所有节点的坐标。

5.3.1.1　阿基米德螺旋线节点的计算原理

若非线性非圆曲线为：$f(x, y) = 0$，则自变量 X 与函数 Y 为隐含关系。显然，直接使用上述式（5.2）～式（5.10）求取节点坐标也非常困难，甚至无法求解。阿基米德螺旋线为典型的非线性非圆曲线。因此，需依据曲线特征，选取必要的参数来简化计算，将非线性关系转化为线性关系，可获得逼近直线段所需的节点坐标。

如图 5.5 所示，设阿基米德螺旋线的基圆半径为 ρ_0，等进升程系数为 a，将其转换极坐标方程为：

$$\rho = \rho_0 + a\theta \tag{5.11}$$

式中　θ——极角；

ρ——极径。

很明显该方程为线性方程。此时，阿基米德螺旋线各节点的坐标，可按线性方程关系来求解。

假设阿基米德螺旋线上节点 P_i 的极径、极角分别为 ρ_i、θ_i，许用逼近误差为 δ，如图 5.6 所示。

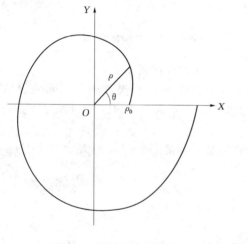

图 5.5　阿基米德螺旋线

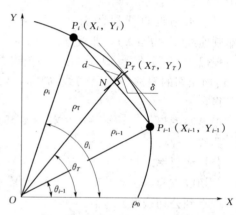

图 5.6　非线性非圆曲线逼近图

显然，节点 P_i 坐标（X_i，Y_i）与极径 ρ_i、极角 θ_i 有以下关系：

$$\rho_i = \rho_0 + a\theta_i \tag{5.12}$$

$$X_i = \rho_i \cos\theta_i \tag{5.13}$$

$$Y_i = \rho_i \sin\theta_i \tag{5.14}$$

利用式（5.12）～式（5.14），可求出节点的 ρ_i、X_i、Y_i 值。但极角 θ_i 应取何值并不清楚，节点坐标计算的关键是逼近误差必须满足使用要求。工程上常用预设极角 θ_i 求解，不断修正极角 θ_i 的增量，使直线逼近误差小于许用值。

首先令极角增量为 $w = \theta_i - \theta_{i-1}$，点 P_T 处的极角为 $\theta_T = \theta_{i-1} + w/2$，用点 P_T（X_T，Y_T）取代切点。由于切点到直线 $P_i P_{i-1}$ 的距离为逼近误差 δ，其值的求取颇为复杂。为了简化误差计算，用极径 OP_T 与直线 $P_i P_{i-1}$、曲线的交点 N、P_T 之间距离 d 来替代逼近误差 δ。由几何关系可知：$\delta < d$，只要控制 $d < [\delta]$，则必有 $\delta < [\delta]$ 成立。

实验表明，随着节点处极径的增大，要保持 δ 不超差，就必需随时修正 ω 值。这就使得整个计算过程处在动态试算状态。一方面要通过修正极角增量 ω 来满足逼近精度的需要；另一方面要利用前一次计算的成果来求取新的节点坐标。因此，节点的计算是一个循序渐进、不断重复和逐一推进求取各节点坐标的过程。根据节点计算过程的这一特性，采用适当的高级语言编写节点及相关参数的计算程序，利用计算机辅助计算，可使节点计算工作大大简化和快捷。

5.3.1.2 阿基米德螺旋线节点计算程序设计

利用计算机辅助计算阿基米德螺旋线节点，需按照 4 个步骤进行：

（1）输入已知条件。

（2）建立计算结果统计表。

（3）计算节点并判断修改计算参数。

（4）依序输出计算结果。

计算程序流程如图 5.7 所示。

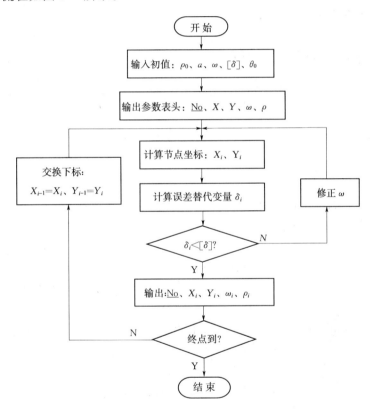

图 5.7　阿基米德螺线节点计算流程图

阿基米德螺旋线节点求解程序及注释如下：

```
#include "math.h"                    /* 数学函数库文件 */
#include "stdio.h"                   /* 输入输出函数库文件 */
#include "string.h"                  /* 字符串函数库文件 */
static FILE *out;                    /* 定义静态变量指针 */
int main()
{double a,P0,Q,Qj,t,r,e,s,Xi,Xj,Yi,Yj,W,d,k,Pi,Wi,Wj,Wm,Xm,Ym,Xn,Yn,
```

```
Xe,Ye;
                                            /*定义各变量为双精度型变量*/
    int i,c;                                /*定义各变量为整型变量*/
    printf("\n 请分别输入阿基米德螺旋线参数:a,P0\n");
    scanf("%lf,%lf",&a,&P0);
    printf("\n 请输入逼近线的角步距 Q 的值:\n");
    scanf("%lf",&Q);
    printf("请输入起始点的极角 Wj:\n");
    scanf("%lf",&Wj);
    printf("请输入加工零件尺寸误差参数:s\n");
    scanf("%lf",&s);
    printf("\n 请输入终点判别量 e:\n");
    scanf("%lf",&e);
    printf("\n 请输入角步距 Q 的修正值:r\n");
    scanf("%lf",&r);                         /*以上均为接收各参数*/
    W=s/10;
    i=1;
    Pi=3.1415926;
    Xe=(P0+a*2*Pi)*cos(2*Pi);
    Ye=0;
    Xj=(P0+a*Wj)*cos(Wj);
    Yj=(P0+a*Wj)*sin(Wj);
    Qj=Q;                                   /*计算并赋值给各变量*/
    if((out=fopen("阿基米德.txt","a"))==NULL)
                                            /*建立一个"阿基米德.txt"的文本文件*/
    {
    printf("Can't Open file :%s\n","阿基米德.txt");   /*检验文本文件是否建成*/
    return 1;
    }
loop:                                       /*goto 循环跳转标志*/
{ do                                        /*do-while 循环标志*/
{Wm=Wj+Qj/2;
  Wi=Wj+Qj;
  Xm=(P0+a*Wm)*cos(Wm);
  Ym=(P0+a*Wm)*sin(Wm);
  Xi=(P0+a*Wi)*cos(Wi);
  Yi=(P0+a*Wi)*sin(Wi);                     /*计算并赋值给各变量*/
  c=0;                                      /*标志位*/
```

```
if(Xe-Xi<=e) break;              /* break 中断语句,如条件成立则执行 do-while
                                    循环外的语句 */
k=(Yi-Yj)/(Xi-Xj);
Xn=(k*Xj-Yj)/(k-tan(Wm));
Yn=Xn*tan(Wm);
d=fabs(sqrt((Xm-Xn)*(Xm-Xn)+(Ym-Yn)*(Ym-Yn)));
                                 /* 计算实际误差 */
if(d<=W)
{printf("\n 第 i 个节点数为:\n");
   printf("\ni=%d",i);           /* 输出节点的序数 */
   printf("\n 节点坐标为:(Xi,Yi)\n");
printf("\nXi=%.20lf,Yi=%.20lf\n",Xi,Yi);
                                 /* 输出节点的坐标 Xi、Yi */
   fprintf(out,"第%d 个节点坐标为:X=%.10lf,Y=%.10lf\n",i,Xi,Yi);
                                 /* 将节点坐标写入建立的文本文件中 */
   i+=1;                         /* 变量 i 的值自动加1并赋给变量 i */
   Xj=Xi;                        /* 将变量 Xi 的值赋给变量 Xj */
   Yj=Yi;                        /* 将变量 Yi 的值赋给变量 Yj */
   Wj=Wi;                        /* 将变量 Wj 的值赋给变量 Wi */
   Qj=Q;                         /* 将变量 Qj 的值赋给变量 Q */
}
c=1;                             /* 标志位 */
}while(d<=W);                     /* do-while 循环的条件判断,如
                                    果成立则循环,不成立跳出 */
if(c==0&&d<=W)                    /* 如果条件成立执行其后语句 */
{if(Xi<Xe)                        /* 如果 Xi<Xe 成立输出 */
{printf("\n 倒数第二个节点坐标为:\n");
 printf("\nXi=%.20lf,Yi=%.20lf\n",Xi,Yi);
 printf("\n 最后一个节点坐标为:\n");
 printf("\nXe=%.20lf,Ye=%.20lf\n",Xe,Ye);
 fprintf(out,"倒数第二个节点坐标为:X=%.20lf,Y=%.20lf\n 最后一个节点坐标
为:Xe=%.20lf,Ye=%.20lf\n",Xi,Yi,Xe,Ye);
                                 /* 将节点坐标写入建立的文本文件中 */
 printf("\n 节点数为 i 为:\n");
 printf("\ni=%d",i+1);
 printf("\n 实际误差值 d 为:\n");
 printf("\nd=%.20lf",d);
 fprintf(out,"节点数为 i 为:i=%d,实际误差值 d 为:d=%.20lf",i+1,d);
```

107

```
                                           /＊将节点坐标写入建立的文本文件中＊/
   }
   if(Xi>＝Xe)
   {printf("\n 最后一个节点坐标为:\n");
    printf("\nXe＝%.20lf,Ye＝%.20lf\n",Xe,Ye);
    fprintf(out,"最后一个节点坐标为:Xe＝%.20lf,Ye＝%.20lf\n",Xe,Ye);
                                           /＊将节点坐标写入建立的文本文件中＊/
    printf("\n 节点数为 i 为:\n");
    printf("\ni＝%d",i);
    printf("\n 实际误差值 d 为:\n");
    printf("\nd＝%.20lf",d);
    fprintf(out,"节点数为 i 为:i＝%d,实际误差值 d 为:d＝%.20lf",i+1,d);
                                           /＊将节点坐标写入建立的文本文件中＊/
   }
   }
   else                                    /＊如果 c＝0 和 W2＜W1 不同时成立则
                                           执行 Q＝Q－r、Qj＝Q 和 goto 语句＊/
   {Q＝Q－r;
     Qj＝Q;
     goto loop;
   }
   if(c＝＝1)                               /＊如果 c＝1 则执行 Q＝Q－r、Qj＝Q 和
                                           goto 语句＊/
   {Q＝Q－r;
     Qj＝Q;
     goto loop;
   }
   }
   }
```

5.3.2　数控加工程序设计

编写阿基米德螺旋槽加工程序的方法有两种：手工编程和自动编程。由调节装置盘零件图可知，其工作表面均布 6 条阿基米德螺旋槽，起点为（0°，20）、终点为（300°，50）、总升程距为 30mm，结构形状如图 5.8 所示。阿基米德螺旋槽的加工是整个调节装置盘加工的关键。而利用数控铣床加工阿基米德螺旋槽，其中心任务就是设计并编写数控加工程序。这里从阿基米德螺旋线生成规律出发，揭示逼近非圆曲线的方法与实际应用，重点讨论阿基米德螺旋线加工程序的设计方法。

由于阿基米德螺旋线极坐标方程为 $\rho＝\rho_0＋\alpha×\theta$，其基圆半径为 $\rho_0＝20$；极角 θ 的取

值范围为 $\theta = 0° \sim 300°$；等进系数为 a，其值为 $a = \dfrac{\rho - \rho_0}{\theta} = \dfrac{50 - 20}{300°} = 0.1[\text{mm}/(°)]$。将基圆半径 ρ_0、等进系数 a 代入式(5.11)整理后，可得调节装置盘螺旋槽的曲线方程，即：

$$\rho = 20 + 0.1 \times \theta \qquad (5.15)$$

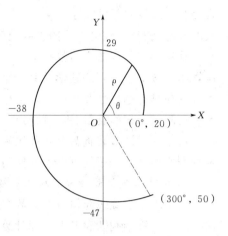

图 5.8 阿基米德螺旋线

1. 手工编程

对于手工编程，需要计算逼近曲线产生的节点。通常利用直线（等间距、等步长和等误差）或者圆弧（相切和相交）逼近阿基米德曲线。

将阿基米德螺旋线按极角等分产生一系列节点，其间距为 $\Delta\theta$，$\Delta\theta = \theta_{i+1} - \theta_i$。当给出 $\Delta\theta$ 值时，由式 (5.15) 以及递推关系 $\theta_{i+1} = \theta_i + \Delta\theta$，可以求得极径 ρ_i、极角 θ_i，即为节点。在节点的计算过程中，由于要求相邻两节点的连线与阿基米德螺旋线对应段的误差小于编程许用误差 δ。因此，通过极角等分得到的极角增量值 $\Delta\theta$，是需要通过试算方式来求节点的。在实际计算过程中，一般需要进行误差校验，不断地修正 $\Delta\theta$ 值，直到满足误差要求为止。这样计算比较繁琐，一般通过编写高级语言程序计算程序来获得节点坐标。随后按节点顺序，编写直线段加工程序即可。

2. 自动编程

采用 Mastercam 7.1 软件自动编程，可从 cre—ate—next menu—fplot—edit eqn 进入编辑状态，由式（5.13）、式（5.14）可得阿基米德螺旋槽参数方程：

$$X = (20 + 0.1\theta)\cos(\theta)$$
$$Y = (20 + 0.1\theta)\sin(\theta)$$

设定 $0° < \theta < 360°$，步进量（插补间距）按编程精度给定值，即可生成阿基米德螺旋线。若设步进量 $\Delta\theta = \theta_{i+1} - \theta_i = 0.1\text{mm}/°$ 时，编写加工 6 条阿基米德螺旋槽的数控程序长达 457KB。由于加工程序偏长，需要采用 DNC 直接数字控制方式，边输入边加工。这将导致加工过程过于复杂化，使得加工过程的故障率大大增加。

5.3.2.1 参数编程简介

如果将重复计算过程用一个子程序或程序块来求结果，数控加工程序的长度将大大缩短。一些数控系统提供的参数编程法，就可以解决通过手工编程或自动编程引起的加工程序过长的问题。利用参数进行编程，可以有效地提高数控编程的效率和机床的利用率，减少不必要的故障率。

西门子 SINUMERIK 8IOD 系统具有参数编程功能，它为用户提供了 250 个参数变量，即 R00～R249。其中，变量 R100～R249 用作加工循环的转移参数，变量 R0～R99 系统未作定义，可由用户自由支配，赋值编程。除此之外，该系统还配置了常用的函数计算与数据判断功能，可进行三角函数、平方根和绝对值等运算。如 SIN、COS、SQR、ABS、POT、TRUND 和 EXP 等，以及数据判断、转移，如 IF、GOTOF、GOTOB 等。利用参数编程功能，还能编译出类似于 BASIC 语言编写的程序，减少手工编程工作量，提高自动编程可靠性。

5.3.2.2　调节装置盘加工的参数程序

采用参数编程法编写数控加工程序，首先，必须对需要重复计算的参量一一列出。其次，给出各参数之间的数学关系。第三，排列各参数计算的顺序。第四，处理计算结果。参数程序具有通用性和扩展性，可作为用户的专用子程序存储在系统中。当用户加工其他尺寸的阿基米德螺旋线时，可指定参数变量 R 值，直接调用该子程序即可。

对于加工调节装置盘上 6 条螺旋槽而言，只需要调整每一条螺旋槽的起点位置，阿基米德螺旋槽加工程序就可以重复使用。

1. 阿基米德螺旋槽铣削加工参数设置

阿基米德螺旋线起始条件参数有基圆半径、等进系数和起始极角等；插补计算参数有插补间距、终结判断和节点坐标计算等，采用参数编程法编写阿基米德螺旋线加工程序，需要设置 9 个参数，其功能分配见表 5.12。

表 5.12　　　　　　　　　　　　　　　参数功能一览表

参数名	R1	R2	R3	R4	R5	R6	R7	R8	R9
功能	极角变量	基圆半径	等进系数	插补间距	终点极角	X坐标	Y坐标	极径	进刀深度

2. 阿基米德螺旋线计算关系

计算关系主要包括极角变量的计算、极径变量的计算、节点坐标的计算和循环结束条件的计算等。

极径与极角：　　　　　　　$R8 = R2 + R3 * R1$；

插补变量：　　　　　　　　$R1 = R1 + R4$；

坐标计算：　　　　　　　　$R6 = R8 * COS(R1)$；

　　　　　　　　　　　　　$R7 = R8 * SIN(R1)$；

结果处理：　　　　　　　　$X = R6$；

　　　　　　　　　　　　　$Y = R7$；

循环终结判断：　　　　　　$R1 = R5$？

　　　　　　　　　　　　　$R9 = 槽底尺寸$？

3. 阿基米德螺旋槽铣削加工程序流程

在使用数控铣床加工阿基米德螺旋槽时，首先，要配置加工初始条件，例如：选择长度单位制、是否启用刀具补偿功能、确定切削用量参数等。其次，指定参数功能，建立循环判断条件。第三，进行插补计算，给出计算结果。第四，判断循环是否结束，即螺旋槽加工是否完成。整个加工程序运行过程如图 5.9 所示。

4. 阿基米德螺旋槽铣削加工程序

```
%_N_AJMD_MPF              ;程序名为 AJMD
G71                        ;设置米制
G17  G40  G60  G90         ;程序起始
G00 Z5.0  D1  M8           ;安全高度
```

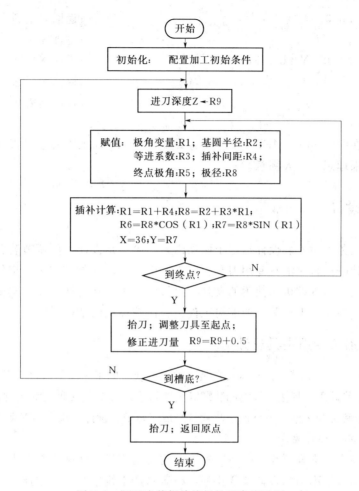

图 5.9 阿基米德螺旋线插补程序流程图

G54　X20　Y0　S1600　M03	;启动主轴
R9=−0.5	;设置初始进刀深度
AA2：G01　Z=R9　F100	;深度进刀
R1=0　R5=300　R3=0.1　R2=20	;螺旋线赋值
R4=0.05	;插补间距赋值
AA1：R1=R1+R4	;极角计算
R8=R2+R3＊R1	;极径计算
R6=R8＊COS(R1) R7=R8＊SIN(R1)	;节点 XY 计算
G01　X=R6　Y=R7　F60	;进给
IF　R1<=R5　GOTOB　AA1	;判断是否到终点
G00　Z5.0	;抬刀
X20　Y0	;重回螺旋线起点
R9=R9−0.5	;修正进刀深度
IF　R9<=−4　GOTO　AA2	;判断是否到槽底

```
G00   Z5.0                        ;返回安全高度
M05                               ;主轴停止
G74   X=0   Y=0   M09             ;返回 XY 轴参考点
Z=0                               ;返回 Z 轴参考点
M30                               ;程序结束
%
```

以上程序在配置 SINUMERIK 81OD 系统的 MV610 加工中心上模拟通过，并进行了零件加工，效果理想，令人满意。

5.4　工装设计

本章设计任务书对工装设计约定了两项内容，第一是设计一副调节装置盘铣削专用夹具，第二是设计一把直纹滚花专用刀具。由于铣削加工放在数控铣床上进行，因此，铣削加工的专用夹具应为数控机床使用的夹具。直纹滚花工序在普通车床上实施，滚花专用刀具应设计成便于在车床上安装、能够对工件进行滚花加工的结构形状。

5.4.1　铣削加工专用夹具设计

在现代生产中，夹具特别是机床夹具是一种不可缺少的工艺装备。它广泛地用于机械制造中的切削加工、热处理、焊接、检测和装配等工艺过程。夹具是一种装夹工件的工艺装备。其主要功能是固定和夹紧工件。根据调节装置盘的加工要求，设计一铣削加工夹具。

1. 铣床夹具的设计要求

（1）定位稳定、夹紧可靠。一般铣削加工的切削用量、切削力都较大，铣刀为多齿多刃断续切削，而且切削力的方向是变化的，极容易产生铣削振动。因此，在设计铣床夹具时要特别注意工件定位的稳定性和夹紧的可靠性。

铣削加工有空行程，因此，加工过程中辅助时间较长。为提高生产率，铣床夹具可设计成多工件同时定位夹紧机构，安排多工件同时加工。夹紧过程尽量采用快速夹紧、联动夹紧和液压气动等高效夹紧装置。

（2）定位精度高。为了确定夹具相对于机床的位置，铣床夹具应设置定位销。定位销安装在夹具底面的纵向槽中，一般采用两个，其距离越远，定位精度越高。

（3）对刀方便。为调整工件相对于刀具的位置，铣床夹具一般可设置对刀装置。

（4）夹具体结构合理。

1）夹具体应有足够的强度和刚度，壁厚恰当，薄弱处可适当加筋板。

2）重心低，结构稳，高宽比应不大于 1～1.25。

3）具备足够的排屑空间，切屑和冷却液能顺利排出，必要时可设计排屑孔。

4）对于大型铣床夹具要设置搬运机构，例如在夹具体上设置吊环或起重孔，以便搬运。

2. 铣削工件的工艺分析

调节装置盘在铣床上加工的部位主要是上下端面，以及 6 条均布的阿基米德螺旋槽。该零件的生产纲领为单件小批量，因此，夹具结构需简单实用，制造成本低。

数控铣床主要用来加工 6 条均布的阿基米德螺旋槽，要求等分误差不大于 20′。首条螺旋槽起点（0°，φ40），终点（300°，φ100），总升程为 30 mm，槽宽 4 mm，槽间距 6 mm。工件的结构形状比较规则，螺旋槽的宽度由刀具直接保证，深度和位置则和设计的夹具有关。螺旋槽的尺寸精度和表面粗糙度要求较高，故在工艺设计中可分为粗铣和精铣两个工步进行加工。依据加工工艺要求，所设计的夹具须保证下列加工表面的尺寸与位置。

（1）6 条均布的阿基米德螺旋槽，应保证相邻两槽之距为 6mm。

（2）6 槽均以中心线为轴线，因此，应保证其与 φ30H7 孔的同轴。

（3）螺旋槽深均为 4mm，应保证槽底面与上表面平行。

（4）保证止口环面相对轴中心线的垂直，垂直度为 0.05。

由此可知，调节盘铣削加工的位置精度要求较高，在装夹时须限制 5 个自由度。

3. 夹具的结构

（1）确定定位元件。此处有平面定位和孔定位两种定位形式：

1）平面定位。以平面作为定位基准是最常见的一种定位形式。

2）孔定位。以圆孔表面作为定位基准，常用定位元件有圆柱销（定位销）、圆柱心轴、圆锥销和圆锥套。

工件在空间有 6 个自由度，即沿 X、Y、Z 轴移动的自由度和绕 X、Y、Z 轴转动的自由度。因为加工螺旋槽时，刀具沿螺旋线走刀。所以，按端面和孔来定位，限制工件的自由度，故夹具应按完全定位方式设计，并力求遵循基准重合原则，以减少定位误差对加工精度的影响。

（2）夹具体。夹具体是机床夹具的基础件，通过它将夹具上所有零部件连成一个整体。根据调节装置盘的结构形状，将夹具体设计成圆盘形。

（3）夹具结构设计。整个夹具的结构尺寸以及各零部件的装配关系参见附录 1 所示，夹具零部件的选材与热处理方式参见表 5.13 所示，调节装置盘零件与夹具组装的状态如图 5.10 所示。

表 5.13　　　　　　　　　　夹具零件材料和热处理工序一览表

名称	材 料	热处理
定位销	钢 20，渗碳深度为 0.8～1.2mm	渗碳淬火 HRC55－60
螺栓	钢 45	渗碳淬火 HRC40－45
夹具体	HT150 或 HT200	时效处理
螺母	Q235	
垫圈	Q235	

（4）夹具零部件制造的技术要求。

1）选材。夹具零件及部件除支撑钉外，选用的材料应符合相应的国标规定，允许采用机械性能不低于原规定牌号的其他材料。

2）采用型钢加工。采用冷拉四方钢材、六角钢材或圆钢加工零件，型钢外形尺寸符合零件尺寸要求时，可不进行加工。

3）铸、锻件加工的工艺参数。铸件及锻件机械加工余量和尺寸公差应符合相应标准规定。

图 5.10　调节装置盘与铣削夹具组装效果图

4）铸、锻、焊件的制造要求。铸件不许有裂纹、气孔、砂眼、缩松和夹渣等缺陷。浇口冒口、结疤、沾砂应清除干净，锻件不许有裂纹、皱折、飞边和毛刺等缺陷。零件焊缝不应有未填满的弧坑、气孔、溶渣杂质和基体材料烧伤等缺陷。

5）热处理。需机械加工的铸件或锻件，加工前应进行时效处理或退火、正火处理。零件热处理后不允许有裂纹或龟裂等缺陷。零件上的内外螺纹均不能渗碳。

6）表面处理。零件上有配合要求的表面应经防锈处理。钢制零件的其余表面，除有特殊要求外应经氮化处理。

7）倒钝处理。零件的锐边应倒钝。凡未注明倒钝尺寸的倒角均为 $1 \times 45°$，凡未注明倒钝尺寸的倒圆半径均为 R0.5。

8）形位公差。两个定位销分布圆轴线与夹具体中心孔轴线应同轴，其同轴度误差不大于 0.30。夹具体的支撑面应平整，并与中心孔的轴线垂直，垂直度偏差不大于 1°。夹具体凸台的外侧面应与支撑面垂直，其偏差不大于 2°。

具体夹具零件结构尺寸设计略。

5.4.2　专用刀具设计

由调节装置盘的零件图可知，该零件配有手动旋转调节装置盘的手轮结构。为防止滑动，在 $\phi90 \times 10.5$ 的柱面上，设有间距 $t = 0.8\text{mm}$ 的直纹，该轮廓需使用专用的滚花刀具加工。直纹滚刀设计工作为任务书中约定的设计任务，具体设计参见附录 2。滚花刀具加工工件的状态如图 5.11 所示。

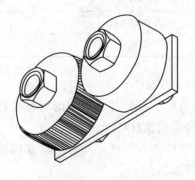

图 5.11　直纹滚刀与工件组装效果图

附录 1

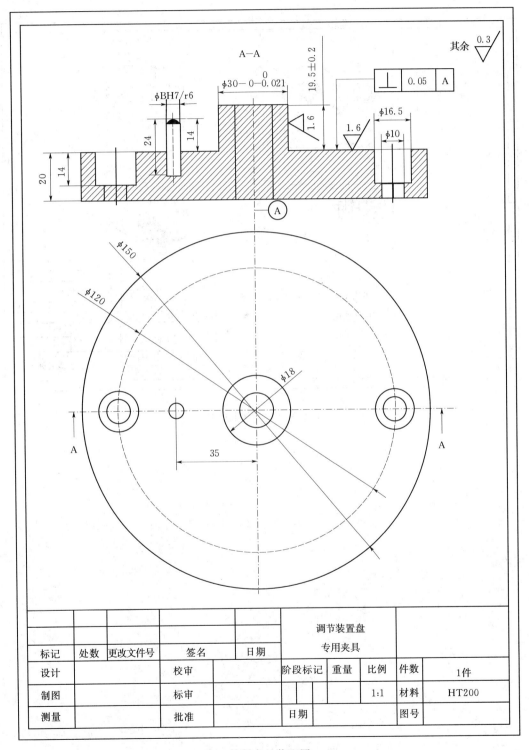

铣削夹具装配图

附录 2

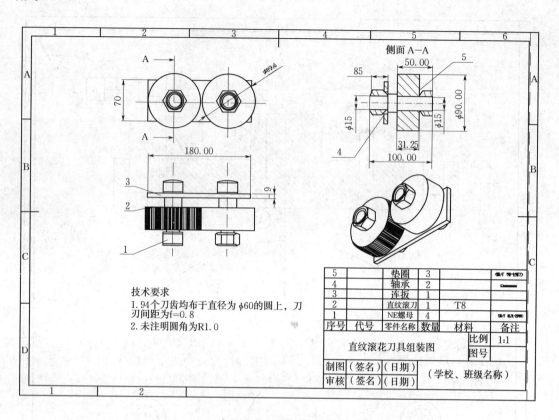

技术要求
1. 94个刀齿均布于直径为 φ60 的圆上，刀刃间距为 f=0.8
2. 未注明圆角为 R1.0

5		垫圈	3		信/T 常七限刀
4		轴承	2		
3		连扳	1		
2		直纹滚刀	1	T8	
1		NE螺母	4		佃/T 8.7t-29
序号	代号	零件名称	数量	材料	备注

直纹滚花刀具组装图		比例	1:1
		图号	
制图	（签名）（日期）	（学校、班级名称）	
审核	（签名）（日期）		

直纹滚花刀具组装图样

第 6 章　CAD 设计与流场仿真分析案例

6.1　设计任务

　　空气动力学性能作为消声器的一个重要的性能评价内容，在消声器的性能优化方面越来越受重视。基于 CAD 的数值模拟得到的速度云图和压力云图，能够准确得到气流在消声器内部的流动情况。消声器内气流过大或者气流流动不均匀都会产生再生噪声，从而引起排气噪声增大；而压力损失过大则会增大排气阻力，从而增大发动机功率损失。

　　本章详细介绍了消声器从设计阶段的二维出图、三维建模、网格划分、流场仿真及结果分析的过程，基于 FLUENT 仿真模拟消声器内部流场分布，可以直观分析气流及压力分布情况，为消声器的性能优化提供理论依据。

6.2　CAD 二维设计

　　(1) 简图说明：如图 6.1 所示为所设计的柴油机排气消声器的 CAD 基本结构简图，主要包括有两个共振腔，C 为第一共振腔，B 为第二共振腔。

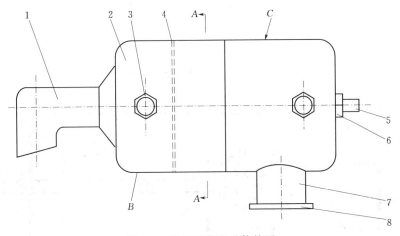

图 6.1　排气消声器总体简图

1—排气穿孔管；2—扩张室；3—固定螺母；4—筛孔隔板；5—连接螺杆；

6—紧固螺母；7—进气内插管；8—安装托架

　　(2) 参数说明：通过消声器基本视图（如图 6.2、图 6.3 所示）、剖面图（如图 6.4 所示）以及隔板视图（如图 6.5 所示）可知：壳体总长为 140mm，直径为 82mm，厚度为 1mm；进气内插管直径为 30mm，厚度为 0.5mm，其上均布有 10 个直径为 10mm 的孔；排气内插管直接为 25mm，厚度为 0.5mm，其上均布有 18 个直径为 10mm 的孔；隔板位置在距中心处 32mm，直径为 82mm，厚度为 1mm，隔板上距离中心位置 25mm 处均布 10 个直径为 10mm 的孔，中心位置处的孔径大小同样为 10mm；内部结构通过一长螺钉固定连接。

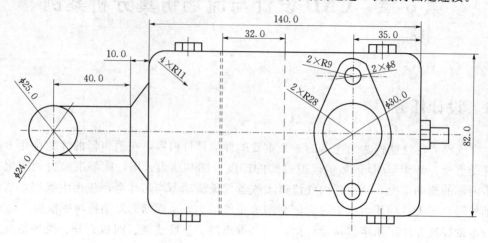

图 6.2　排气消声器仰视图

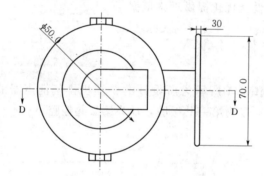

图 6.3　排气消声器左视图

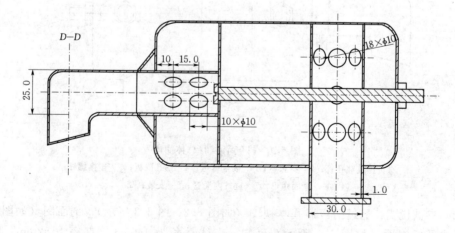

图 6.4　排气消声器剖面图

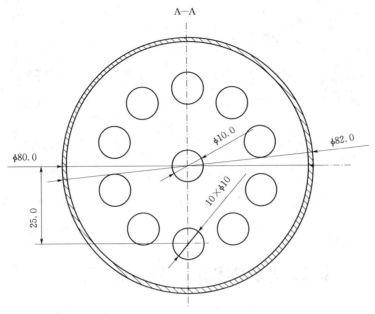

图 6.5　筛孔隔板尺寸图

　　如图 6.6 所示的技术要求，给定了相关的固定螺母的设计作用，隔板焊接加工要求、连接螺杆的装配细节及安装托架的安装技术问题。

技术要求：

1. 4 个固定螺母焊接在共振腔壳体上（穿孔），用于安装消声器保护罩。

2. 筛孔隔板焊接（或冲压）在第一膨胀室壳体上。

3. 固定底板焊接在进气导管底部，通过螺栓将消声器固定在柴油机上。

4. 连接螺杆焊接在排气尾管上，装配时穿过筛孔隔板的中心孔。

5. 第一膨胀室壳体与第二膨胀室壳体间隙配合，重叠部分长 32mm。

图 6.6　消声器技术要求图

6.3　三维建模

6.3.1　结构模型的建立

　　1. 壳体部分的绘制

　　（1）启动 UG 软件，进入 UG 建模模块，接着在定义平面上进入草绘图界面，绘制如图 6.7 所示的各尺寸草绘图，然后单击"完成"按钮绘制草图。

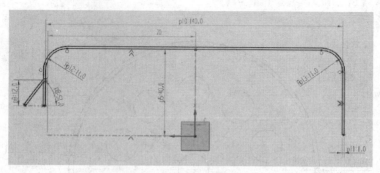

图 6.7　壳体草绘图示意图

（2）退出草图绘制界面后，采用"旋转"方法生成消声器壳体，进入"旋转"命令界面后，此次需设定 3 个参数："选择曲线"、"指定矢量"和"指定点"。首先选择已经绘制好的草图如图 6.8 所示。

图 6.8　选择曲线示意图

（3）接着"指定矢量"，通过旋转图像找到草图的旋转中心方向如图 6.9 所示。

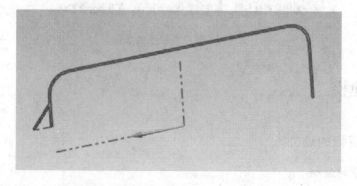

图 6.9　指定矢量示意图

（4）最后"指定点"，将光标移到选择区域，自动捕捉相关的点如图 6.10 所示，单击选中即可。

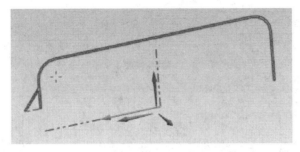

图 6.10　选择点示意图

（5）参数选择正确后就会自动生成预览旋转模型，在"旋转角度"选择 360°，即可生成模型如图 6.11 所示。

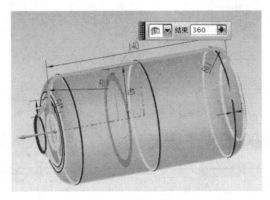

图 6.11　壳体生成示意图

2. 绘制隔板

（1）同样方法进入草绘界面，绘制隔板草图。由于隔板位置在壳体内部，需要创建新的草绘平面，创建草绘平面尺寸如图 6.12 所示。

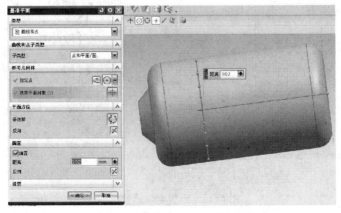

图 6.12　创建新草绘平面示意图

（2）定义草绘平面为刚才创建的平面，绘制出草图，采用"圆形阵列"方式生成均布隔板上各均布孔，如图 6.13 所示。

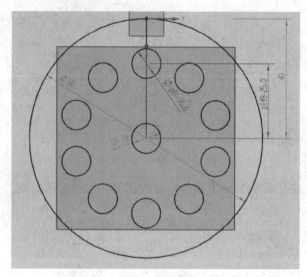

图 6.13　隔板草绘示意图

（3）退出草绘界面后，采用"拉伸"方式进行生产隔板，参数设置"拉伸距离"为 1mm，厚度为 1mm，进行生成隔板如图 6.14 所示。

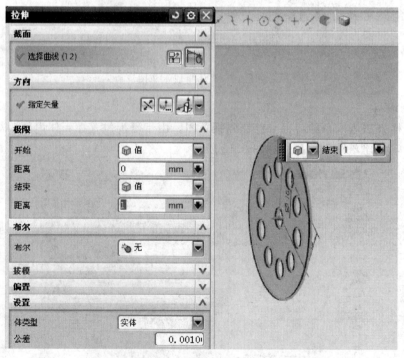

图 6.14　隔板生成示意图

3. 内插管的绘制

(1) 进入草绘界面，绘制如图 6.15 所示的内插管基本草图。

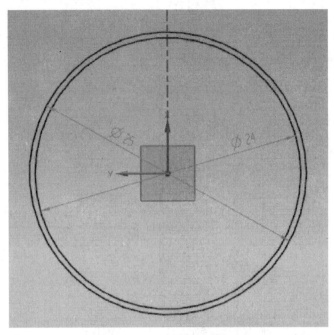

图 6.15　内插管草图示意图

（2）采用拉伸方式生成实体，单击进入"拉伸参数"设置界面，需设定 3 个参数："选择曲线"、"指定矢量"和"指定点"。"拉伸距离"为 77mm，"布尔运算"选择为"无"，设定好参数后自动预览生成效果，如图 6.16 所示。

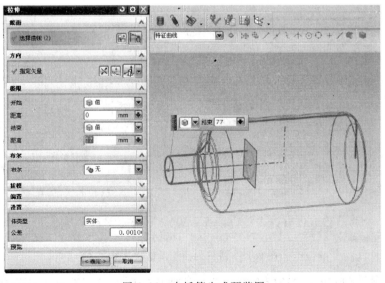

图 6.16　内插管生成预览图

4. 进气内插管绘制

（1）单击"草图"按钮进入草绘平面，绘制如图 6.17 所示草图。

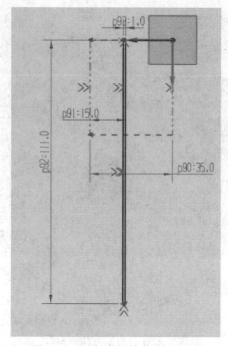

图 6.17　进气内插管草绘示意图

（2）采用"旋转"方法生成消声器壳体，进入"旋转"命令界面后，此次需设定 3 个参数："选择曲线"、"指定矢量"和"指定点"，参数设定完成后，即可预览生成效果，如图 6.18 所示。

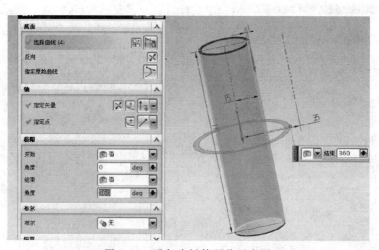

图 6.18　进气内插管预览示意图

（3）如图 6.19 所示，旋转后会有部分实体突出壳体外面，需要进行修剪，可以采用"拉伸"、"求差"的方法进行。

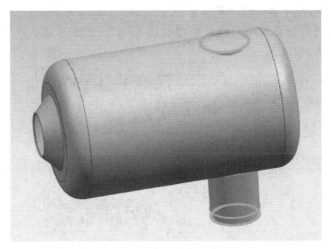

图 6.19 突出实体示意图

（4）绘制如图 6.20 所示修剪草图，此时草图尺寸没有太多要求，只要将所需要修剪的部分选中就可以，接着进行"拉伸求差"，尺寸也没有限制，超过部分修剪即可。

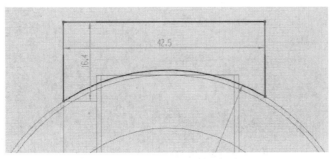

图 6.20 修剪草图示意图

（5）通过设定 3 个控制参数分布为"选择曲线"、"指定矢量"和"选择体"进行修剪，完成后如图 6.21 所示。

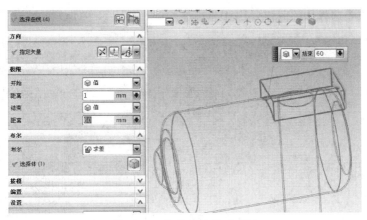

图 6.21 修剪后效果示意图

5. 绘制进、排气内插管上的均布孔

（1）先绘制排气内插管的均布孔，创建如图 6.22 所示基准面；在此面上绘制出孔的基本尺寸草图如图 6.23 所示。

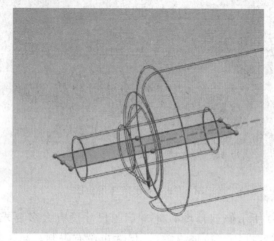

图 6.22　新基准平面示意图

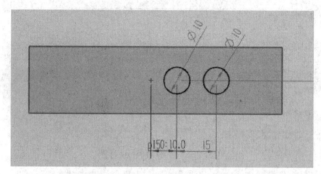

图 6.23　均布孔草绘示意图

（2）采用"拉伸"求差去材料的方式创建孔，拉伸距离大于内插管直径，小于壳体直径即可，布尔求差选择体的时候要注意选对求差体，如图 6.24 所示。

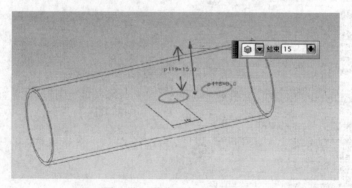

图 6.24　均布孔拉伸示意图

（3）接下来进入 UG"筋板设计"模块，采用"实例特征"来生成多个均布孔，采用"圆形阵列"方式，设置阵列数量为 5，角度为 72°，采用"参考点"方式定义旋转中心，如图 6.25 所示；最后即可生成，效果图如图 6.26 所示。

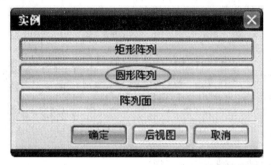

图 6.25　筋板参数设计示意图

（4）绘制进气内插管的均布孔。创建新的基准面，绘制如图 6.27 所示的均布孔的草绘图。

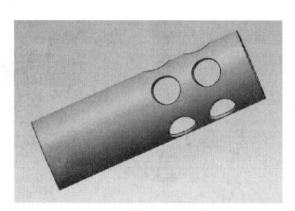

图 6.26　均布孔生成示意图

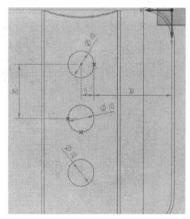

图 6.27　均布孔草绘示意图

（5）同理采用"拉伸"去材料方式生成孔，拉伸距离大于内插管直径，小于壳体直径即可，布尔求差选择体的时候要注意选对求差体，如图 6.28 所示。

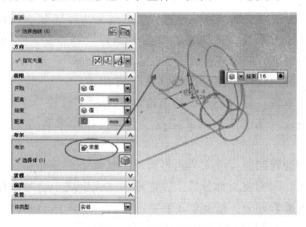

图 6.28　孔生成示意图

（6）接着进入 UG"筋板设计"模块，采用"实例特征"来生成多个均布孔，采用"圆形阵列"方式，设置阵列数量为 6，角度为 60°，设置"旋转矢量"与"参考点"时要注意方向的正确性，生成后如图 6.29 所示。

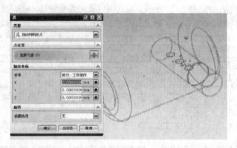

图 6.29　筋板参数设计示意图

（7）生成的效果图如图 6.30 所示，到此原排气消声器的外部模型基本完成，如图 6.31 所示。

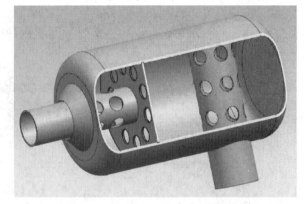

图 6.30　生成均布孔设计示意图　　　　图 6.31　原消声器的内部结构图

6.3.2　流体模型的建立

（1）为了使读者更清晰了解流体建模过程，在此采用实体建立流体模型的方式。首先绘制腔内流体图。单击"草绘"按钮进入草绘界面，绘制直径为 80mm 的圆，单击"完成"按钮，进入建模界面，采用"拉伸"方法，"拉伸距离"设置为 140mm，即可生成消声器腔内流体区域。腔内流体绘制过程图如图 6.32 所示。

（2）接下来绘制隔板，通过创建新的基准面，采用"拉伸"去材料的方法创建隔板，拉伸参数设置为 1mm，"求差"方式；隔板上孔通过拉伸求和方法创建，绘制过程如图 6.33 所示。

（3）绘制排气内插管部分。进入草绘界面，绘制两个直径分别为 24mm、25mm 的圆，采用拉伸求差的方法，围嘴突出部分采用拉伸求和方式生成，绘制过程如图 6.34 所示。

（4）绘制进气内插管部分。需要创建新基准平面，进入草绘界面，绘制两个直径分别为 29mm、30mm 的圆，采用拉伸求差的方法，绘制过程如图 6.35 所示。

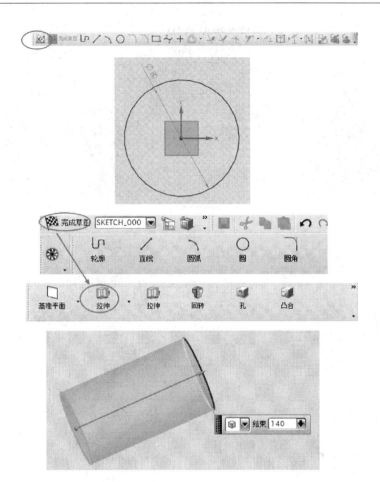

图 6.32 腔内流体绘制过程图

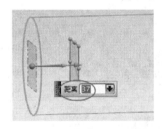
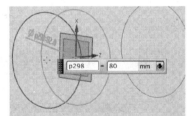

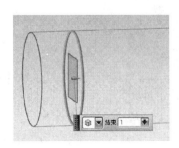
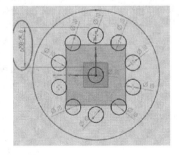
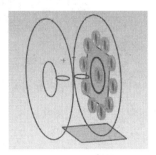

图 6.33 隔板绘制过程示意图

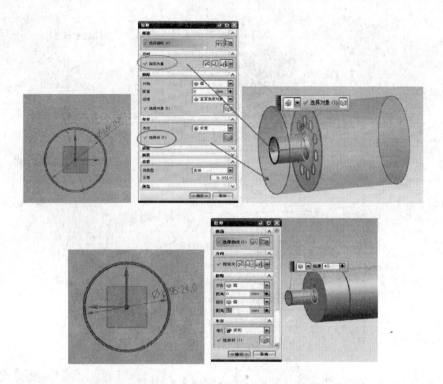

图 6.34　排气内插管绘制示意图

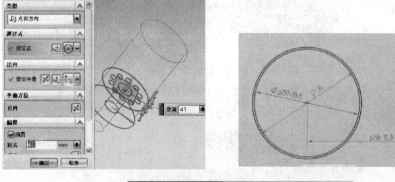

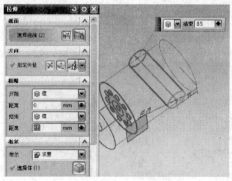

图 6.35　进气内插管绘制示意图

（5）绘制进、排气内插管上的均布孔。

1）采用拉伸求和的方法创建孔，创建新的基准面，在此面上绘制出孔的基本尺寸草图；采用"拉伸"求和的方式创建孔，拉伸距离大于内插管直径，小于壳体直径即可；接下来进入 UG"筋板设计"模块，采用"实例特征"来生成多个均布孔，采用"圆形阵列"方式，设置阵列数量为 5，角度为 72°，即可生成孔，绘制过程如图 6.36 所示。

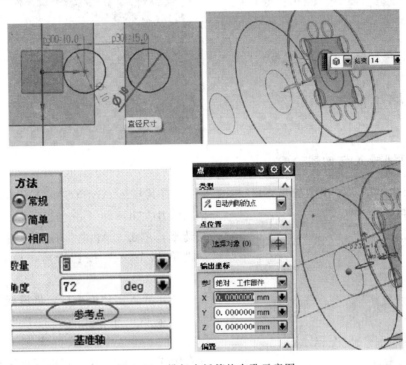

图 6.36　排气内插管均布孔示意图

2）绘制进气内插管的均布孔。创建新的基准面，绘制均布孔的草绘图；同理采用"拉伸"求和方式生成孔；进入 UG"筋板设计"模块，采用"实例特征"来生成多个均布孔，采用"圆形阵列"方式，设置阵列数量为 6，角度为 60°，即可生成孔，绘制过程如图 6.37 所示；生成整个流体区域图，如图 6.38 所示。

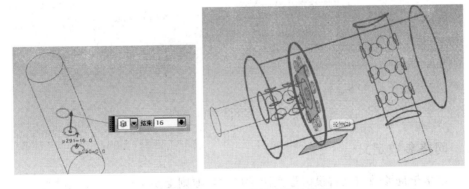

图 6.37　进气内插管均布孔示意图

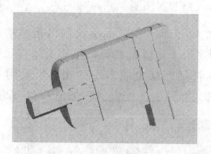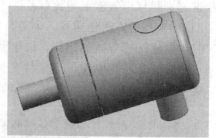

图 6.38　三维流体区域示意图

6.4　网格生成

6.4.1　模型导入与创建

（1）将生产的三维模型导出 STP 格式文件，将其导入 ANSYS 中 ICEM 模块生成网格，选中"use version 5.1 step Translator"复选框，单击"Apply"按钮，随后弹出的对话框单击"Yes"按钮即可，设置过程如图 6.39 所示。

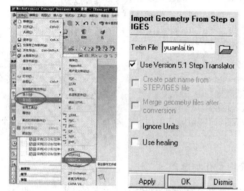

图 6.39　模型导入对话框

（2）导入实体模型后，将模型的点、线和面全部显示，并创建所需的 Part，首先定义 Inlet 与 Outlet，内部交界面定义为 interior，其余定义为 wall，尺寸根据模型结构特点定义 7 个 wall，定义完成后每个 wall 用不同颜色表示，设置过程如图 6.40 所示。

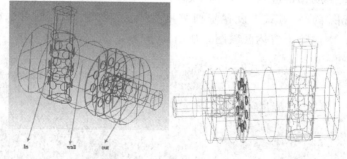

图 6.40　定义 Part 示意图

6.4.2　网格参数定义

（1）网格全局参数定义：设置最大网格尺寸，原则上要求最大网格尺寸要小于模型的最小建模尺寸，但是这样对计算机配置要求很高，同时为了便于计算，一般选择较大点尺寸，此处设置为 4mm（模型最小尺寸为 0.5mm）；设置过程如图 6.41 所示。

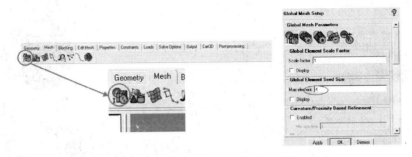

图 6.41　定义全局网格参数示意图

（2）体网格参数定义：接下来设置生成网格类型，选择四面体网格（非结构性网格），其他参数保持不变；设置过程如图 6.42 所示。

（3）接着定义 Part 网格尺寸，此处根据建模尺寸对每个 Part 进行参数设置，保证每个 Part 尺寸设置合理，多孔处需定义为 0.5mm，确保网格质量，设置过程如图 6.43 所示。

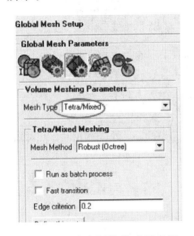

图 6.42　定义网格类型示意图

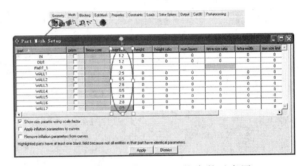

图 6.43　定义各 Part 网格参数示意图

6.4.3　生成网格

（1）如图 6.44 所示，选中"Create Prism Layers"前的复选框，其他参数保持默认，单击"Compute"按钮产生网格。

（2）生成的网格不同 Part 会用不同颜色表示，以下 3 个图分别为 x、y、z 方向的网格效果图；效果图如图 6.45 所示。

6.4.4　网格质量检查

单击"Edit Mesh"按钮，进入质量检查设置界面，选择 Quality 选项，单击"Apply"按钮，设置过程如图 6.46 所示。

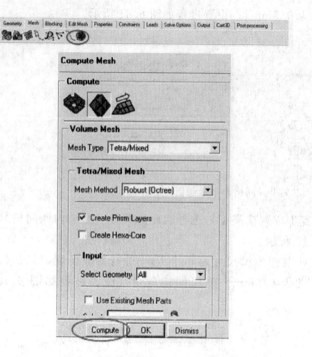

图 6.44　生成网格类型示意图

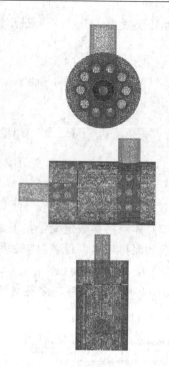

图 6.45　各向网格效果示意图

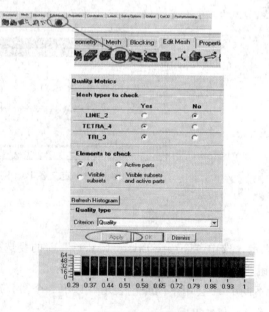

图 6.46　网格质量检查示意图

6.4.5　网格导出

单击"网格输出"按钮，保存 uns 格式文件；单击 Output，选择 FluentV6 作为求解器，单击"运用"按钮；接着单击最右边按钮，保存 fbc 与 atr 文件，弹出的对话框选择 No；随后弹出的对话框中打开刚才保存的 uns 文件；在保存设置界面上选择 3D，更改路径与文件名即可，设置过程如图 6.47 所示。

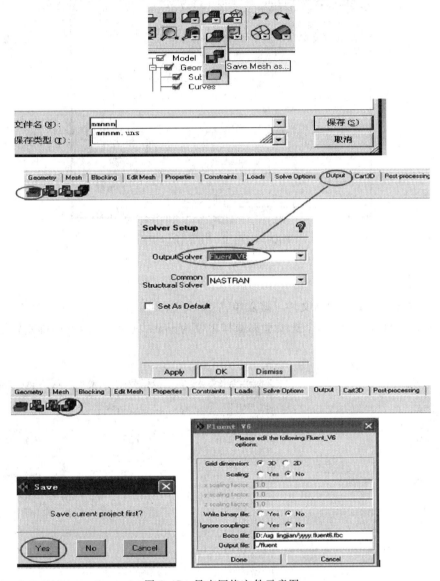

图 6.47　导出网格文件示意图

6.5　仿真过程

6.5.1　操作界面

Ansys 中打开 Fluent 流体软件模块，操作界面上选择 "3D" 分析类型，勾选 Double Precision（采用双精度计算），其余保持默认，单击 OK，即可进入 Fluent 分析主界面，设置过程如图 6.48 所示。

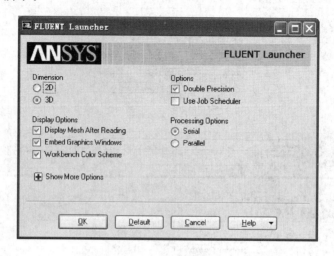

图 6.48　主界面对话框

6.5.2　定义网格

（1）首先导入生成的网格文件，接着单击 Scale 定义网格单位，在 Mesh Was Created In 与 View Length Unit In 两个选项里都选择单位为 mm；最后单击 Scale 确定，设置过程如图 6.49 所示。

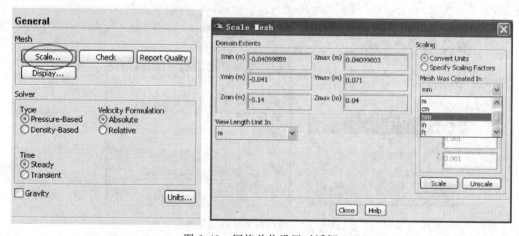

图 6.49　网格单位设置对话框

（2）随后进行网格质量检查，单击 Check，此时软件会自动检查网格文件，Fluent 软件要求 mesh 文件最小网格尺寸大于 0；不能出现负网格，网格合格后会出现 Done 表示网格检查完毕，结果如图 6.50 所示，符合分析类型。

（3）最后对网格进行平滑处理，处理掉畸变网格，如图 6.51 所示，需要平滑处理的有 27 个，将其处理为 0 个。报告定义的网格质量，可以得知其网格最大纵横比与最小的正交直线质量，过程如图 6.52 所示。

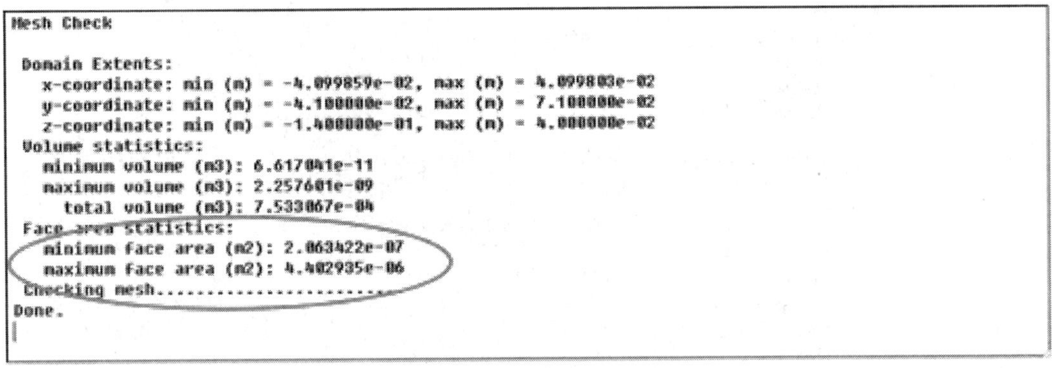

Mesh Check
Domain Extents:
x-coordinate: min (m) = -4.099859e-02, max (m) = 4.099803e-02
y-coordinate: min (m) = -4.100000e-02, max (m) = 7.100000e-02
z-coordinate: min (m) = -1.400000e-01, max (m) = 4.000000e-02
Volume statistics:
minimum volume (m3): 6.617041e-11
maximum volume (m3): 2.257601e-09
total volume (m3): 7.533067e-04
Face area statistics:
minimum face area (m2): 2.063422e-07
maximum face area (m2): 4.402935e-06
Checking mesh.........................
Done.

图 6.50 网格检查示意图

Smooth/Swap Mesh
Smooth
Method
quality based
Percentage of Cells
0.1
Number of Iterations
4
Swap Info
Number Swapped
27
Number Visited
515
Smooth
Swap
Close
Help
Smooth/Swap Mesh
Smooth
Method
quality based
Percentage of Cells
0.1
Number of Iterations
4
Swap Info
Number Swapped
0
Number Visited
487
Smooth
Swap
Close
Help

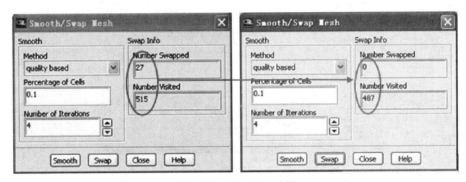

图 6.51 平滑处理网格

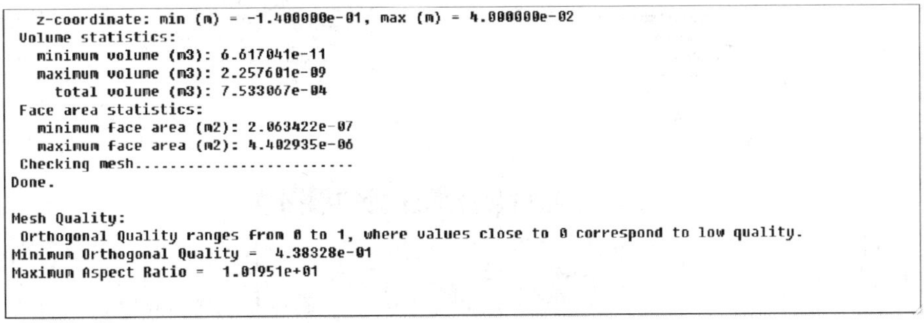

z-coordinate: min (m) = -1.400000e-01, max (m) = 4.000000e-02
Volume statistics:
minimum volume (m3): 6.617041e-11
maximum volume (m3): 2.257601e-09
total volume (m3): 7.533067e-04
Face area statistics:
minimum face area (m2): 2.063422e-07
maximum face area (m2): 4.402935e-06
Checking mesh.........................
Done.
Mesh Quality:
Orthogonal Quality ranges from 0 to 1, where values close to 0 correspond to low quality.
Minimum Orthogonal Quality = 4.38328e-01
Maximum Aspect Ratio = 1.01951e+01

图 6.52 畸变网格处理示意图

6.5.3 定义求解器

(1) 首先定义求解器类型，设置基于压力、隐式、稳态、忽略重力因素的求解类型，如图 6.53 所示。

(2) 接着选择湍流模型，选择 Models，双击 Viscous - Laminar（黏性层流），选择 k - epsilon湍流模型，其余参数保持默认，这里可以选择性启用能量方程，如图 6.54 所示。

(3) 最后定义材料，该模型是排气消声器流体仿真，所以材料属性选择采用空气(air)，在 Density 下拉菜单选择“理想”→“空气”，其余参数保持默认不变，直接单击 change/create 按钮，如图 6.55 所示。

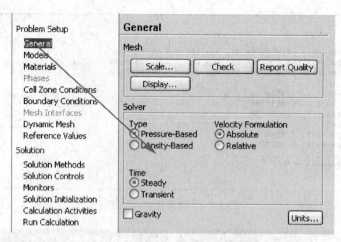

图 6.53　定义求解器类型示意图

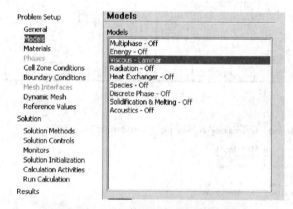

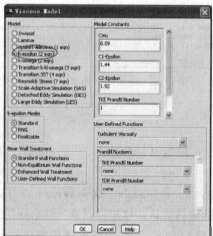

图 6.54　定义湍流模型示意图

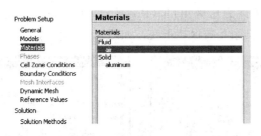

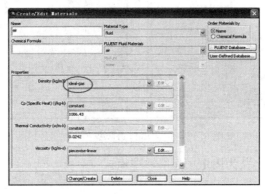

图 6.55　定义材料属性示意图

6.5.4　定义边界条件

（1）边界条件的参数设定是计算求解正确与否的关键，入口条件定义为速度入口（Velocity-Inlet），入口速度为 30m/s，表压 0Pa，温度为 556k，设置水力直径为 30mm，其余参数保持不变，如图 6.56 所示。

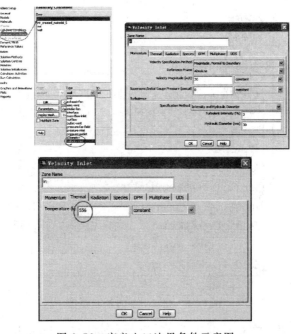

图 6.56　定义入口边界条件示意图

（2）定义出口边界条件为压力出口（Pressure - Outlet），温度 450k，表压 1500Pa，设置水力直径为 25mm，其余参数保持不变，如图 6.57 所示。

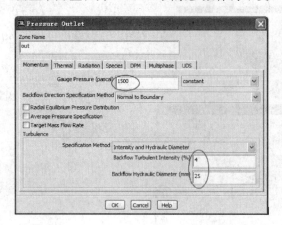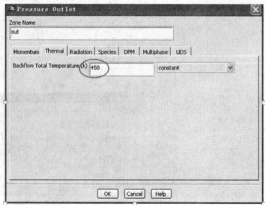

图 6.57　定义出口边界条件示意图

（3）壁面边界条件定义为固定、无滑移壁面。

6.5.5　初始化与迭代计算

（1）选择计算方法，采用 SIMPLE，离散方式选择二阶迎风格式，其余参数不变，如图 6.58 所示。

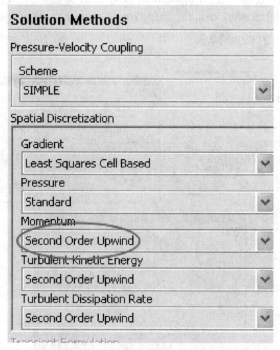

图 6.58　定义计算方法示意图

（2）定义收敛条件，单击 Solution - Monitors，勾选 Options 中的 Plot，收敛残差值保

持不变，如图6.59所示。

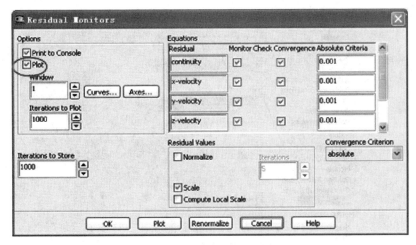

图6.59 定义收敛条件示意图

（3）初始化流场，在 Compute Form 栏中选择 IN，单击"Initialize"，完成初始化，单击"OK"按钮确定，如图6.60所示。

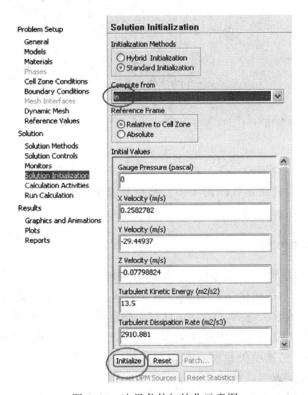

图6.60 边界条件初始化示意图

（4）迭代运行设置，迭代次数设置为500，报告间隔与轮廓更新间隔，可自由设定，一般采用默认，最后单击 Calculate 开始迭代。大概迭代130步后结果收敛，计算完成后保存分析文件，如图 6.61 所示。

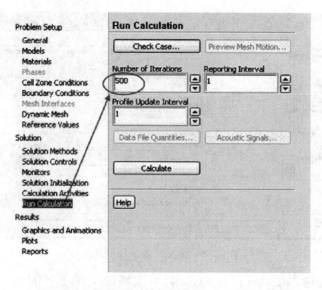

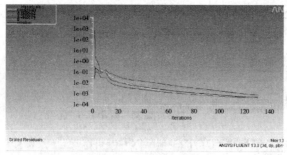

图 6.61　迭代计算示意图

（5）后处理。分别创建 X、Y、Z 3 个基准面并查看云图。单击 Display→Contours，并建立 3 个基准面，设置矢量线图的步幅、路径及线条大小，选中 Filled 复选框，分别显示速度、压力的矢量图和云图。

6.5.6　仿真结果与分析

1. 原消声器云图分析

（1）从图 6.62 所示的速度云图看出，尾气进入腔体后，由于腔体壁面的阻碍气流速度逐步减小，变化差值较大约为 35m/s，且有不稳定现象产生；在第一腔内部气流由于面积增大，气流流动较平稳，平均流速并无多大区别，在 15～25m/s 之间，方向呈现出不确定性；从图 6.63 所示的速度矢量图看出，在排气内穿管处由于存在两处均布孔，截面突变次数多，气流流经距离短，数值变化很不规则，且速度值有一定量减小；同时由于不同速度的气流相互冲击形成漩涡，湍流现象较严重，容易产生再生噪声，造成能量损耗，增大压力损失；在出口处由于截面变小、气流聚集，速度会出现较大增加，速度矢量图 6.63 可以看出在排气管中心轴线位置处出现最大速度，达到 73.1m/s。由于气流噪声与气流速度变化的程度和气流速度有很密切的关系，设计时应当尽量避免气流的强烈碰撞，局部气流速度过高，降低涡流区域，使气流平稳分布，提高腔体内流场的均匀性。

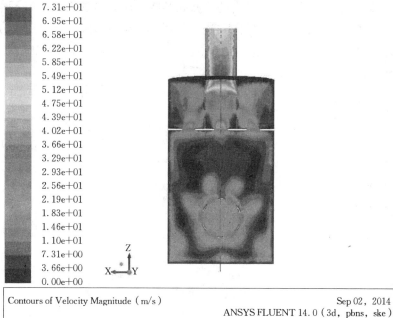

Contours of Velocity Magnitude（m/s） Sep 02, 2014
ANSYS FLUENT 14.0（3d，pbns，ske）

图 6.62　速度云图

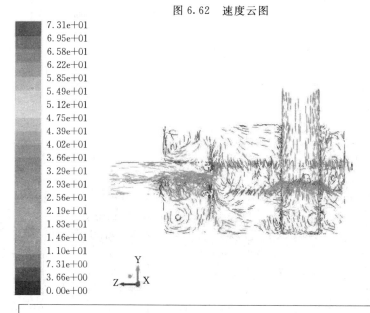

Pathlines Colored by Velocity Magnitude（m/s） sep 02, 2014
ANSYS FLUENT 13.0(3d，dp，pbns，ske)

图 6.63　速度流线图

（2）从图 6.64 所示压力流线图及图 6.65 所示压力矢量图看出，压力大体呈现规则的均匀分布，由于进气管采用旁插，气流与内壁产生的直接冲击，此段压力会较大增加（最高可达 5140Pa），流经气体产生收缩，造成气流压力变化较快、变化值较大，造成的此处压力损失较大；腔内压力在筛孔隔板处出现分界现象并呈现出递减规律，在出口处有负压出现；在隔板与排气内插管部分存在较多的均布孔结构，压力出现局部分布不均匀。在截面面积突变处，气流在局部范围内有较大耗散，从而形成压力损失。压力损失为 3200Pa。

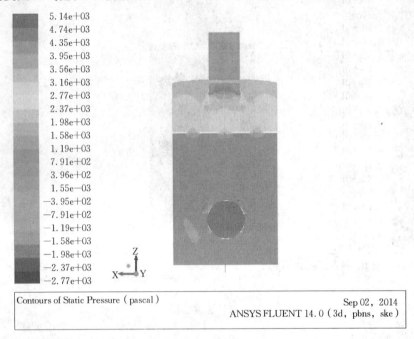

图 6.64　压力云图

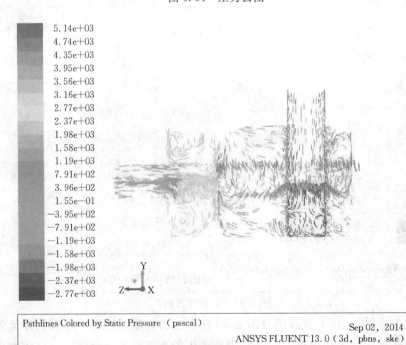

图 6.65　压力矢量图

（3）从图 6.66 所示的湍流矢量图及图 6.67 所示的流线图看出，湍流主要由多孔结构的存在产生，由于隔板的存在，气流被正面阻碍，隔板的分流作用使得湍流现象进一步加剧，从而易导致噪声的产生；在腔体内部，由于气流惯性作用，湍流现象会继续存在，但其强度逐渐变小，气流速度也相应降低；气流通过隔板后，湍流强度增大，气流聚集，速度增加至最大值。

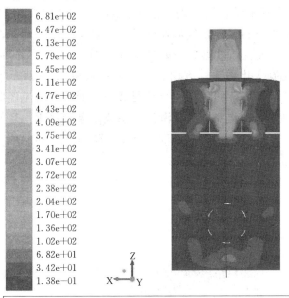

Contours of Turbulent Kinetic Energy（k）（m²/s²）　　　　Sep 02，2014
ANSYS FLUENT 13.0（3d，dp，pbns，ske）

图 6.66　湍流云图

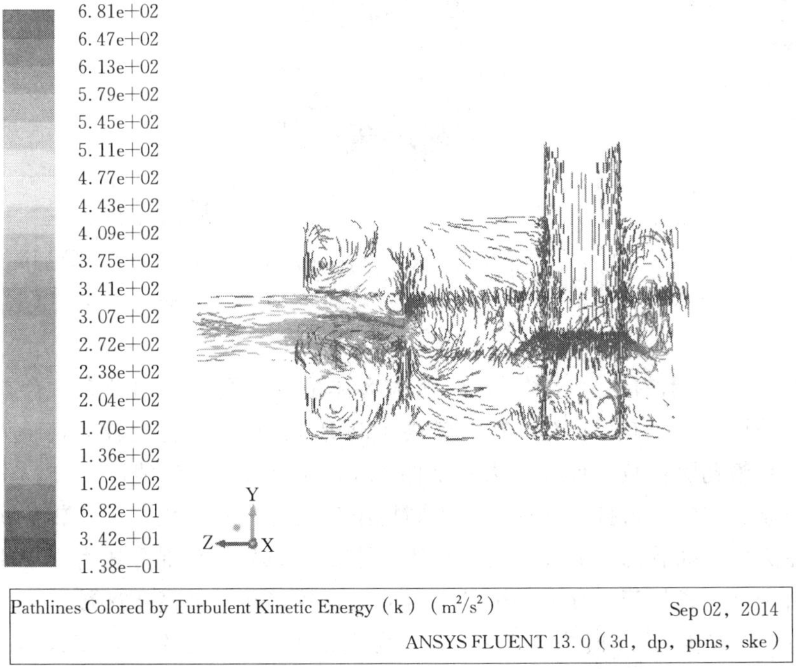

Pathlines Colored by Turbulent Kinetic Energy（k）（m²/s²）　　Sep 02，2014
ANSYS FLUENT 13.0（3d，dp，pbns，ske）

图 6.67　湍流矢量图

2. 消声器改进后云图分析

（1）为避免气流直接冲击壁面，将进气内插管的长度缩短5mm，为改善气流流动的均匀性，降低气流速度，将原筛孔隔板孔密度由15.6%降低为15.2%。通过前面所述的详细过程对其模型参数修改，网格划分，流体仿真后得到相应的仿真结果。

（2）从改进后速度云图6.68分析来看，气流进入消声器第一共振腔时，由于进气管上均匀分布分流孔的引流以及腔体壁面的阻碍，气流速度呈现一定量减小，此处改变量约为16m/s，比原变化量减少19m/s，气流速度得到较好的缓冲减弱；在进入第一腔后部由于面积增大，气流流动较平稳，气流变化不大，方向矢量多变；从图6.69所示速度矢量图看出，进、排气内穿管均布孔，由于多孔的存在使得流通截面突变，气流流经时数值变化不规则，不同速度、不同方向的气流相互冲击形成漩涡，湍流现象较严重，容易产生再生噪声；出口截面变小、产生气流聚集，出现最大速度，达到47.4m/s，同原值相比较小25.7m/s。

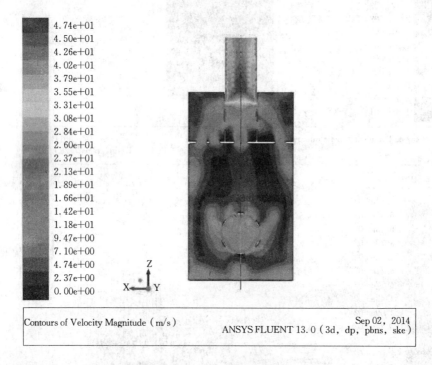

Contours of Velocity Magnitude（m/s）　　　　　Sep 02, 2014
ANSYS FLUENT 13.0（3d, dp, pbns, ske）

图 6.68　速度云图

（3）从图6.70所示的压力云图看出，压力大体呈现规则的均匀分布，存在4个分布区，在进气管处压力依旧有一部分增加（最高1290Pa），压力变化值较大，压力损失也较大；腔内压力在筛孔隔板减小值并不大；从图6.71所示的压力流线图得知，出口处有负压但现象不明显；在隔板与排多孔处，压力同样出现局部分布不均匀。比较分析云图可知改进后方案在进气内插管部分的高压区域有所减小，与内壁接触部分压力出现小范围的压力差，这是由于缩短进气管后存在一个压力缓冲区，较好地分散高压区域，由于变化差值并不大不会产生较大压力损失，分析得知改进后压力损失为1350Pa，较原方案降低1850Pa。

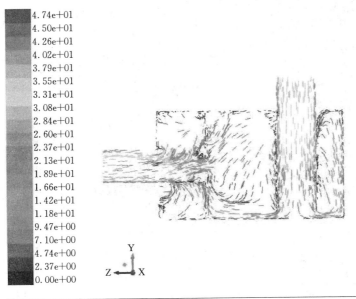

Pathlines Colored by Velocity Magnitude（m/s）　　　　　　　　　　　May 27，2014
　　　　　　　　　　　　　　　　　　　　　　　ANSYS FLUENT 13.0（3d, dp, pbns, ske）

图 6.69　速度矢量图

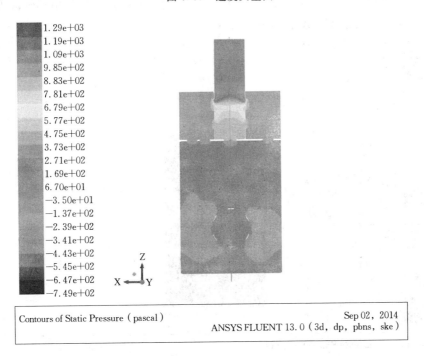

Contours of Static Pressure（pascal）　　　　　　　　　　　　　　Sep 02，2014
　　　　　　　　　　　　　　　　　　　　　　　ANSYS FLUENT 13.0（3d, dp, pbns, ske）

图 6.70　压力云图

　　（4）从图 6.72 所示的湍流云图及图 6.73 所示的湍流矢量图看出，湍流集中区域主要在进、排气内插管部分，由于多孔结构的存在，使得湍流现象较为严重，该处最容易产生

147

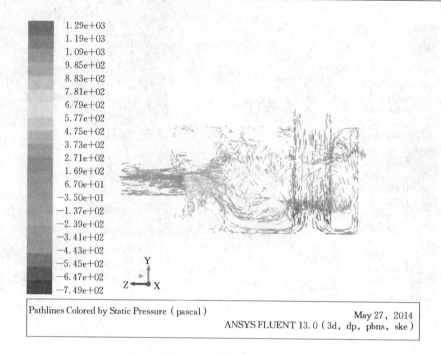

Pathlines Colored by Static Pressure（pascal）　　　　　May 27, 2014
ANSYS FLUENT 13.0（3d, dp, pbns, ske）

图 6.71　压力流线图

再生噪声；在腔体内部，由于气流流速均匀，湍流强度最低；在出口处由于气流聚集，气流速度显著增大，局部湍流强度会出现增大现象。

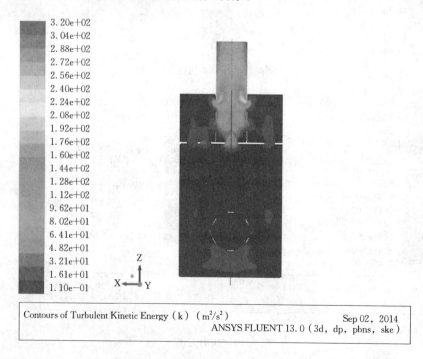

Contours of Turbulent Kinetic Energy（k）（m²/s²）　　　　Sep 02, 2014
ANSYS FLUENT 13.0（3d, dp, pbns, ske）

图 6.72　湍流云图

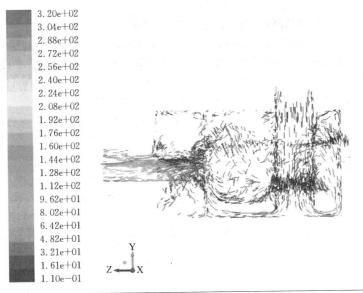

Pathlines Colored by Turbulent Kinetic Energy（k）（m²/s²）

May 27，2014
ANSYS FLUENT 13.0（3d，dp，pbns，ske）

图 6.73　湍流矢量图

（5）综上所述：消声器内气流速度能够影响其消声量，当速度足够大时会产生较强的气流再生噪声；尤其在速度突变处（进、排气内穿管的均布孔以及隔板处），截面突变次数多，气流流经距离短，短时间内气流方向变化次数多，流体区域气流极不稳定，容易产生湍流现象，从而导致再生噪声的产生；而压力损失主要在气流突变出产生，流体分布的不稳定也会导致压力呈现波动现象，造成压力损失增大。

6.6　结论

以小型风冷柴油机排气消声器为设计对象，介绍其 CAD 工程图设计及实体建模过程（采用 AutoCAD 设计消声器二维出图，利用 UG 进行三维实体建模，抽壳建立流体模型），其中流体抽壳部分对三维模型有适当简化；利用 ANSYS13.0 中 FLUENT6.2 模块对其流场仿真，从模型的导入、网格的生成及求解器的定义、初始与边界条件的设置、迭代格式的设置等进行了系统阐述，网格划分由于存在较多的分布孔采用易于生成的非结构网格，边界条件设定对分析结果起着至关重要的作用；分析仿真结果得到的速度云图、压力云图、矢量图及湍流图分析其流场特性，为评价消声器结构设计及其进一步改进提供理论依据。

参 考 文 献

［1］　黎志勤，黎苏，汽车排气系统噪声与消声器设计［M］. 北京：中国环境出版社，1991.

［2］　王长龙，陈长征，吴昊. CAD/CAE 技术在消声器设计中的应用［J］. 机械设计与制造，2006，

(11)：100 - 102.

[3]　卢会超. 汽车消声器声学性能及内部流场特征分析 [D]. 重庆：重庆大学. 2012.

[4]　邵颖丽. 反相对冲柴油机排气消声器声学特征 [J]. 内燃机学报. 2012, 30 (1)：67 - 71.

[5]　田婵. 螺旋径向式微粒捕集器消声特征及流体均匀性分析 [D]. 长沙：湖南大学. 2012.

[6]　刘学智，等. 单腔扩张式消声器 CFD 数值分析 [J]. 机床与液压. 2013. (41) 9：141 - 143.

[7]　楚磊. 汽车抗性排气消声器的压力损失仿真研究 [D]. 广州：华南理工大学，2012.

[8]　彭智兴，胡召芳，胡效东等. 基于 CFD 的抗性消声器流体动力学特性研究 [J]. 现代制造技术与设备. 2009，190 (3)：1 - 4.

[9]　姚杰. 基于多腔的消声器气流再生噪声研究 [D]. 重庆：重庆大学. 2012.

[10]　孙海涛，等. 汽车排气消声器的消声性能分析及结构优化 [J]. 电子测试. 2013 (9)：122 - 125.

[11]　A. K. M Mohiuddin, Mohd Rashidin Ideres and Shukri Mohd. Hashim. Experimental Analysis of Noise and Back Pressure for Muffler Design [J]. Jurnal Kejuruteraan, 2008. 20 (11)：151 - 156.

[12]　毕嵘. 刘正士. 多入口多出口抗性消声器的声学性能研究 [J]. 汽车工程，2014，36 (2)：242 - 248.

第7章 小型风冷柴油机冷却系统优化设计

7.1 设计任务书

风冷柴油机由于冷却系统所采用的冷却介质造成风冷柴油机气缸外壁向冷却空气散热的传热系数显著减小和某些重要部位散热困难，而且风冷柴油机的热负荷高，过高的热负荷与热应力，不仅将导致材料的机械性能下降、润滑油变质甚至形成积炭或结胶现象，破坏运动副零件之间的正常配合间隙，甚至造成喷油嘴偶件出现回火现象，从而导致整机性能恶化；而且增加了进气过程中对新鲜充量的加热，致使风冷柴油机的充量系数比水冷柴油机低5%左右，相应的平均有效压力与升功率也就较水冷柴油机低。

为解决小型风冷柴油机存在的上述问题，对小型风冷柴油机进行了冷却系统优化设计研究，以降低其热负荷。设计任务：

(1) 分析风冷柴油机的冷却方式。

(2) 设计小型风冷柴油机冷却系统的设计。

(3) 完成各种工况下冷却风扇及其导风装置的风扇性能测试实验、气缸与气缸盖的散热片布置的温度场测试实验。

(4) 在实验的基础上，完成风冷柴油机冷却系统优化设计。

7.2 风冷柴油机散热过程

随着内燃机强化程度及其他各项技术指标的不断提高，克服内燃机过热问题越来越突出，对于热负荷问题本来就较为严重的风冷柴油机，就更加突出。对于风冷柴油机，散热始终是一个重要又复杂的问题，为了降低其热负荷，首先必须弄清楚气缸中高温工质经气缸壁向环境冷空气热量传递的过程，然后才能进行散热片与冷却系统的优化设计。

7.2.1 气缸壁的传热过程

风冷柴油机气缸内高温工质通过气缸壁（由气缸盖底面，活塞顶面与气缸圆周表面组成）向冷却空气的传热过程是较为复杂的过程，传热过程如图7.1所示。风冷柴油机为了增强传热，在气缸外壁敷设散热片，以扩大散热面积。整个传热过程包括以下3个方面。

1. 高温工质向气缸壁的传热

柴油机工作时，气缸内高温工质不断地冲刷着不同温度的气缸周壁，二者之间始终进行着强烈的对流换热。由于高温燃气中的二氧化碳（CO_2）和水蒸气（H_2O）等多原子气体具有较强的辐射能力，柴油机在全负荷时有20%～35%的散热量是通过辐射传给气缸周

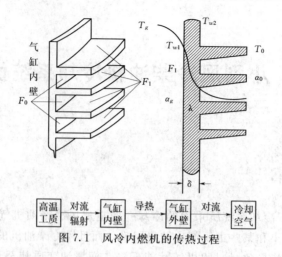

图 7.1　风冷内燃机的传热过程

壁的。因此高温工质向气缸周壁的换热，既要受到对流换热规律的控制，又要受到辐射换热规律的支配。

高温工质向气缸周壁的换热量 Q_w 是对流换热量 Q_c、气体辐射量 Q_s 与火焰辐射量 Q_f 的总和，即：

$$Q_w = Q_c + Q_s + Q_f = \alpha_{gm}(T_g - T_{w1})F_1 \tag{7.1}$$

式中　α_{gm}——平均对流换热系数，W/（m²·K）；

　　　T_g——气缸内工质的瞬时平均温度，K，它是曲轴转角的函数，可根据柴油机示功图用气体状态方程确定；

　　　T_{w1}——气缸周壁的平均温度，K；

　　　F_1——与工质相接触的换热表面积，m²，它也是曲轴转角的函数。

2. 从气缸壁向外壁的导热

假设沿气缸高度和圆周方向均具有相同的温度，则其热流只发生在径向。事实上，无论沿高度或圆周方向的温度均各不相同，其热流量由径向、轴向与切向热流所组成。但在一般情况下，后两者之和不到前者的 1/5～1/10，可以忽略不计。其次，气缸外径与内径之比一般不超过 1.2，即可作为平壁导热处理，其误差不超过 1%。故通过气缸周壁的导热热流量可按傅立叶（Fourier）1882 年提出的导热定律求得，即其热流量与垂直于热流方向的壁面积 F_1 和壁内外表面温度差（$T_{w1} - T_{w2}$）成正比，而与壁面厚度 δ（m）成反比。即：

$$Q_w = \lambda \frac{T_{w1} - T_{w2}}{\delta} F_1 \tag{7.2}$$

式中的比例因子 λ [W/（m·K）] 称为导热率。对于每种物质，λ 都有特定的数值，一般由实验确定。

3. 气缸外壁向冷却空气的换热

气缸外壁散热片与冷却空气的换热是流体与不同温度的固体壁面直接接触的对流换热过程。由于散热片的温度不高，则向周围环境的辐射可以忽略不计。因此其换热量 Q_w（W）仍可按牛顿冷却公式计算，即：

$$Q_w = \alpha_0(T_{w2m} - T_0)F_2 \tag{7.3}$$

式中　α_0——散热片与冷却空气的平均传热系数，W/（m^2·K）；

　　T_{w2m}——散热片壁面的平均温度，K；

　　T_0——冷却空气的平均温度，K；

　　F_2——散热片壁面的表面积，m^2，是两散热片之间根部的表面积 F_{f1} 与散热片表面积 F_{f2} 之和。

7.2.2　柴油机散热量计算

柴油机燃烧过程中产生的高温燃气以对流及辐射的形式首先传给气缸内壁，传递给气缸内壁的热量以导热的方式传递给气缸外壁，最后由散热片以对流的方式散发到大气环境中去。由式（7.1）可以计算出柴油机工作过程中的散热量，但在实际求解柴油机工作散热量时，必须准确求解出传热系数 α_{gm}、α_g、α_0 及气缸内工质的瞬时平均温度 T_g 等参数。事实上为精确求解这些参数是存在一定难度的，特别是参数 T_g，必须先测出柴油机示功图，然后用气体状态方程确定。

工程上要计算出柴油机的散热量，当不计润滑油散热器所带走的热量时，可按下述经验公式确定，即：

$$Q_w = \varphi P g_e H_u / 3600 \text{（kW）} \tag{7.4}$$

式中　P——柴油机 1h 功率，kW；

　　g_e——有效燃油消耗率，kg/（kW·h）；

　　H_u——燃油低热值，对于轻柴油取 $H_u = 42700$kJ/kg；

　　φ——柴油机散热量占燃料总热能的百分比，对于小型风冷柴油机，一般在 0.25~0.35 之间，根据雷卡多（Ricado）公司推荐，对于直接喷射式燃烧室取 $\varphi = 0.25$，对于分隔式燃烧室取 $\varphi = 0.35$。如果包括由润滑油散热器所带走的热量，则按上式所求得的 Q_w 值，应增大 5%~10%。

CZ165F 柴油机标定工况为 2.2kW/（2600r/min），燃烧室为涡流室分隔式结构，φ 取 0.35，标定工况下有效燃油消耗率 $g_e = 0.287$kg/（kW·h），由式（7.4）可计算出该柴油机在 110% 超负荷工况下润滑油散热器所带走的热量时的总散热量 $Q_w = 3.172$kW。

7.3　小型风冷柴油机冷却系统的设计

风冷柴油机气缸盖和气缸体是受热的主要零件，其热状态取决于传给它们的热量分配。对于采用铝合金的气缸盖、铸铁气缸体分隔式燃烧室的小型风冷柴油机来说，气缸盖和气缸体传出热量各为 50% 左右。为合理控制好发动机的热负荷，使柴油机气缸盖和气缸体工作在允许的温度范围内，必须对其冷却系统进行优化研究，设计出效率高、冷却风量合适、风压特性好的风扇及其导风系统。

7.3.1　小型风冷柴油机冷却系统的典型布置

按照引风方式的不同，有吸风冷却 ［图 7.2（a）］ 和吹风冷却 ［图 7.2（b）、（c）］ 两种型式。

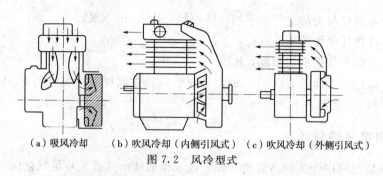

(a) 吸风冷却　　(b) 吹风冷却（内侧引风式）　(c) 吹风冷却（外侧引风式）

图 7.2　风冷型式

一般来说，吸风冷却虽然可使冷却空气分布均匀，但其冷却效果较差，气缸最高温度较吹风冷却高 4～6℃；而且要吸出已被加热的冷却空气，必须相应地增大冷却风扇的尺寸及驱动功率，通常所需风压较吹风冷却高 12%～23%，驱动风扇所消耗的功率较吹风冷却高 15%～22%。同时，对导风罩的密封性要求亦高。因此，除少数特殊要求外，大都采用吹风式冷却结构。

对于单缸风冷柴油机采用空气从飞轮内侧进入引风道的吹风冷却方式 [图 7.2 (b)] 与外侧进风方式相比 [图 7.2 (c)]，气缸盖、气缸的温度明显下降，润滑油温度也下降 10℃左右，使柴油机热负荷得到了改善。这是因为在全负荷时，风冷柴油机润滑油的总散热量约占整个冷却系统散热量的 10% 左右，采用内侧进风能充分利用吸风时气流对油底壳和机体进行冷却之故。

风冷柴油机的冷却风扇有轴流式与离心式两种。选择时需根据总体布置的要求、冷却风道所需的风压、风量与消耗功率等因素来确定。在相同的送风量时，离心式风扇比轴流式风扇尺寸大、效率低、蜗壳结构复杂，在多缸机上很少采用。但在小型单缸高速柴油机上采用与飞轮铸成一体（或安装在飞轮上）的离心式风扇，可以简化结构，降低制造成本，减少风量传动机构的易损件，提高使用寿命。

7.3.2　小型风冷柴油机冷却所需风量、风压

1. 冷却风必须带走的热量 Q_w

冷却风必须带走的热量，可按传热学方法进行精确计算，也可按经验公式，当不计及由机油散热器及机体散发出的热量时，CZ165F 柴油机冷却风必须带走的热量根据经验公式（7.4）可算出其在 110% 超负荷工况下的 $Q_w = 2.884\text{kW}$。

2. 冷却所需的风量

已知冷却风所带走的热量 Q_w，便可按式（7.5）计算出所需的冷却风量，即：

$$G = Q_w / (c_p \Delta t) \quad (\text{kg/s}) \tag{7.5}$$

式中　c_p——空气的定压比热容，一般取 $c_p = 1.047\text{kJ} / (\text{kg} \cdot ℃)$；

　　　Δt——冷却空气流经柴油机时温升，℃；一般在 10～50℃ 范围内，当设有导风罩引
　　　　　　风时取上限值，否则取下限值。

设 ρ 为流向气缸时温度下的空气密度，则冷却风的体积流量为：

$$Q = 3600 Q_w / (\rho c_p \Delta t) \quad (\text{m}^3/\text{h}) \tag{7.6}$$

对于 CZ165F 柴油机，生产厂家为节约产品原材料成本，气缸盖采用铝合金材料，而

气缸体采用铸铁，因此 Δt 值取 30℃，由式（7.6）可算出所需的冷却风的体积流量 $Q=$ 275.5m³/h。

表 7.1 列出了国内外部分风冷柴油机单位功率所耗的冷却量。可见，随着气缸直径的增大，相对散热量的减少，所需的冷却风量也随之减少。

表 7.1   **单位功率所需的冷却风量**

项目 \ 机型	155F	160F	175F	Z185F	TY180F	FL208D	4102FQ
气缸直径/mm	55	60	75	85	80	80	102
活塞行程/mm	60	70	70	80	85	90	82
功率/转速/[kW·(r/min)$^{-1}$]	1.5/2600	2.2/2400	4.4/2600	5.2/2200	5.15/2400	5.9/3000	64/3000
比风量/[m³·(kW·h^{-1})]	119	124.5	97.5	87.9	74.1	54	46.8

由表 7.1 可知，CZ165F 柴油机在标定转速下，其冷却系统实测风量为 244.7m³/h，小于其所需冷却风量 275.5m³/h。冷却风量偏低是 CZ165F 柴油机热负荷偏高的主要原因，降低其热负荷主要在于优化其冷却系统。

3. 冷却所需的风压

为了保证通过柴油机所需的冷却风量，风扇应该产生的风压不仅要克服冷却气流通过气缸盖与气缸周围的散热片和润滑油冷却器时的流动阻力，而且必须补偿气流通过气缸前后时所形成的所有压力损失。由于柴油机结构型式的多种多样，因而导风罩的形状也各有不同，事先要精确给定柴油机的风道阻力损失是不可能的，其值只能通过试验才能测定。一般小型风冷柴油机风扇所需产生的风压为 800～1500Pa。

7.3.3 离心式风扇的优化设计

7.3.3.1 叶片型式的选择

离心式风扇叶片主要有前向（$\beta_2 > 90°$）、径向（$\beta_2 = 90°$）和后向（$\beta_2 < 90°$）3 种型式，每种叶片各有利弊，选择时必须认真分析研究。

叶片型式对风扇性能的影响，可用图 7.3 所示的气流速度三角形来分析。显然，前向叶片，$v_{2u} > u_{2c}$，后向叶片，$v_{2u} < u_{2c}$，径向叶片则 $v_{2u} = u_{2c}$。风扇的风压与出口切向分速 v_{2u} 成正比，在其他条件相同时，前向叶片风扇的风压最大，后向叶片最低，径向叶片居中。

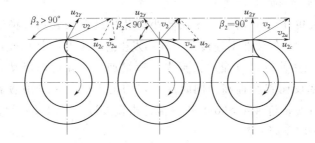

图 7.3 β_2 不同时的叶片出口速度比较

风扇的风压 $p_{T\infty}$ 与风量 Q_T 之间的关系，可由式（7.7）表示，即：

$$p_{T\infty} = \rho u_{2c}^2 - \frac{\rho u_2 \cot\beta_2}{\pi D_2 b_2} Q_T \tag{7.7}$$

可见，前向叶片风扇的风压随着风量的增大而增加；径向叶片风扇的风压则随着风量的增大而保持为一常数；后向叶片风扇的风压随着风量的增大而减少。

风扇所消耗的功率 P 为：

$$P = p_T Q_T = \rho \left(u_{2c}^2 Q_T - \frac{u_{2c}\cot\beta_2}{\pi D_2 b_2} Q_T^2 \right) \tag{7.8}$$

从风扇的效率高低与噪声的大小来看，后向叶片的 v_{2u} 最小、噪声最小、效率最高；而前向叶片的 v_{2u} 最大、噪声最大、效率最低；径向叶片居中。若能设计合适的蜗壳与前向叶片风扇相配合，可使 60%～70% 的动压转变为有用的静压。

从结构尺寸来看，当风扇转速和输风量一定时，要达到相同的风压前提下，前向叶片风扇直径最小，径向叶片风扇直径最大。

7.3.3.2　叶片进口安装角 β_1 的确定

最佳的叶片进口安装角 β_1 应该是按照气流进入叶道时不发生冲击损失和进口气流相对速度 u_{1r} 最小的条件来确定，实际上还必须考虑以下因素，才能确定合理的叶片进口安装角。

1. 减少气流在叶道进口前的预旋

当气流经叶轮由轴向转变为径向时，并不是气流遇着入口边时才突然随叶轮做旋转运动的。气流在叶片入口之前，由于叶轮与空气间存在旋转效应，空气并不是以 $\alpha_1 = 90°$ 的方向进入叶轮，而是以 $\alpha_1 < 90°$ 的方向进入，即气流产生了预旋，结果改变了叶轮传给气体的理论功，并且使相对速度 u_{1r} 的大小和方向发生了改变，影响了进口气流与叶片安装角的一致性。试验表明，随离心式风扇的进口气流产生预旋的角度在 $10°～15°$ 以上，并且随着 β_1 的增大还有所增加，因此叶片进口安装角 β_1 应相应地加大才合适。

2. 保证在各种情况下的气流冲击损失最小

由于柴油机经常处于变工况下工作，其风扇输风量与转速之间的变化关系并不是成正比关系。实验证明，它们之间的相互关系是一段抛物线，这就使得风扇进口气流的速度三角形将随着柴油机转速的变化而变化。若采用较小的 β_1，在不同工况下将出现正的或负的气流冲击角，从而产生气流冲击损失。

3. 有利于减小叶道内的流动损失

当叶片出口安装角 β_2 一定时，若采用较小的叶片进口安装角，将导致叶片弯曲度过大，使得叶道流通面积和气流相对速度的方向均发生急剧变化，从而使流动损失加大。实验证明，较大的 β_1 虽然使进口气流冲击损失有所增加，但叶道内流动分离损失降低，二者的综合效应使效率反而有所提高。同时在一定的范围内，风量随着 β_1 的增大而增加。然而过大的叶片进口安装角（$\alpha_1 > 90°$）因气流冲击损失过大，以及叶片背面局部造成较强的涡流，风量风压也将下降。

4. 有利于增大进口处气流的有效流通面积

由于风扇内径要受到柴油机整体尺寸的严格控制，而风扇进口叶道的有效流通面积对风量、风压都有明显的影响，适当加大叶片进口安装角，将有利于增大叶片进口处的有效流通面积。

7.3.3.3 叶片出口安装角 β_2 的确定

如前所述，在其他参数一定时，风扇的风压随着叶片出口安装角 β_2 的增大而提高。实际上 β_2 从 90°增大到 130°时，风量、风压只是逐渐增加的；当 $\beta_2 > 145$°后，风扇的风量、风压不再随着 β_2 的增大而继续增加，而且当 $\beta_2 > 150$°以后，风扇噪声将显著增大，产生这种情况的原因是：

（1）当 β_2 在 135°时，叶道内气体的主流将不会完全按照叶片弧线相对流动。由于 β_2 过大时，在叶片出口部分的弧面内驱使气体外流的离心力只有很小的分力，而离心力的绝大部分是使气体压向叶片弧面上。又由于叶道内的轴向涡流作用，使靠近叶片工作面的这部分气体相对叶片流动速度极为缓慢，实际上已形成气流的局部"阻滞"现象，因此大部分气体就沿着流动阻力最小的路径直接向外流出。

（2）当 β_2 过大时，在叶片出口处工作面与非工作面的压力差增大，从而造成强烈的涡流。特别是前向叶片的压力差，一般要比后向叶片大 1～2 倍，涡流损失更为强烈。纵使出口绝对速度略有增加，但是在蜗壳内引起的流动损失加大，也并不会使风量和风压增加，而且效率将会更为显著地下降。

因此，一般情况下叶片出口安装角 $\beta_2 = 135$°为宜。

7.3.4 风扇内外径的确定

1. 风扇外径 D_2

选定叶片型式后，就可根据柴油机冷却所需风压 $\overline{p}$ 来确定其风扇外径 D_2，即：

$$D_2 = \frac{60}{\pi n}\sqrt{\frac{2P}{\overline{P}\rho}} = \frac{60}{\pi n}u_2 \tag{7.9}$$

式中　P——柴油机所需的冷却风压，Pa；

　　　ρ——空气密度，kg/m^3；

　　　n——柴油机转速，r/min；

　　　$\overline{P}$——压力系数，可依式 $\overline{P} = \dfrac{P}{\rho u_{2c}^2}$ 计算；对于不同的叶片形状，$\overline{P}$ 值的范围不同，

　　　　一般对于前向叶片 $\overline{P} = 0.7 \sim 1.2$；径向叶片 $\overline{P} = 0.4 \sim 0.6$。

2. 风扇内径 D_1

内径 D_1 主要是根据柴油机冷却所需的风量 Q 来确定的，即：

$$Q = \frac{\pi}{4}(D_1^2 - D_N^2)v_s \quad (\text{m}^3/\text{s})$$

$$D_1 = \sqrt{\frac{4Q}{\pi c_2} + D_N^2} \quad (\text{m}) \tag{7.10}$$

式中　D_N——风扇轮毂直径，m；

　　　v_s——进口空气轴向流速，$v_s = 1.0 \sim 10$m/s。

又根据叶道内流动损失为最小，可导出适用于后向、径向和 $\overline{Q}<0.3$ 的前向叶片 D_1 的计算公式为：

$$D_1 \geqslant 1.194 D_2 \overline{Q}^{\frac{1}{3}} \tag{7.11}$$

式中　$\overline{Q}$——流量系数，可依式 $\overline{Q} = \dfrac{Q}{\dfrac{\pi}{4}D_2^2 u_{2c}}$ 计算。

由上面公式虽然可以大致确定风扇的内外径，但设计时必须再选择合适的 D_1/D_2 值，该比值对离心式风扇性能影响很大。最佳的 D_1/D_2 值随着转速的提高而增大，这是因为转速提高时，克服同样的流动阻力所需要的叶片长度可以缩短；又因为加大了风扇内径 D_1，所以输风量增大。当然，在同样的转速与外径 D_2，过大的 D_1/D_2 值时，由于叶片太短，给气体作用力的时间太短，风扇的风量与风压都将下降。

7.3.5　叶片进出口宽度的确定

1. 叶片的进口宽度 b_1

叶片的进口宽度 b_1 是根据风扇的风量，应用连续性方程求得，即：

$$\frac{\pi}{4}D_1^2 v_s = \pi D_1 b_1 v_{1r} \tag{7.12}$$

若 $v_{1r} = v_s$，则 $b_1 = D_1/4$。

(1) 由于空气从风扇进口轴向吸入，然后径向流入叶道，若叶片宽度过大，则在叶片入口转角处必然引起旋流，并使噪声增加。为了减小这种旋流，需在空气进入叶道时增加一个速度，设加速度系数为 ε，即 $c_{1r} = \varepsilon c_s$，一般取 $\varepsilon = 1.2$，则有：

$$\frac{b_1}{D_1} = \frac{1}{4.8} = 0.208$$

(2) 由于叶片进口安装角一般为 $40° \sim 75°$，这又使得气流的有效流通面积将减少 $15\% \sim 20\%$，所以一般情况下 b_1/D_1 从 1/4 增大到 1/3 时，风扇的风量和风压仍然是继续增加。但当 $b_1/D_1 > 1/3$ 时，则风量和风压将不再增加。

随着柴油机转速的提高，叶片入口处气流扰动强度更大，会使叶道有效流通面积进一步缩小，空气进入更为困难，这就需要进一步加大叶道进口流通面积才能适合进风要求。综上所述，一般情况下取 $b_1/D_1 = 0.25 \sim 0.3$ 较为适宜。

2. 叶片出口宽度 b_2

对于一定风量的风扇，如果 b_2 过小，出口速度过大，风扇后的损失增大；而且因 b_2 过小，扩压过大，导致边界层分离损失增加。依照流体连续性方程有：

$$\pi D_1 b_1 = \pi D_2 b_2，或 \ b_2 = D_1 b_1/D_2 \tag{7.13}$$

为了使蜗壳制造方便，通常做成 $b_1 = b_2$ 的等宽叶片。

7.3.6　叶片数目 Z 的确定

叶片数目太少，一般会使叶道扩张角太大，容易引起气流边界层分离，效率降低；叶片数目增多，能减少风扇出口气流的偏斜程度，提高风压。但过多的叶片数会增加沿程损失与叶道进口的阻力，也将使效率下降。随着风扇转速的提高，最佳叶片应适当减少，以获得较大的通道。

根据推荐：叶道长度 l 为叶道出口宽度 a 的 2 倍，且叶道长度 l 为风扇外内半径之差（$R_2 - R_1$）的 1.5 倍，如图 7.4 所示。

叶片数目 Z 可由式（7.14）确定，即：

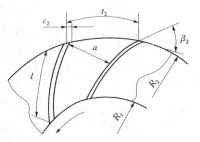

图 7.4 叶片数量选择用图

$$z = \frac{4\pi \sin\beta_2}{1.5 \ (1 - R_1/R_2)} \approx 8.5 \frac{\sin\beta_2}{1 - R_1/R_2} \quad (7.14)$$

Z 的确定已有不少经验公式，下面列举两个供设计时选用，即：

$$z = K \frac{D_2 + D_1}{D_2 - D_1} \quad (7.15)$$

式中　K——叶片数目系数，通常取 $K = 2.5 \sim 4.5$，前向叶片取较大值，后向叶片取较小值，径向叶片取中间值。

$$z = \tau\pi \left(\frac{D_2 + D_1}{D_2 - D_1} \right) \sin \frac{\beta_1 + \beta_2}{2} \quad (7.16)$$

式中　τ——叶片密度，统计资料表明 $\tau = 0.5 + 1.75\sin\beta_2$，代入式（7.16），即可确定叶片数目。

7.4　小型风冷柴油机冷却系统试验

7.4.1　万能试验风扇设计

风冷发动机冷却风扇的设计，其传统的方法是采用经验设计，即参照样机风扇，确定结构参数，设计出几种方案制造后，再进行空气动力性能试验，确定较好的方案。这样，由于经验因素太多，设计出的风扇虽然能满足风量、风压的要求，但其效率、噪声与结构紧凑性方面的要求又难以达到，而且研制周期长。

由于小型风冷发动机大都采用与飞轮铸成一整体（或将塑料风扇用螺钉固定在飞轮上）的离心式冷却风扇，利用发动机飞轮，研制了能顺利改变风扇主要结构参数的一组试验用内、外侧（风扇叶片安装在飞轮内侧或外侧）离心式冷却风扇，如图 7.5 所示。

实验风扇叶片（如图 7.6 所示）单个安装在风扇叶轮圆周上，叶片数目可从 10 片每间隔 1~3 片变化到 32 片，叶片气流进（出）口安装角 β_1（β_2）可在 0°~180° 范围内任意变化，风扇叶轮内外径比值 D_1/D_2 可在 0.65~0.90 范围内变化。因而，利用该万能风扇，能进行各种叶片形状的变叶片数目、变叶片进出口安装角、变叶轮内外径比值的空气动力性能试验，便可找到不同形状叶片的最佳方案。

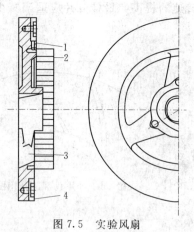

图 7.5　实验风扇

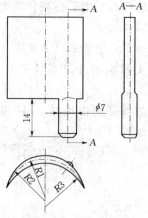

图 7.6　实验叶片

1—螺钉；2—叶片；3—飞轮（风扇叶轮）；4—压环

7.4.2　叶片安装角测量仪的设计

由于试验叶片是单个安装在试验风扇叶轮上的，为了确保叶轮上的每个叶片的进出安装角都是均匀一致的，而且又能迅速准确地测量出其角度值，可使用万能试验风扇叶片安装角测量仪。

其原理与结构如下：

以测量风扇叶片出口安装角 β_2 为例，来说明叶片角度测量仪的原理。根据叶片出口安装角的定义，即气流相对速度 w_2 的方向与圆周速度 u_2 反方向之间的夹角，如图 7.7 所示测出 β_2。

在图 7.7 中先作叶弦线 L_2 将叶片出口安装角分为 α_1 和 α_2 两个角，即 $\beta_2＝\alpha_1＋\alpha_2$，而 α_1 又是仅与叶片形状有关的定值，则只需确定 α_2 即可。由在图 7.7 中 L_3 和 L_4 是同一平面上两个不同的圆周上的两条互相平行的直线，过 W 点作平行于 L_2 的直线 L_1，故 $\alpha_1＝\alpha_2$。为此，设计一个半圆刻盘，使其以 L_1 为指针，过指针原点（W 点）的水平直线 L_3 的左右端为刻度盘的 0°与 180°，将 L_1 与 L_2 两条互相平行的直线刚性连接起来，当叶片转动时，弦线 L_2 随之相应改动，这样指针 L_1 就指出一个角度值（即 α_1 值），再加上 α_2 值，就是此时叶片出口安装角 β_2 值。

至于随叶片形状而变化的 α_1 值，可由图 7.8 所示的叶片形状与结构尺寸，利用几何关系来确定。在图 7.8 中，因对顶角 α_2 等于中心角 γ 的 1/2，即 $\alpha_2＝\gamma/2$，在 $\triangle EO_1A$ 中，因 $\alpha_2＝\angle EO_1A＝\arcsin(AE/AO_1)$，代入某一种叶片的具体结构数值，即可求得其 α_2 值。

基于上述原理研制如图 7.9 所示的叶片角度测量仪，当其测量出 α_1 的角度值时，再加上对应叶片的 α_2 角度值，便是叶片的出口安装角 β_2 值。测量时，须将叶片角度测量仪的内切圆弧段与万能试验风扇轮缘贴合好，拨动指针，使指针的后根部即与叶片的弦线重合，此时，叶片角度测量仪所指出的角度即为 α_1 值，则叶片出口安装角 β_2 为 $\alpha_1＋\alpha_2$。

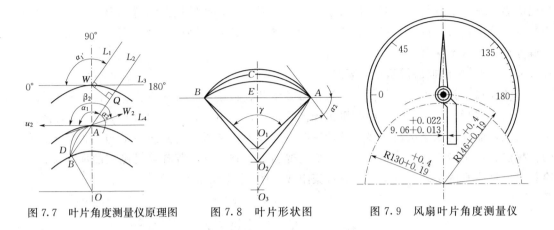

图 7.7　叶片角度测量仪原理图　　图 7.8　叶片形状图　　图 7.9　风扇叶片角度测量仪

7.4.3　风筒试验装置

按照国家标准《通风机空气动力能试验方法》（GB 1236—85）中的规定，风扇试验设有进气法、出气法和进出气法 3 种试验装置方案，可任选一种进行风机性能试验。根据被测风扇应尽量接近实际工作情况和保证准确地测定风扇性能参数的原则来确定风筒布置方案。根据流体力学知识可知，只有当风筒中的气流呈平直流时，才能在风筒中的断面上，获得均匀的静压分布和气流方向与风筒轴线平行的速度分布，所测量的数据才能是真实的。同时，应用制造的透明风筒，对不同风扇试验的流线观察也表明，采用进气法试验时，风筒中的气流流线基本上都是互相平行的。而且多次试验的结果均表明，采用进气法测量的全压也较准确地等于其动压与静压之和。但采用出气法试验时，情况则不同，不同的风扇，几乎都在风筒中产生不同程度的气流旋转与扰动，即使经过整流栅的整流，也难以消除气流旋转与扰动的影响。因而，在试验研究中采用进气法风筒装置，如图 7.10 所示。用 0.8kW/3000/（r/min）轻型直流电动机驱动，配上可控硅整流电源，转速可在表 300～3600r/min 范围内任意调整。整个风筒装置结构紧凑、操作方便，测量误差小。

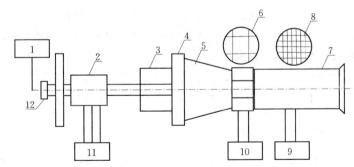

图 7.10　风筒试验装置

1—转速表；2—直流电机；3—柴油机机体；4—风扇；5—集流器；6—整流器；7—风筒；
8—可变截面节流栅；9、10—补偿式微压计；11—可控硅装置；12—转速传感器

为了保证每次试验时，驱动装置都具有相同的热状态和润滑条件，以确保准确地测量出风扇所消耗的功率。在风扇轴支承座上安装了温度传感器，以便控制每次试验期间均在

相同的温度条件下进行；同时，设置了专门的润滑装置，严格控制润滑风扇轴承机油的压力与流量，使得每次试验时都具有相同的润滑条件，从而为测试数据的真实性、可比性和准确性提供了基本保障。

7.4.3.1　计算机测控的风扇试验系统

传统风扇试验系统一般采用手工操作的微压计、转速表、直流电机、平衡杠杆和天平等设备进行试验。测试过程中由于手工操作繁琐，效率不高，人为因素影响多，测试数据精度较低，而且由于测试数据多，试验后期数据处理任务重。为解决以上问题，可采用压力传感器、扭矩传感器、扭矩仪、计算机、变频电机和变频器等计算机测控的风冷柴油机冷却风扇性能测试系统，该系统试验台架组成如图 7.11 所示。

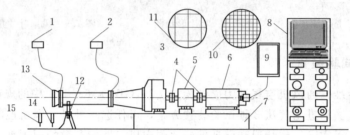

图 7.11　试验台架

1—动压传感器；2—静压传感器；3—柴油机机体；4—联轴器；5—JC 型转矩转速传感器静；
6—三相变频电机；7—机座；8—风扇性能测试台；9—三相变频器；10—可变截面节流栅；
11—整流栅；12—支架；13—风筒；14—大气压力传感器；15—大气温度传感器

交流变频电机通过联轴器与转矩转速传感器相连，转矩转速传感器再通过联轴器与发动机试验直轴相连，冷却风扇安装在发动机的飞轮上，风筒固定在发动机的导风罩上，风筒上分别装有动压传感器与静压传感器，在风筒的入口处布置大气压力传感器与大气温度传感器，交流变频电机由变频器提供三相交流变频电源驱动，其转速由计算机设定并通过 RS485 通信接口与变频器通信，由变频器输出一定频率的交流电，交流变频电机则以一定的转速运行。为保证对比试验具有一致的热状态与润滑条件，在风扇传动轴承座上装有温度传感器，控制每次试验工况均在相同的温度条件下进行。同时通过专门的润滑装置严格控制轴承润滑的压力和速度，以保证对比试验时具有相同的润滑条件，从而保证了测试数据的准确性。

7.4.3.2　试验数据采集与数据处理

在计算机设定的转速下，根据所测量的扭矩 M_e、静压 p_{sj}、动压 p_{st1}、大气压力 p_A 和大气温度 T_A 等数据，根据流体力学有关公式可计算出空气流量 Q、静压 p_{st}、驱动功率 P 和静压效率 η_{st} 等数据。

1. 流量 Q

当风筒进气管的流量受截面积 A_1（m^2）、流量系数 ϕ、集流器形状及表面粗糙度的影响时，风扇进口流量为：

$$Q = A_1 \phi (2 \mid p_{sj} \mid / \rho_1)^{1/2} \tag{7.17}$$

实际上气流由风筒进口端到风扇进口处，要经历一个压力降低的温度膨胀过程，则空气密度是逐渐减少的，依据连续性方程有：

$$Q_b = (\rho_0 / \rho_1) A_1 \phi [2 \mid p_{sj} \mid / \rho_0]^{1/2} = A_1 \phi [2 \rho_0 \mid p_{sj} \mid]^{1/2} / \rho_1 \quad (m^3/h) \tag{7.18}$$

当进气风筒静压绝对值 $|p_{stj}| \leqslant 980 \text{Pa}$ 时，$\rho_1 \approx \rho_0$，则：

$$Q = 1.414 A_1 \varphi \left[|p_{stj}| / \rho_0 \right]^{1/2} \quad (\text{m}^3/\text{h}) \tag{7.19}$$

或

$$Q = 3600 \times 1.414 A_1 \varphi \left[|p_{stj}| / \rho_0 \right]^{1/2} \quad (\text{m}^3/\text{h}) \tag{7.20}$$

式中　ρ_0——环境大气密度，kg/m^3；

　　　ρ_1——风扇进口处空气密度，kg/m^3；

　　　A_1——风筒进气管截面积，$A_1 = 0.0076938\text{m}^3$；

　　　φ——流量系数，对于锥形集流器，$\varphi = 0.98$。

则有式（7.21）为：

$$Q = 38.3812 \left(|p_{stj}| / \rho_0 \right)^{1/2} \quad (\text{m}^3/\text{h}) \tag{7.21}$$

按国家标准进气状态 GB 1236—85，空气温度 $T_A = 293\text{K}$，空气压力 $p_0 = 101300 \text{N/m}^2$，相对湿度 $\psi = 50\%$，空气密度 $\rho_1 = 1.2\text{kg/m}^3$，空气密度随压力的变化关系按式（7.22）计算：

$$\rho_0 = 1.2 \left(293/T_A \right) \left(p_0/101300 \right) \quad (\text{m}^3/\text{h}) \tag{7.22}$$

2. 静压 p_{st}

$$p_{st} = |p_{st1}| - 0.85 \varphi^2 |p_{stj}| \quad (\text{Pa})$$

因为有：
$$\varphi = 0.98$$

则有：
$$p_{st} = |p_{st1}| - 0.81634 |p_{stj}| \quad (\text{Pa}) \tag{7.23}$$

3. 驱动功率 P

$$P = Mn/9.550 \quad (\text{W})$$

式中　M——扭矩，$\text{N} \cdot \text{m}$；

　　　n——风扇转速，r/min。

4. 静压效率 η_{st}

$$\eta_{st} = p_{st} Q / 3600 P \tag{7.24}$$

7.4.4　冷却系统性能试验测试

7.4.4.1　冷却风扇性能试验

1. 冷却风扇性能试验原理

在风扇试验台上，对单缸风冷柴油机冷却风扇及导风装置进行风扇性能对比试验。测试风扇在不同转速下，用节流器（使风筒通风面积处于全闭 0m^2、0.00051283m^2、0.0012831m^2、0.0019249m^2、0.0025566m^2、0.0044910m^2 和 0.0076938m^2 7 种情况）改变风扇流量与压力，分别测量各种转速下，进气端风筒静压绝对值 p_{st1}、扭矩传感器扭矩 M_e、不带风扇扭矩传感器扭矩 M_{e0}、当场大气状态参数及风扇流量等参数。

2. 冷却风扇性能试验方法

（1）接通 FC2000 倒拖试验台架电源开关，打开变频器电源开关，接通变频电机冷却风扇，启动控制计算机，进入风扇实验测试界面。

（2）给定变频电机一初始转速值（1000r/min），启动变频电机拖动试验台架运行，逐步升高变频电机转速至台架测试转速。

（3）监测风扇传动轴承座温度，当轴承座温度稳定后，测试风扇在 1500r/min、

2000r/min、2500r/min、3000r/min 和 3600r/min 的不同转速下，分别用节流器（使风筒导风面积处于全闭 $0m^2$、$0.0051283mm^2$、$0.0012831mm^2$、$0.0019249mm^2$、$0.0025566mm^2$、$0.004491mm^2$ 及全开 $0.007693785mm^2$ 7 种情况）改变风扇流量与压力。分别测量在各种转速下，进气端风筒静压绝对值 p_{sij}（Pa）、进气风筒静压绝对值 p_{st}（Pa）、变频电机输出功率 P_i、不带风扇时变频电机输出功率 P 与当场大气状态参数，将试验数据记录在表格中。CZ165 柴油机产品风扇与优化风扇风扇性能试验数据分别见表 7.2 和表 7.3。

（4）实验测试完毕后，将变频电机转速降至 1000r/min，怠速运转一段时间，由计算机输出测试数据表，待变频电机冷却后退出风扇实验测试界面，关闭控制计算机，切断各仪器电源开关。

（5）实验完毕后进行数据处理。

3. 冷却风扇性能试验曲线

根据所测试验数据，绘制试冷却风扇性能试验曲线，试验曲线如图 7.12、图 7.13 所示。

表 7.2　　　　　　　　CZ165F 柴油机产品风扇性能特性试验分析表

（$P_0 = 99400Pa$　$T_a = 287K$　$Z = 24$　$\beta_1 = 130°$　$\beta_2 = 135°$）

n_0 /(r·min⁻¹)	序号	n /(r·min⁻¹)	p_{s1}/Pa	p_{s2}/Pa	M_e /(N·m)	M_{e0} /(N·m)	Q /(m³·h⁻¹)	p_{st}/Pa	P/W	η_{st}/%
1500	1	1500	0	149.1	0.451		0	100.0	21.1	0
	2	1499	0.5	133.4	0.458		24.2	133.0	22.2	4.2
	3	1500	2.5	113.4	0.465		54.1	111.3	23.4	7.2
	4	1501	3.9	102.0	0.469	0.318	68.5	98.8	24.1	7.8
	5	1500	6.4	90.2	0.492		87.3	84.9	24.2	8.5
	6	1499	15.7	51.0	0.509		137.0	37.9	27.7	5.2
	7	1500	16.8	27.5	0.524		141.8	13.8	30.3	1.8
2000	1	1999	0	258.0	0.465		0	258.0	32.5	0
	2	2000	0.7	237.7	0.495		28.7	236.7	33.0	5.7
	3	2000	3.5	201.0	0.512		65.0	198.1	36.7	9.7
	4	2001	7.0	177.5	0.543	0.338	91.2	171.7	43.2	10.1
	5	2001	11.1	157.0	0.566		115.1	147.8	48.0	9.8
	6	2000	25.5	91.0	0.595		174.6	69.8	54.0	6.3
	7	2000	28.0	47.1	0.655		186.3	23.8	66.9	1.8
2600	1	2600	0	434.5	0.500		0	434.5	29.8	0
	2	2600	0.8	414.8	0.529		30.6	414.1	37.9	9.3
	3	2601	6.2	344.2	0.657		86.0	339.1	72.8	11.1
	4	2600	11.4	307.0	0.725	0.389	116.6	297.5	91.0	10.6
	5	2600	18.6	264.8	0.755		149.3	249.3	99.3	10.4
	6	2600	44.7	157.9	0.898		231.2	120.7	138.1	5.6
	7	2600	49.9	80.4	0.980		244.7	38.8	160.4	1.6

n_0 /(r·min^{-1})	序号	n /(r·min^{-1})	p_{st1}/Pa	p_{st2}/Pa	M_e /(N·m)	M_{e0} /(N·m)	Q /(m³·h^{-1})	p_{st}/Pa	P/W	η_{st}/%
3000	1	2999	0	579.6	0.955		0	579.6	136.3	0
	2	3000	1.2	530.6	0.971		37.5	529.6	140.8	3.9
	3	3001	7.9	461.0	1.029		97.5	454.4	159.5	7.7
	4	3000	15.5	408.0	1.059	0.524	136.1	395.1	168.5	8.1
	5	3000	26.3	353.0	1.091		177.3	331.1	178.8	9.1
	6	3000	59.5	210.9	1.198		266.8	161.3	212.5	5.7
	7	3000	66.4	106.0	1.252		282.8	50.7	229.0	1.7

表 7.3   CZ165F 柴油机优化风扇性能特性试验分析表

($P_0 = 98140Pa$ $T_a = 297K$ $Z = 15$ $\beta_1 = 95°$ $\beta_2 = 135°$)

n_0 /(r·min^{-1})	序号	n/ (r·min^{-1})	p_{st1}/Pa	p_{st2}/Pa	M_e /(N·m)	M_{e0} /(N·m)	Q /(m³·h^{-1})	p_{st}/Pa	P/W	η_{st}/%
1500	1	1605	0	149.8	0.444		0	149.1	11.2	0
	2	1602	0.78	141.2	0.449		31.6	140.6	12.0	10.3
	3	1607	2.55	133.4	0.464		57.2	131.3	14.6	14.3
	4	1602	5.0	121.6	0.469	0.372	80.1	117.5	15.3	17.1
	5	1602	7.8	105.9	0.484		100.0	99.5	17.8	15.5
	6	1600	10.1	70.6	0.524		113.8	62.4	24.1	8.2
	7	1599	31.5	39.2	0.552		201.0	13.5	28.3	2.7
2000	1	1999	0	262.8	0.487		0	262.8	23.1	0
	2	2003	0.98	247.1	0.512		35.4	246.3	28.8	8.4
	3	2003	4.4	231.4	0.541		75.1	227.8	34.7	13.7
	4	2001	7.7	215.8	0.558	0.375	99.4	209.5	38.3	15.1
	5	2001	13.7	196.1	0.595		132.5	184.9	45.8	14.9
	6	2001	34.8	129.5	0.638		211.2	101.1	54.9	10.1
	7	2000	55.9	70.6	0.764		267.7	25.0	63.8	2.8
2600	1	2606	0	439.4	0.564		0	439.4	48.4	0
	2	2602	1.35	419.7	0.604		41.6	418.6	59.3	8.2
	3	2601	9.7	388.4	0.641		111.5	380.5	69.8	16.9
	4	2607	13.1	364.8	0.678	0.386	129.6	354.1	79.7	16.0
	5	2602	26.5	325.6	0.724		184.3	304.0	92.1	16.9
	6	2604	59.8	215.8	0.824		276.9	167.0	119.6	10.7
	7	2600	84.3	130.3	0.905		328.8	61.5	141.4	4.0

续表

n_0 /(r·min^{-1})	序号	n/ (r·min^{-1})	p_{st1}/Pa	p_{st2}/Pa	M_e /(N·m)	M_{e0} /(N·m)	Q /(m^3·h^{-1})	p_{st}/Pa	P/W	η_{st}/%
	1	2997	0	588.4	0.678		0	588.4	87.5	0
	2	3005	1.2	561.0	0.707		39.2	560.0	96.7	6.3
	3	3002	10.8	510.0	0.781		117.7	501.2	119.8	13.7
3000	4	3004	20.1	478.6	0.807	0.401	160.5	462.2	128.1	16.1
	5	3004	33.1	435.4	0.876		205.9	408.4	149.9	15.6
	6	3004	79.6	282.4	1.002		319.5	217.4	189.2	10.2
	7	3000	125.6	153.0	1.099		401.3	50.5	219.6	2.6

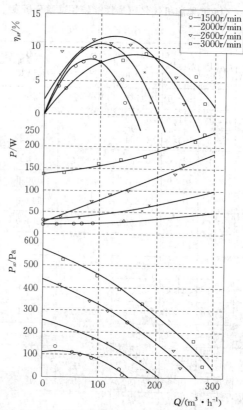

图 7.12 CZ165F 柴油机产品风扇性能特性和阻力特性曲线

7.4.4.2 冷却风流场测试试验研究

1. 冷却风流场测点的布置

根据小型风冷柴油机气缸盖、气缸套热负荷分布规律及气缸盖、气缸套的实际结构，在测量冷却系统的风流场时，有选择性的在缸盖、盖套上布置 16 个测点。在气缸盖涡流室、油咀及鼻梁区等热负荷较重的区域，布置测点 1、2、3、4、5、6，流却风在流经上述区域时流量要大、流速要快；而在这些区域相对进风口的另一端，热负荷相对较轻，布置测点 7、

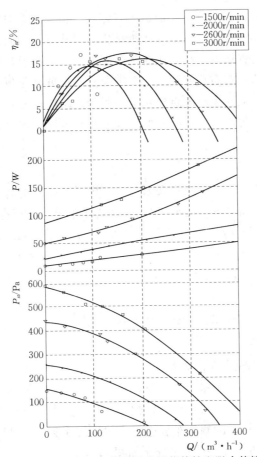

图 7.13　CZ165F 柴油机优化风扇性能特性和阻力特性曲线

8、9、10，流却风在流经这些区域时流量相对要求小一些。在气缸套上，布置测点 11、12、13、14、15、16，其中测点 11、12 位于活塞上止点处，此两点的热负荷较高，对流经该区域的冷却风的流量要求大一些；测点 13、14 位于活塞行程中间位置，此两点的热负荷相对较低，对冷却风的流量要小一些；测点 15、16 位于活塞下止点处，这两点的热负荷最低，对冷却风的流量要求最少。气缸盖、气缸套冷却风流场测点布置如图 7.14 所示。

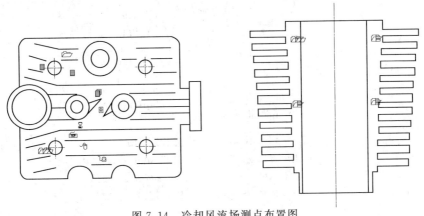

图 7.14　冷却风流场测点布置图

确定好流场的测点位置后，拆下柴油机的气缸盖，将气缸盖的气门室盖压板从缸盖上取下，用透明的有机玻璃制成与气门室盖压板结构及尺寸完全相同的压板，在有机玻璃压板上相应于流场测点的位置钻上小孔，小孔的位置处于缸盖两散热片之间，小孔用于测量气缸盖散热片通道的流速，将布置好测点的气缸盖及有机玻璃压板装在柴油机上，便可进行缸盖的流场测量。在气缸套流场测点的相应位置处，将冷却风导风板钻上小孔，用于气缸套冷却风流场的测定。为使各测点所开的小孔不致影响原冷却风流场的分布，各小孔不使用时用胶布堵住。

2. 冷却风流场测试方法

冷却风流场各测点流速使用皮托管来测定，将皮托管插入被测点，连接皮托管的微压计显示出全压与静压的液面高度差 Δp，根据流体力学伯努利方程有：

$$v = [2\xi(p_1 - p_2)/\rho_a]^{1/2} = (2\xi \cdot \Delta p/\rho_a)^{1/2} \quad (\mathrm{m/s}) \tag{7.25}$$

式中　v——气体的流速，m/s；

　　　　ξ——皮托管修正系数，取 $\xi = 1.00$；

　　　　p_1——气流的全压，Pa；

　　　　Δp——测量点处的压差，$\Delta p = p_{dj}$，Pa；

　　　　ρ_a——环境空气密度，kg/m³。

3. 冷却风流速测试数据及图表分析

为测试不同的冷却系统的流速分布情况，分析流场对柴油机热负荷的影响，将原产品冷却系统及经优化后叶片风扇冷却系统分别配原产品气缸盖、气缸套与新模具气缸盖、气缸套在风扇试验台上按照相同的测点布置进行冷却风流速测量。试验时，风扇转速设定在 2600r/min，试验数据见表 7.4，其流速分布如图 7.15 所示。

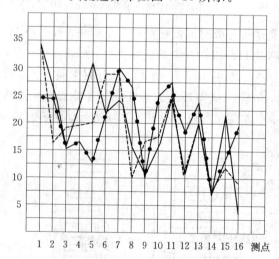

图 7.15　不同冷却系统流场分布图

●—●—● 原产品风扇、导风系统，配原产品气缸盖、缸套

------- 优化风扇、导风系统，配原产品气缸盖、缸套

——— 优化风扇、导风系统，配新模具气缸盖、缸套

表 7.4　　　　　　CZ165F 柴油机冷却风流速测量试验数据记录表

（$p_0 = 98290\text{Pa}$　　$T_a = 290.7\text{K}$　　$n = 2600\text{r/min}$）

测点布置 ＼ 试验方案		原产品风扇、导风系统配原产品气缸盖、缸套		优化风扇、导风系统配原产品气缸盖、缸套		优化风扇、导风系统配新模具气缸盖、缸套	
冷却风流量 $Q/(\text{m}^3 \cdot \text{h}^{-1})$		237.4		304.2		321.7	
	测点	p_{stj}/Pa	$u/(\text{m} \cdot \text{s}^{-1})$	p_{stj}/Pa	$u/(\text{m} \cdot \text{s}^{-1})$	p_{stj}/Pa	$u/(\text{m} \cdot \text{s}^{-1})$
	1	348.9	24.4	650.6	33.3	694.3	34.4
	2	352.4	24.5	165.6	16.8	424.5	26.9
	3	140.3	15.5	207.4	18.6	135.6	15.2
	4	158.0	16.4	211.8	19.0	560.2	30.9
	5	94.1	12.7	230.0	19.8	276.3	21.7
	6	286.2	22.1	483.3	28.7	517.5	29.7
不同测量点的流速 p_{stj} 与 u	7	340.3	24.1	476.5	28.5	405.8	26.3
	8	138.4	15.4	58.7	10.0	56.3	9.8
	9	68.6	10.8	159.7	16.5	142.8	15.6
	10	346.0	24.3	171.6	17.1	209.6	18.9
	11	453.9	27.8	343.6	24.2	378.5	25.4
	12	62.7	10.3	192.2	18.1	196.5	18.3
	13	232.5	19.9	220.8	19.4	305.0	22.8
	14	41.2	8.4	24.0	6.4	27.9	6.9
	15	77.6	11.5	179.7	17.5	278.8	21.8
	16	40.4	8.3	4.0	2.6	7.2	3.5

　　由冷却风流速测试数据及流速分布图可知，优化后的冷却系统的冷却风流量比原产品风扇冷却风流量高出 $84\text{m}^3/\text{h}$，新的导风系统合理地分配了气缸盖、气缸上部的冷却风量，优化后的冷却系统降低了气流在导风罩内流动的风道阻力，冷却风的流速得到一定程度的提高。采用 C 型叶片风扇冷却系统的冷却风流速分布优于原产品风扇冷却风流场分布，尤其是新模具气缸盖、气缸套对热负荷重的区域的散热片进行了优化设计，气流在流经 1、2、4、5、6、7、9、11、12、13、15 等点时由于流动阻力较低，流速比装原产品风扇时的流速大，特别是 1、2、4、5、6、11、12 等 7 个点的冷却空气流速增高对柴油机的冷却更为有利，而其他点处的风道阻力相对原产品要大，冷却空气流速比原产品稍低。总的来说，整个冷却空气流速分布比原产品的要好。

7.5　柴油机冷却系统温度场测试

　　为准确测量单缸风冷柴油机冷却系统的温度场数据，以研究柴油机受热零部件的热负荷，可在试验用单缸风冷柴油机上，分别进行气缸、气缸盖的温度场试验，同时检测柴油机的主要性能指标。

7.5.1　试验条件及使用的仪器设备

试验所使用的主要仪器、仪表及设备见表 7.5。

表 7.5　　　　　　　　　　温度场对比试验主要仪器、仪表及设备

序号	名称	型号规格	精度	制造单位
1	电涡流测功机	G10	0.5 级	湘仪动力测试仪器厂
2	FC2000 发动机测试系统	FC2000	0.5 级	湘仪动力测试仪器厂
3	热电偶	铜—康铜		自制
4	热电偶冲击焊接仪	0~100V		自制
5	电位差计	UJ36	0.1 级	上海电工仪表厂
6	多点转换开关	FK—12		上海立新电器厂
7	精密水银温度计	0~50℃	0.1℃	江苏海门热工仪表厂

7.5.2　试验研究方法

1. 测温热电偶的制作

为测量单缸风冷柴油机工作时气缸盖、气缸的温度场分布，可自制了铜—康铜热电偶。由于铜—康铜热电偶热接点的大小会影响热电偶的热惯性，热接点越大，热惯性就越大，热电偶测温时滞常数 τ 就大，测温时反应速度慢。为使热电偶有尽可能小的时滞常数 τ，有快的动态响应特性，尽可能选择直径小的铜、康铜丝，为保证制作的热电偶有足够的强度，可选择 $\phi 0.25$ 的铜和 $\phi 0.25$ 的康铜制作铜—康铜热电偶。

热电偶热测点的焊接采用自制的热电偶冲击焊接仪，焊接时直流冲电电压控制在 85~95V 内，电容值为 2300~3000μF。

为保证自制的铜—康铜热电偶在测量单缸风冷柴油机温度场的准确性，将自制的铜—康铜热电偶在精度等级为 0.5% 的 WJT-303 热电阻校验台上用 WZPB-2 型二等标准 Pt100 热电阻进行校正，绘出其热电势修正曲线，供测试柴油机的温度场进行温度修正。

2. 温度场测点的布置

由于大多单缸风冷柴油机采用的是涡流燃烧室结构，对于气缸盖来说，最主要的是控制其局部最高温度，它是导致气缸盖热裂纹的主要原因。热裂纹一般从气缸盖燃气侧受热面开始，特别容易出现在气门阀座之间和在气门阀座与喷油嘴之间的鼻梁区。热裂纹的出现主要取决于气缸盖火力面的工作温度，对于铸铁气缸盖火力面温度保持在 370℃ 以下裂纹就不易出现，而对于铝合金气缸盖火力面温度保持在 220℃ 以下才不会出现裂纹，而且鼻梁区的温度又决定了喷油嘴的温度，喷油嘴的温度决定了喷油嘴的使用寿命和柴油机工作的可靠性及燃油经济性。在布置温度场的测点时，一般在鼻梁区中央，靠近油嘴偏向鼻梁区一边各布置一点，缸套内径对应的缸盖上对称布置 4 点。

风冷柴油机气缸套的热状态并不取决于它的强度，而是受限于活塞与气缸套之间的润滑和摩擦。其最高温度由润滑油的烧损和结炭所决定，一般不超过 180～200℃，缸体下部的温度决定于腐蚀磨损，特别是使用高硫分燃料时，要求在 90℃ 以上。缸体的轴向和轴向温度尽可能均匀，以免缸体不规则变形，造成局部磨损以致发生拉缸现象。一般控制缸体圆轴温差不超过 30～40℃，轴向温度不大于 70℃。在布置气缸套温度场测点时，在气缸套上止点、下止点、上下止点之间 3 个横截面上对称布置 12 个点，其中 1、5、9 为出风口中央，3、7、11 为进风口中央，其他点在垂直对称点上。

柴油机气缸盖、气缸套温度测点布置如图 7.16 和图 7.17 所示。气缸盖、气缸的各测点的钻孔直径为 3mm，孔深至距气缸盖火力面及气缸内壁表面 1.5mm，一般取 1.8mm，主要是由于进行热电偶冲击焊接时，放电产生高温，熔化小部分缸盖、缸套金属。

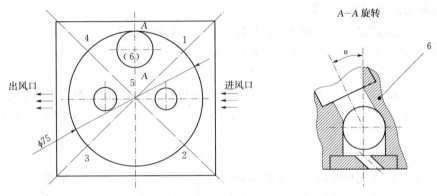

图 7.16 气缸盖测点布置图

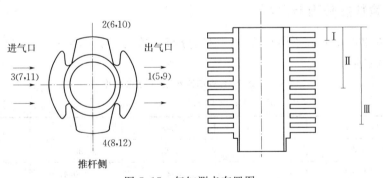

图 7.17 气缸测点布置图

Ⅰ—第一环上止点位置；Ⅱ—气缸套中间位置；Ⅲ—第一环下止点位置

热电偶冲击焊接时电压电容规范分别为气缸盖直流充电电压 125～130V，电容值 3300～4000μF；气缸直流充电电压 105～125V，电容值 2300～3000μF。

3. 温度场的测试

将等长热电偶用电容冲击焊焊接到各测点后，用环氧树脂固化。将焊接好的热电偶的气缸盖、气缸装在试验样机上，采用多点转换开关将各热电偶热电势信号送至 UJ36 型电位差计进行测量，各热电偶共用一公共端，公共端采用冰水混合物进行冷端补偿。试验时当发动机工况稳定后每个试验工况进行 3 次测量，即第一次测量所有测点热电势数值后，再重复测试两次，然后取平均热电势值，其热电势值经修正曲线修正后，按铜—康铜电偶分度表查得测点的温度值。

（1）实验步骤。

1）将焊好热电偶的气缸套与气缸盖装在试验柴油机上，调整好柴油机的各项参数，使柴油机工作正常，检查各热电偶是否工作正常，有无断路、短路现象。

2）打开各仪器电源、水源开关，起动柴油机逐步将柴油机的转速升高到工作转速，并使之稳定运转。

3）稍加负荷，待柴油机达到稳定的热状态后开始试验，分别按标定功率的 75％、100％、110％ 等不同的工况逐步增加负荷，在每一个工况下待柴油机工作稳定后分别测出发动机转速、功率、油耗、机油温度、排气温度及各热电偶的电压毫伏值等各项参数，将各试验数据记录在表格 7.6 中。

4）各工况测试完成后，卸下发动机负荷，怠速运转后停机。

5）关闭各仪器电源开关，关闭水源，实验结束。

（2）实验方案。

为验证优化后的冷却系统对降低 CZ16F 柴油机的热负荷的效果，同时为便于跟原产品冷却系统进行对比，本实验做了 3 套方案的对比试验，各方案不同的试验对象具体如下：

1）方案一：原产品冷却系统、飞轮、气缸盖、气缸套。

2）方案二：优化后的风扇，改进后的冷却系统导风罩，原产品气缸盖、气缸套。

3）方案三：优化后的风扇，改进后的冷却系统导风罩，新模具气缸盖、气缸套。

7.5.3　试验数据处理与分析

各方案在 2600r/min 不同负荷下，温度分布试验与计算结果见表 7.6～表 7.11 与图 7.18～图 7.21 所示。

表 7.6　　　　　　　**CZ165F 产品冷却系统温度分布数据表**

（$P_0＝98370Pa$　$t＝27.3℃$　$\psi＝75％$　方案一）

项　目		空　载	75％	100％	110％
有效功率/kW			1.65	2.2	2.42
油耗率/$[g \cdot (kW \cdot h)^{-1}]$			302.3	290.4	280.6
排气温度/℃		160	293	380	427
机油温度/℃		71	77.6	83.4	88.9
气缸盖温度/℃	1	120	156	178	191
	2	106	135	160	172
	3	119	153	184	201
	4	130	173	205	223
	5	164	217	247	265
	6	121	151	181	194

项目		空　载	75%	100%	110%
气缸温度/℃	1	132	172	208	223
	2	136	170	197	214
	3	103	133	154	165
	4	114	143	167	180
	5	123	149	174	189
	6	101	122	139	149
	7	99	122	140	150
	8	117	137	161	170
	9	125	148	172	184
	10	100	120	137	147
	11	103	123	138	149
	12	113	135	156	167

表 7.7　　CZ165F 优化冷却系统温度分布数据表

（$P_0=95030Pa$　$t=25℃$　$\psi=75\%$　方案二）

项目		空　载	75%	100%	110%
有效功率/kW			1.65	2.2	2.42
油耗率/[g·(kW·h)$^{-1}$]			293.8	277.2	277.6
排气温度/℃		155	270	352	390
机油温度/℃		70	73.6	74.5	76.6
气缸盖温度/℃	1	115	147	168	178
	2	97	127	146	156
	3	108	143	167	179
	4	118	161	187	199
	5	154	202	233	242
	6	112	148	168	180
气缸温度/℃	1	119	161	188	202
	2	128	164	187	198
	3	99	130	148	158
	4	101	130	149	160
	5	118	142	163	174
	6	105	120	136	140
	7	96	121	136	142
	8	110	132	151	161
	9	118	141	161	170
	10	94	114	129	134
	11	102	123	137	143
	12	107	131	148	158

表 7.8　　　　　　　**CZ165F 优化冷却系统温度分布数据表**

（$P_0=98050\text{Pa}$　$t=30℃$　$\psi=65\%$　方案三）

项目		空　载	75%	100%	110%
有效功率/kW			1.65	2.2	2.42
油耗率/ [g·(kW·h)$^{-1}$]			292.3	276.2	277.2
排气温度/℃		153	270	350	385
机油温度/℃		68.3	72.6	72.5	74.2
气缸盖温度/℃	1	106	138	157	168
	2	89	118	137	140
	3	100	132	155	164
	4	113	155	180	188
	5	131	172	198	210
	6	105	130	146	154
气缸温度/℃	1	113	162	180	194
	2	124	161	178	191
	3	94	122	140	150
	4	97	124	143	151
	5	109	137	155	160
	6	93	115	129	135
	7	95	115	131	139
	8	103	127	145	152
	9	113	138	155	161
	10	91	111	124	129
	11	97	115	130	138
	12	103	127	143	148

表 7.9　　　　　　　**CZ165F 产品冷却系统温度分布综合分析表**

（$P_0=98370\text{Pa}$　$t=27.3℃$　$\psi=75\%$　方案一）

项目			空　载	75%	100%	110%
气缸盖	温差 $\phi65$max		24	38	45	51
	鼻梁区/℃		164	217	247	265
	油嘴温度/℃		121	151	181	194
气缸	径向温差/℃	Ⅰ截面	26	39	54	58
		Ⅱ截面	11	27	35	40
		Ⅲ截面	19	28	35	37
	轴向温差/℃	1截面	9	24	36	39
		2截面	36	50	60	67
		3截面	14	11	16	16
		4截面	4	8	11	13

表 7.10　　　　　　　**CZ165F 优化冷却系统温度分布综合分析表**

（$P_0 = 95030\text{Pa}$　$t = 25℃$　$\psi = 75\%$　方案二）

	项目	空　载	75%	100%	110%
气缸盖	温差 $\phi 65\text{max}$	21	34	41	43
	鼻梁区/℃	154	202	233	242
	油嘴温度/℃	112	148	168	180
气缸	径向温差/℃ Ⅰ截面	29	34	40	44
	Ⅱ截面	22	22	27	34
	Ⅲ截面	24	27	32	36
	轴向温差/℃ 1截面	1	20	27	32
	2截面	34	50	58	58
	3截面	6	9	11	16
	4截面	9	2	3	3

表 7.11　　　　　　　**CZ165F 优化冷却系统温度场综合分析表**

（$P_0 = 98050\text{Pa}$　$t = 30℃$　$\psi = 65\%$　方案三）

	项目	空　载	75%	100%	110%
气缸盖	温差 $\phi 65\text{max}$	24	37	43	48
	鼻梁区/℃	131	172	198	210
	油嘴温度/℃	105	130	146	154
气缸	径向温差/℃ Ⅰ截面	19	40	40	44
	Ⅱ截面	16	22	26	25
	Ⅲ截面	22	27	31	32
	轴向温差/℃ 1截面	10	25	25	34
	2截面	33	49	56	62
	3截面	3	7	10	12
	4截面	6	3	2	4

　　温度分布试验测定表明，CZ165F 柴油机在标定工况（2.2kW/2600r/min）下，方案三气缸盖上 $\phi 65$ 圆周上布置的 4 个测点的最大温差为 43℃，相对于产品冷却系统最大温差降低 2℃，鼻梁区温度下降了 49℃，油嘴温度下降了 35℃，气缸盖各测点平均温度下降了 14.3℃；气缸第Ⅰ截面径向最大温差降低 14℃，气缸背风面（轴向Ⅰ截面）最大温差为 25℃，大大低于资料推荐的 30～70℃，气缸各测点平均温度下降了 15.8℃；机油温度下降了 10.9℃，排气温度下降了 30℃，燃油消耗率下降了 14.2g/（kW·h）。

　　CZ165F 柴油机在 110% 负荷工况（2.42kW/2600r/min）下，采用优化冷却系统，气缸盖上 $\phi 65$ 圆周上布置的 4 个测点的最大温差为 48℃，相对于产品冷却系统最大温差降低 3℃，鼻梁区温度下降了 55℃，油嘴温度下降 40℃，气缸盖各测点平均温度下降了

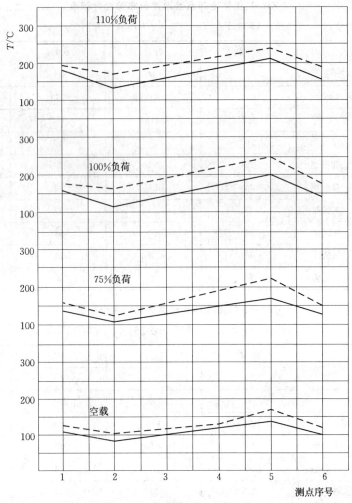

图 7.18 气缸盖各测点温度分布图
—— 优化风扇   ----- 产品风扇

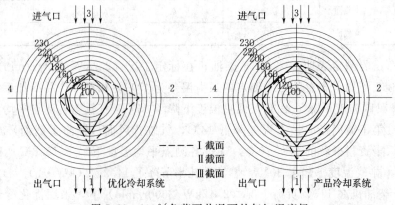

图 7.19 100%负荷下共况下的气缸温度场

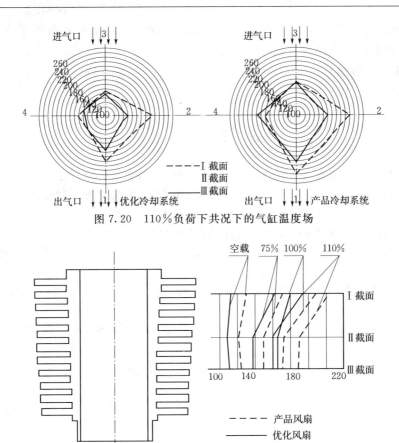

图 7.20　110%负荷下共况下的气缸温度场

图 7.21　气缸盖背风面温度梯度对比

37.8℃；气缸第 I 截面径向最大温差降低 14℃，气缸盖背风面（轴向 I 截面）最大温差为 34℃，接近资料推荐值的下限，气缸各测点平均温度下降了 19.9℃；机油温度下降了 14.7℃，排气温度下降了 42℃，燃油消耗率下降了 3.4g/（kW·h）。

2600r/min 空载时，采用优化冷却系统后气缸最低温度为 93℃，高于柴油机废气的露点温度（65～75℃），避免了腐蚀性磨损。

7.6　结论

本章通过试验的方法对 CZ165F 小型风冷柴油机冷却系统进行优化，并完成冷却系统试验研究，对几种工况下的柴油机冷却系统温度场测试，并对不同方案的结果进行了分析比较。对降低风冷柴油机的热负荷，实现柴油机的工作可靠及进一步强化风冷柴油机有着非常重要的意义。综合本章所做的工作，可得到如下结论：

（1）风冷柴油机的热负荷问题是影响可靠性及使用性能的重要问题。

（2）优化后的冷却系统使 CZ165F 柴油机在标定转速下冷却空气流量提高了 84m³/h，优化后的导风装置降低了冷却空气在风道内的流动阻力，使气缸盖、气缸上部的冷却风量得到了合理的分配。

（3）采用优化后的冷却系统增大了柴油机的散热量，使柴油机得到了合理的冷却，CZ165F 柴油机的热负荷得到明显的降低。

（4）应用优化冷却系统使 CZ165F 柴油机的热负荷明显下降，110％超负荷时效果更好，优于厂家提出的性能指标。

参 考 文 献

［1］ 天津内燃机研究所. 国外风冷柴油机［M］. 北京：机械工业出版社，1993.

［2］ 严兆大，胡章其，等. 小功率风冷柴油机的技术现状［J］. 内燃机工程，1994，2：25-33.

［3］ 杨建华. 小型风冷柴油机设计［M］. 北京：机械工业出版社，1991.

［4］ 郑飞，严兆大，等. 风冷柴油机［M］. 杭州：浙江大学出版社，1984.

［5］ 严兆大，俞小莉，等. 风冷柴油机气缸盖热负荷及换热边界条件的研究［J］. 内燃机，1990，3：17-21.

［6］ 严兆大，郑飞，倪计民. 风冷柴油机双金属缸套稳态传热计算［J］. 浙江大学学报，1985，3：18-22.

［7］ 姬芬竹，杜发荣，张桂香，等. 风冷柴油机汽缸套缸内传热边界条件［J］. 洛阳工学院学报，2000，12：61-64.

［8］ 姬芬竹，杜发荣，卫尧. 风冷发动机冷却风扇试验和数据处理的探讨［J］. 内燃机工程，2001，3：48-55.

［9］ 丁晓亮，孙平. 170F 风冷柴油机热负荷试验研究分析［J］. 柴油机，2004，4：29-48.

［10］ 袁银南，王忠，孙平，等. 小缸径风冷柴油机热负荷的研究［J］. 农业机械学报，2005，6：35-38.

［11］ 陆锰利. 小型风冷柴油机受热零件温度测试的研究［J］. 柴油机，1995，3：55-62.

［12］ 吴承雄，习传庚，杨玫，等. F160 风冷柴油机冷却风量及其分布的测量［J］. 小型内燃机，1994，6：25-27.

［13］ 黄明强. 285F 直喷式风冷柴油机冷却系统设计［J］. 柴油机，1995，1：3-7.

［14］ 杨建华，唐维新. 小型风冷柴油机试验研究［J］. 邵阳高等专科学校学报，1995，1：48-51.

［15］ 杨建华，唐维新. 小型风冷万能单缸试验柴油机研制［J］. 内燃机工程，1996，1：47-51.

［16］ 唐维新，袁文华，杨建华，等. 轻型风冷柴油机导风装置的试验研究［J］. 邵阳高等专科学校学报，2001，1：15-17.

［17］ 袁文华，唐维新，杨建华. 降低风冷柴油机热负荷的研究［J］. 湖南农机，2001，4：27-30.

［18］ 唐维新，王本亮，袁文华，等. 计算机测控的风冷发动机风扇试验系统的研制［J］. 内燃机工程，2003，3：9-11.

［19］ 杨连生. 内燃机设计［M］. 北京：中国农业机械出版社，1984.

［20］ 王补宣. 工程传热传质学［M］. 北京：科学出版社，1982.

［21］ 肖永宁，等. 内燃机热负荷和热强度［M］. 北京：机械工业出版社，1988.

［22］ ［匈］Gy. 希特凯著，马重芳，等译. 内燃机传热与热负荷［M］. 北京：中国农业机械出版社，1981.

［23］ 俞佐平. 传热学［M］. 北京：人民教育出版社，1979.

［24］ 张洪济. 热传导［M］. 北京：高等教育出版社，1992.

［25］ 刘天宝. 流体力学与叶栅理论［M］. 北京：机械工业出版社，1983.

[26] 李庆宜. 通风机 [M]. 北京：机械工业出版社，1983.

[27] 曾建秋. 风冷内燃机离心式风机的研究与设计 [J]. 小型内燃机，1984.

[28] 中华人民共和国国家标准 GB 1236－85. 通风机空气动力性能试验方法 [S]. 北京：中国标准出版社，1986.

[29] 黄其煌，高宝三. 小型风扇试验台设计 [J]. 江苏工学院学报，1987，1：41－44.

[30] 周谟仁. 流体力学泵与风机 [M]. 北京：中国建筑工业出版社，1981.

[31] 孔珑. 工程流体流力学 [M]. 北京：高等教育出版社，1990.

[32] 黄素逸. 动力工程现代测试技术 [M]. 武汉：华中科技大学出版社，1999.

[33] 陆际清，沈祖京，孔宪清，等. 汽车发动设计 [M]. 北京：清华大学出版社，1993.

[34] 陈广晖，袁银南，王忠，等. 小缸径风冷柴油机热负荷的试验分析 [J]. 江苏理工大学学报，1998，3：45－48.

[35] 张水军，陈建平，汤金玉. 小型风冷柴油机热负荷的研究 [J]. 内燃机工程，2001，4：56－58.

[36] 杜发荣. 风冷柴油机气缸盖、气缸套温度分布均匀性的试验研究 [J]. 拖拉机与农用运输车，2000，5：32－36.

第8章 列管式换热器的设计案例

8.1 设计任务书

1. 设计操作条件

（1）处理能力：10 万 t/年煤油。

（2）设备形式：列管式换热器。

（3）操作条件：

1）煤油：入口温度 $T_1=140℃$，出口温度 $T_2=40℃$。

2）冷却介质：自来水，入口温度 $t_1=30℃$，出口温度 $t_2=40℃$。

3）允许压强降：不大于 100kPa。

4）煤油定性温度下的物性数据：密度 825kg/m³，黏度 $7.15×10^{-4}$ Pa·s，比热容 2.22kJ/（kg·℃），导热系数 0.14W/（m·℃）。

5）每年按 330d 计，每天 24h 连续运行。

2. 设计任务

（1）选择适宜的列管式换热器并进行核算。

1）传热计算。

2）管、壳程流体阻力计算。

3）管板厚度计算。

4）管壳式换热器零部件结构。

（2）绘制换热器装配图（A1 图纸）。

8.2 选择换热器的类型

换热器作为传热设备被广泛用于耗能用量大的领域。随着节能技术的飞速发展，换热器的种类越来越多，适用于不同介质、不同工况、不同温度和不同压力的换热器，结构型式也不同。

列管式换热器具有单位体积设备所能提供的传热面积大，传热效果好，结构坚固，可选用的结构材料范围宽广，操作弹性大，是目前化工及酒精生产上应用最广的一种换热器。它主要由壳体、管板、换热管、封头和折流挡板等组成，是最典型的间壁式换热器。

列管式换热器按结构分为单管程、双管程和多管程，传热面积 $1\sim500m^2$，可根据用户需要定制。在进行换热时，一种流体由封头的连接管处进入，在管流动，从封头另一端的出口管流出，这称为管程；另一种流体由壳体的接管进入，从壳体上的另一接管处流出，这称为壳程。列管式换热器种类很多，按其温差补偿结构可分为浮头式换热器、固定式换热器、U 形管换热器和填料函式换热器等。

根据设计要求及两流体温度变化情况，热流体进口温度 140℃，出口温度 40℃；冷流体进口温度 30℃，出口温度 40℃。该换热器用自来水冷却煤油，考虑到清洗等各种因素，初步确定为固定管板式的列管式换热器。

这类换热器如图 8.1 所示。固定管板式换热器的两端和壳体连为一体，管子则固定于管板上，结构简单，在相同的壳体直径内，排管最多，比较紧凑；由于这种结构的壳程侧难以清洗，所以壳程宜用于不易结垢和清洁的流体。当管束和壳体之间的温差太大而产生不同的热膨胀时，会使管子和管板的接口脱开，从而发生介质的泄漏。

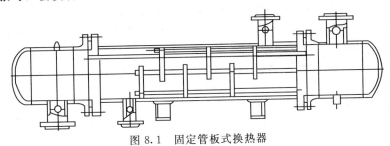

图 8.1　固定管板式换热器

8.2.1　确定流动空间

在管壳式换热器的设计中，首先要决定哪种流体走管程，哪种流体走壳程。这需要遵循一些一般的原则：

（1）应尽量提高两侧传热系数较小的一个，使传热面两侧的传热系数接近。

（2）在运行温度较高的换热器中，应尽量减少热量的损失，而对于一些制冷装置，应尽量减少其冷量的损失。

（3）管程、壳程的决定应尽量做到易于清洗污垢和修理，以保证运行的可靠性。

（4）应减小管子和壳体因受热不同而产生的热应力。从这个角度来说，顺流式就优于逆流式，因为顺流式进出口端的温度比较平均不像逆流式那样，热、冷流体的高温段都集中在一端，低温部分集中于另一端，易于因两端收缩不同而产生热应力。

（5）流量小而黏度大（$\mu > 1.5 \times 10^3 \sim 2.5 \times 10^3$）的流体一般以壳程为宜，因在壳程 $Re > 100$ 即可达到湍流。但这不是绝对的，如流动阻力损失允许，将这类流体通入管内并采用多管程结构，亦可得到较高的表面传热系数。

（6）对于有毒的介质或气体介质，必须使其不泄露，应特别注意其密封，密封不仅要可靠而且还要求方便和简单。

（7）应尽量避免采用贵金属，以降低其成本。

以上这些原则有的是相互矛盾的，所以在具体设计时应综合考虑，决定哪一种流体走管程，哪一种流体走壳程。

1）适于通入管内空间（管程）的流体。

a. 不清洁的流体：因为在管内空间得到较高的流速并不困难，而流速高时，悬浮物不易沉淀，且管内空间也易于清洁。

　　b. 体积小的流体：因为管内空间的流动截面往往比管外空间的流动截面小，流体易于获得必要的理想流速，而且也便于做多程流动。

　　c. 有压力的流体：因为管子承压能力强，而且简化了壳体的密封要求。

　　d. 腐蚀性强的流体：因为只有管子及管箱才需要用耐腐蚀的材料，而壳体及管外空间的所有零件均可用普通材料制造，所以可以降低造价。此外，在管内空间装设保护用的衬里或覆盖层也比较容易翻遍，并容易检查。

　　e. 与外界温差较大的流体：因为可以减少热量的散失。

　　2）宜于通入管间空间（壳程）的流体。

　　a. 当两流体温度相差较大时，α 值较大的流体走管间。这样可以减少管壁与壳壁间的温度差，因而也减少了管束与壳体间的相对伸长量，故温差应力可以降低。

　　b. 若两流体的给热性能相差较大时，α 值较小的流体走管间。此时可用翅片管来平衡传热面两侧的给热条件，使之相互接近。

　　c. 饱和蒸汽：以便于及时排除冷凝液，且蒸气较洁净，冷凝传热系数与流速关系不大。

　　d. 黏度大的液体：管间的流动截面与方向都在随时变化，在低雷诺准数下，管外给热系数比管内大。

　　e. 被冷却的流体：可利用外壳向外的散热作用，以增强冷却效果。

　　f. 泄漏后危险性大的流体：可以较少泄露机会，以保安全。

　　此外，易析出结晶、沉渣、淤泥以及其他沉淀物的流体，最好通入更容易清洗的流动空间，在管壳式换热器中，一般易清洗的是管内空间。但在 U 形管、浮头式换热器中，易清洗的都是管外空间。

8.2.2　流体流速的选择

　　增加流体在换热器中的流速，将加大对流传热系数，减少污垢在管子表面上沉积的可能性，即降低了污垢热阻，使总传热系数增大，从而可减小换热器的传热面积。但是流速增加，又使流体阻力增大，动力消耗就增多，所以适宜的流速要通过经济衡算才能定出。

　　此外，在选择流速时，还需考虑结构上的要求。例如，选择高的流速，使管子的数目减少，对一定的传热面积，必须采用较长的管子或增加程数。管子太长不易清洗，且一般管长都有一定的标准；单程变为多程使平均温度差下降。这些也是选择流速时应予考虑的问题。

　　列管换热器内常用的流速可参照表 8.1、表 8.2 选择。

表 8.1　　　　　　　　　　　　　列管换热器内常用的流速范围

流体种类	流速/（m·s⁻¹）	
	管程	壳程
一般液体	0.5～1.3	0.2～1.5
易结垢液体	>1	>0.5
气体	5～30	3～15

表 8.2		液体在列管换热器中流速（在钢管中）	
液体黏度/（N·s/m²×10³）	最大流速/（m·s⁻¹）	液体黏度/（N·s/m²×10³）	最大流速/（m·s⁻¹）
>1500	0.6	100~53	1.5
1000~500	0.75	35~1	1.8
500~100	1.1	>1	2.4

换热管直径越小，换热器单位体积的传热面积就越大。因此，对于洁净的流体管径可取小些。但对于不洁净或易结垢的流体，管径应取得大些，以免堵塞。考虑到制造和维修的方便，加热管的规格不宜过多。目前我国试行的系列标准规定采用 $\phi25×2.5mm$ 和 $\phi19×2mm$ 两种规格，对一般流体是适应的。

由于冷却水容易结垢，为便于清洗，应使水走管程，煤油走壳程。从热交换角度，煤油走壳程可以与空气进行热交换，增大传热强度。选用 $\phi25×2.5mm$ 的 10 号碳钢管。

8.2.3 确定换热器管板排列方式

换热器管板上的排列方式有正方形直列、正方形错列、三角形直列、三角形错列和同心圆排列，如图 8.2 所示。

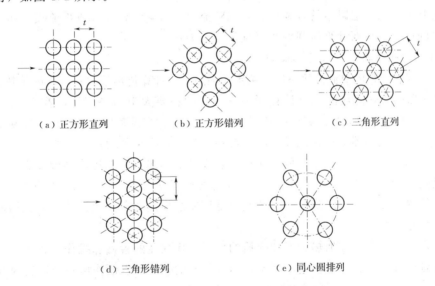

（a）正方形直列　　（b）正方形错列　　（c）三角形直列

（d）三角形错列　　（e）同心圆排列

图 8.2　换热器管板上的排列方式

正三角形排列结构紧凑，正方形排列便于机械清洗。对于多管程换热器，常采用组合排列方式。每程内都采用正三角形排列，而在各程之间为了便于安装隔板，采用正方形排列方式。取管子规格：$\phi25×2.5$，$L=3m$，管束排列方式为正三角形排列。

8.3　列管式换热器的设计计算

列管式换热器的选用和设计计算步骤基本上是一致的，其基本步骤如下：

1. 试算并初选设备规格

（1）根据传热任务，计算传热速率。

（2）计算传热温差，并根据温差修正系数不小于 0.8 的原则，确定壳程数或调整加热介质或冷却介质的终温。

（3）选择流体在换热器中的通道。

（4）确定流体在换热器中的流动途径。

（5）根据传热任务计算热负荷 Q。

（6）确定流体在换热器两端的温度，选择列管式换热器的型式；计算定性温度，并确定在定性温度下流体的性质。

（7）计算平均温度差，并根据温度校正系数不应小于 0.8 的原则，决定管程数。

（8）依据总传热系数的经验值范围，或按生产实际情况，选定总传热系数 K 的选值。

（9）依据传热基本方程，估算传热面积，并确定换热器的基本尺寸或按系列标准选择换热器的规格。

（10）选择流体的流速，确定换热器的管程数和折流板间距。

2. 计算管、壳程压强降

根据初定的设备规格，计算管、壳程流体的流速和压强降。检查计算结果是否合理或满足工艺要求。若压强降不符合要求，要调整流速，再确定管程数或折流板间距，或选择另一规格的设备，重新计算压强降直至满足要求为止。

3. 计算传热系数，校核传热面积

计算管程、壳程的对流传热系数，确定污垢热阻，计算传热系数和所需的传热面积。一般选用换热器的实际传热面积比计算所需的传热面积要大 10%～25%，若 $K'/K=1.15$～1.25，否则另设总传热系数，另选换热器，返回计算并初选设备规格，重新进行校核计算。

通常，进行换热器的选择或设计时，应在满足传热要求的前提下，再考虑其他各项的问题。它们之间往往是互相矛盾的。例如，若设计的换热器的总传热系数较大，将导致流体通过换热器的压强降（阻力）增大，相应地增加了动力费用；若增加换热器的表面积，可能使总传热系数和压强降降低，但却又要受到安装换热器所能允许的尺寸的限制，且换热器的造价也提高了。

此外，其他因素（如加热和冷却介质的用量，换热器的检修和操作）也不可忽视。总之，设计者应综合分析考虑上述诸因素，给予细心的判断，以便作出一个适宜的设计。

8.3.1　确定物性数据

（1）定性温度。可取流体进口温度的平均值。

（2）壳程煤油的定性温度。

$$T = (T_1 + T_2) = (140+40)/2 = 90(℃) \tag{8.1}$$

式中　T_1——煤油的入口温度，$T_1 = 140℃$；

　　　T_2——煤油的出口温度，$T_2 = 40℃$。

（3）管程水的定性温度。

$$t = (t_1 + t_2)/2 = (30+40)/2 = 35(℃) \tag{8.2}$$

式中　t_1——冷却介质入口温度，$t_1 = 30℃$；

　　　t_2——冷却介质出口温度，$t_2 = 40℃$。

（4）壳程和管程流体的有关物性数据。

1）煤油 90℃ 下的有关物性数据如下：

a. 密度：　　　　　　　　　　　　$\rho_o = 800\text{kg/m}^3$

b. 定压比热容：　　　　　　　　$C_o = 2.22\text{kJ/（kg·K）}$

c. 导热系数：　　　　　　　　　$\lambda_o = 0.140\text{W/（m·K）}$

d. 黏度：　　　　　　　　　　　$\mu_o = 7.15 \times 10^{-4}\text{N·s/m}^2$

2）水 35℃ 的有关物性数据如下：

a. 密度：　　　　　　　　　　　　$\rho_i = 994\text{kg/m}^3$

b. 定压比热容：　　　　　　　　$C_i = 4.174\text{kJ/（kg·K）}$

c. 导热系数：　　　　　　　　　$\lambda_i = 0.626\text{W/（m·K）}$

d. 黏度：　　　　　　　　　　　$\mu_i = 7.25 \times 10^{-4}\text{N·s/m}^2$

8.3.2　计算总传热系数

8.3.2.1　给定的条件

（1）热流体的入口温度 t'_1、出口温度 t''_1。

（2）冷流体的入口温度 t'_2、出口温度 t''_2。

热平衡方程式是反映换热器内冷流体的吸热量与热流体的放热量之间的关系式。由于换热器的热散失系数通常接近于 1，计算时不计算散热损失，则冷流体吸收热量与热流体放出热量相等。

8.3.2.2　换热量计算

$$m_0 = 10 \text{万 t/年} = 10 \times 10^4 \times 10^3 /（330 \times 24）= 12626.26（\text{kg/h}） \tag{8.3}$$

$$Q_0 = m_0 C_o \Delta t_o = 12626.26 \times 2.22 \times（140 - 40）= 2.8 \times 10^6 \text{ kJ/h} = 778.62（\text{kW}） \tag{8.4}$$

式中　m_0——质量流量；

　　　C_o——定压比热容量；

　　　Δt_o——流体的进出口温差。

1. 平均温度差

由于换热器中沿程流体的温度、物性是变化的，在工程计算中通常用平均传热温差代替，于是得到总的传热速率方程的表达式：

$$Q = KF\Delta t_m \tag{8.5}$$

式中　K——传热系数；

　　　F——传热面积；

　　　Δt_m——平均温度差。

间壁两侧流体平均温度差的计算方法与换热器中两流体的相互流动方向有关，而两流体的温度变化情况，可分为恒温传热和变温传热。

（1）恒温传热时的平均温度差。换热器的间壁两侧流体均有相变化时，例如在蒸发器中，间壁的一侧，液体保持在恒定的沸腾温度 t 下蒸发，间壁的另一侧，加热用的饱和蒸气在一定的冷凝温度 T 下进行冷凝，属恒温传热，此时传热温度差（$T-t$）不变，即：$\Delta t_m = T-t$。

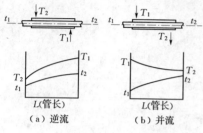

图 8.3　两种液体的相对流动状态

（2）变温传热时的平均温度差。变温传热时，两流体相互流动的方向不同，则对温度差的影响不同，分述如下：逆流和顺流时的平均温度差在换热器中不同，冷、热两流体平行而同向流动，称为并流；两者平行而反向的流动，称为逆流，如图 8.3 所示。

经推导，对数平均温差为：

$$\Delta t_m = \frac{\Delta t_1 - \Delta t_2}{\ln \dfrac{\Delta t_1}{\Delta t_2}} \tag{8.6}$$

a. 逆流：$\Delta t_1 = T_1 - t_2$，$\Delta t_2 = T_2 - t_1$。

b. 顺流：$\Delta t_1 = T_1 - t_1$，$\Delta t_2 = T_2 - t_2$。

对于同样的进出口条件，Δt_m 逆大于 Δt_m 顺，并可以节省加热剂或冷却剂的用量，工业上一般采用逆流。

2. 对数平均温差计算

$$\begin{aligned}
\Delta t'_m &= (\Delta t_1 - \Delta t_2) / \ln(\Delta t_1 / \Delta t_2) \\
&= [(140-40)-(40-30)] / \ln[(140-40)/(40-30)] = 39 \ (℃)
\end{aligned} \tag{8.7}$$

其中 $\Delta t_1 = T_1 - t_2$，$\Delta t_2 = T_2 - t_1$。

（1）水用量：

$$W_i = Q_0 / (C_i \Delta t_i) = 2.8 \times 10^6 / [4.174 \times (40-30)] = 67154.6 \text{kg/h} = 18.65 \text{kg/s} \tag{8.8}$$

（2）平均温差：

$$R = \frac{T_1 - T_2}{t_2 - t_1} = \frac{140-40}{40-30} = 10$$

$$P = \frac{t_2 - t_1}{T_1 - t_1} = \frac{40-30}{140-30} = 0.091$$

通过查《换热器设计手册》，选择卧式冷凝器，冷凝在壳程，为 1 壳程 4 管程，查得温度校正系数 $\varphi_{\Delta t} = 0.82$。

$$\Delta t_m = \varphi_{\Delta t} \Delta t'_m = 39 \times 0.82 = 32 \ (℃) \tag{8.9}$$

3. 传 热 系 数 K

传热系数 K 是表示换热设备性能的极为重要的参数，是进行传热计算的依据。K 的大小取决于流体的物性、传热过程的操作条件及换热器的类型等，K 值通常可以由实验测定，或取生产实际的经验数据，也可以通过分析计算求得。

在工程上，一般以圆管外表面积 A_0 为基准计算总传热系数 K_0，除加以说明外，常将 A_0、K_0 分别以 A、K 表示，即：

$$\frac{1}{K} = \frac{1}{K_0} = \frac{A_0}{\alpha_i A_i} + \frac{bA_0}{\lambda A_m} + \frac{1}{\alpha_0} \tag{8.10}$$

式 (8.10) 又可以改写为：

$$\frac{1}{K} = \frac{1}{K_0} = \frac{d_0}{\alpha_i d_i} + \frac{bd_0}{\lambda d_m} + \frac{1}{\alpha_0} \tag{8.11}$$

式中 d_i, d_0, d_m——圆管的内径、外径和管壁的平均直径；

α_i, α_0——管内、管外的传热系数；

b——管壁的厚度；

λ——管壁的传热系数。

换热器的传热表面在经过一段时间运行后，壁面往往积一层污垢，对传热形成附加的热阻，称为污垢热阻，这层污垢热阻在计算传热系数 K 时一般不容忽视。由于污垢层的厚度及其热导率不易估计，通常根据经验确定污垢热阻。若管壁内、外侧表面上的污垢热阻分别用 R_{di} 和 R_{d0} 表示，根据串联热阻叠加原则可得：

$$\frac{1}{K} = \frac{1}{K_0} = \frac{d_0}{\alpha_i d_i} + R_{di}\frac{d_0}{d_i} + \frac{bd_0}{\lambda d_m} + R_{do} + \frac{1}{\alpha_0} \tag{8.12}$$

污垢热阻往往对换热器的操作有很大影响，需要采取措施防止或减少污垢的积累或定期清洗，常用污垢热阻的大致范围见表 8.3。

表 8.3 污垢热阻 R_d 的大致范围

流体	污垢热阻 $R_d /$ (m² · ℃ · kW⁻¹)	流体	污垢热阻 $R_d /$ (m² · ℃ · kW⁻¹)
水（$u<1$m/s，$t<47$℃）		劣质—不含油	0.09
蒸馏水	0.09	往复机排出液体	0.176
海水	0.09	处理过的盐水	0.264
清洁的水	0.21	有机物	0.176
未处理的凉水塔用水	0.58	燃料油	1.056
已处理的凉水塔用水	0.26	焦油	1.76
已处理的锅炉用水	0.26	气体	
硬水、井水	0.58	空气	0.26~0.53
水蒸气		溶	0.14
优质—不含油	0.052		

注 在进行换热器的传热计算时，常需先估计传热系数 K，不致范围见表 8.4。

表 8.4　　　　　　　　　　　　　　列管式换热器中 K 值大致范围

热流体	冷流体	传热系数 $K/（W \cdot m^2 \cdot K^{-1}）$
水	水	850～1700
轻油	水	340～910
重油	水	60～280
气体	水	17～280
水蒸气冷凝	水	1420～4250
水蒸气冷凝	气体	30～300
低沸点烃类蒸汽冷凝	水	455～1140
高沸点烃类蒸汽冷凝	水	60～170
水蒸气冷凝	水沸腾	2000～4250
水蒸气冷凝	轻油沸腾	455～1020
水蒸气冷凝	重油沸腾	140～425

4. 传热面积初值计算

取总传热系数 $K = 500W/（m^2 \cdot ℃）$

$$F = \frac{Q}{K \Delta t_m} = \frac{778.62 \times 10^3}{500 \times 32} = 48.7 （m^2）\tag{8.13}$$

1 根管子面积：　　$F_1 = \pi d_i L = \pi \cdot 20 \times 10^{-3} \times 3 = 0.1884 （m^2）$

管子数：　　　　　$N_t = \frac{F}{F_1} = \frac{48.7}{0.1884} = 258$

管子中心距：　$t = 1.25 d_o = 1.25 \times 25 = 31.25mm$，取 $t = 32mm$

管束直径：　　$D_b = d_0 \cdot \left(\frac{N_t}{K_1}\right)^{\frac{1}{n_1}} = 25 \times \left(\frac{258}{0.175}\right)^{\frac{1}{2.285}} = 609 （mm）$

中心一行管束：　　　$N_r = \frac{D_b}{t} = \frac{609}{32} = 19$

5. 管侧传热系数

（1）估计壳体壁温：T_w。

（2）假设冷凝给热系数：$1000W/（m^2 \cdot K）$。

（3）平均温差：

1）壳程平均温度：$T =（140+40）/2 = 90 （℃）$。

2）管程平均温度：$t =（30+40）/2 = 35 （℃）$。

则 $（90-T_w） \cdot 1000 =（90-35）\times 500$

得：$T_w = 62.5℃$

平均冷凝温度　　　　$T_{cm} = \frac{90+62.5}{2} = 76.2 （℃）$

(4) 76.2℃时煤油物性:

1) 密度: $\rho_o = 825\text{kg/m}^3$

2) 定压比热容: $C_o = 2.22\text{kJ/ (kg} \cdot \text{K)}$

3) 导热系数: $\lambda_o = 0.140\text{W/ (m} \cdot \text{K)}$

4) 黏度: $\mu_o = 9 \times 10^{-4}\text{N} \cdot \text{s/m}^2$

$$T_h = \frac{M}{LN_t} = \frac{12626.26}{3600} \times \frac{1}{258} = 4.5 \times 10^{-3} \ [\text{kg/ (s} \cdot \text{m)}] \qquad (8.14)$$

$$N_r = \frac{2}{3} \times 19 = 13$$

$$\alpha_o = 0.95 \cdot \lambda \left(\frac{\rho^2 g}{\mu T_h}\right)^{\frac{1}{3}} \cdot N_r^{-1/6} = 0.95 \times 0.14 \times \left(\frac{825^2 \times 9.81}{9 \times 10^{-4} \times 4.5 \times 10^{-3}}\right)^{1/3} \times 13^{-1/6}$$

$$= 1024.6 \ [\text{W/ (m}^2 \cdot \text{K)}] \qquad (8.15)$$

与假设值接近,不需重新假设冷凝给热系数。

6. 管内给热系数

(1) 管截面积: $A_1 = \frac{\pi}{4} \cdot d_i^2 \cdot \frac{N_t}{4} = \frac{\pi}{4} \times (20 \times 10^{-3})^2 \times \frac{258}{4} = 0.020 \ (\text{m}^2)$

(2) 管内流速: $u = \frac{W_c}{\rho \cdot A_1} = \frac{18.65}{994 \times 0.020} = 0.94 \ (\text{m/s})$

$$\alpha_i = 4200 \ (1.32 + 0.02t) \cdot u^{0.8}/d_i^{0.2} = 4200 \times (1.32 + 0.02 \times 35) \times 0.94^{0.8}/20^{0.2}$$

$$= 4435 \ [\text{W/ (m}^2 \cdot \text{K)}] \qquad (8.16)$$

7. 传热核算

(1) 取水的污垢热阻: $R_{si} = 3.44 \times 10^{-4}\text{m}^2 \cdot \text{K/W}$

(2) 煤油污垢热阻: $R_{so} = 1.72 \times 10^{-4}\text{m}^2 \cdot \text{K/W}$

(3) 管壁导热系数: $\lambda = 45\text{W/ (m} \cdot \text{K)}$

则有:

$$K = \frac{1}{\dfrac{d_o}{\alpha_i \cdot d_i} + R_{si}\dfrac{d_o}{d_i} + \dfrac{b \cdot d_o}{\lambda \cdot d_m} + R_{so} + \dfrac{1}{\alpha_o}}$$

$$= \frac{1}{\dfrac{25 \times 10^{-3}}{4435 \times 20 \times 10^{-3}} + 3.44 \times 10^{-4} \times \dfrac{25}{20} + \dfrac{2.5 \times 10^{-3} \times 25 \times 10^{-3}}{45 \times 22.5 \times 10^{-3}} + 1.72 \times 10^{-4} + \dfrac{1}{1024.6}}$$

$$= 523 \ [\text{W/ (m}^2 \cdot \text{K)}] \qquad (8.17)$$

与假定 K 值相近,试算结束。

8.3.3 管程和壳程压力降计算

换热器管程及壳程的流动阻力,常常控制在一定的允许范围内。若计算结果超过允许值时,则应修改设计参数或重新选择其他规格大的换热器。按一般经验,对于液体常控制在 $10^4 \sim 10^5$ Pa 范围内,对于气体则以 $10^3 \sim 10^4$ Pa 为宜。此外,也可依据操作压力不同而有所差别,参考表 8.5。

表 8.5　　　　　　　　　　　　　　**换热器操作允许压降 ΔP**

换热器操作压力 P/Pa	允许压降 ΔP
$<10^5$（绝压）	$0.1P$
$0\sim10^5$（表压）	$0.5P$
$>10^5$（表压）	$>5\times10^4\,Pa$

1. 壳程流体阻力

现已提出的壳程流体阻力的计算公式虽然较多，但是由于流体的流动状况比较复杂，使所得的结果相差很多。下面介绍埃索法计算壳程压强的公式，即：

$$\Delta P_s = (\Delta P_0 + \Delta P_{ip})F_s N_s \tag{8.18}$$

式中　ΔP_s——壳程总阻力损失，N/m^2；

　　　ΔP_0——流过管束的阻力损失，N/m^2；

　　　ΔP_{ip}——流过折流板缺口的阻力损失，N/m^2；

　　　F_s——壳程阻力结垢校正系数，对液体可取 $F_s=1.15$，对气体或可凝蒸汽取 F_s $=1.0$；

　　　N_s——壳程数。

管束的阻力损失：　　　　$\Delta P_0 = F f_0 N_{Tc}\,(N_B+1)\dfrac{\rho u_0^2}{2}$

折流板缺口的阻力损失：　　$\Delta P_{ip} = N_B\left(3.5-\dfrac{2B}{D}\right)\dfrac{\rho u_0^2}{2}$

式中　N_B——折流板数目；

　　　N_{Tc}——横过管束中心的管子数，对于三角形排列的管束，$N_{Tc}=1.1\sqrt{N_t}$；对于正方形排列的管束，$N_{Tc}=1.19\sqrt{N_t}$；N_T 为每一壳程的管子总数；

　　　B——折流板间距，m；

　　　D——壳程直径，m；

　　　u_0——按壳程流通截面积或按其截面积计算所得的壳程流速，m/s；

　　　F——管子排列形式对压降的校正系数，对三角形排列 $F=0.5$，对正方形排列 F $=0.3$，对正方形斜转 45°，$F=0.4$；

　　　f_0——壳程流体摩擦系数，根据 $Re_0=\dfrac{d_0 u_0 \rho}{\mu}$，由图 8.4 可以看出，当 $Re_0>500$ 亦可由式（8.19）求出：$f_0=5.0\,Re_0^{-0.228}$。

因 $(N_B+1)=\dfrac{l}{B}$，u_0 正比于 $\dfrac{1}{B}$，管束阻力损失 ΔP_0，基本上正比于 $\left(\dfrac{1}{B}\right)^3$，即：

$$\Delta P_0 \propto \left(\frac{1}{B}\right)^3 \tag{8.19}$$

2. 壳程阻力计算

若挡板间距减小 1/2，ΔP_0 剧增 8 倍，而表面传热系数 α_0 只增加 1.46 倍。因此，在选择挡板间距时，亦应兼顾传热与流体压降两方面的得失。同理，壳程数的选择也应如此。

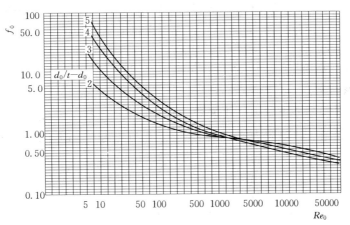

图 8.4 摩擦系数与雷诺准数关系图

（1）折流板计算。

$$D_s = D_b + 16 = 609 + 13 = 722 \text{（mm）} \tag{8.20}$$

取 $D_s = 600\text{mm}$。

折流板选择为圆缺度为 25% 的圆缺型折流板。则圆缺高度为：

$$H = 0.25 \times 600 = 150 \text{（mm）}$$

折流板板间距：$B = 0.3D_s = 0.3 \times 600 = 180$ （mm）

取折流板板间距：200mm。

折流板数：$N_B = L/B - 1 = 3000/200 - 1 = 14$。

（2）用 Kern's 法计算压降。

管子横截面积：$A_s = \dfrac{t - d_0}{t} D_s B = \dfrac{32 - 25}{32} \times 600 \times 200 \times 10^{-6} = 0.02625$ （m²） (8.21)

壳侧质量流速：$G_s = \dfrac{M_O}{A_s} = \dfrac{\dfrac{12626.26}{3600}}{0.02625} = 133.6$ ［kg/ （s·m²）］ (8.22)

壳侧流体流速：$u_s = \dfrac{G_s}{\rho_O} = \dfrac{133.6}{825} = 0.16$ （m/s） (8.23)

壳体当量直径：$d_e = \dfrac{1.10}{d_0} (t^2 - 0.917 d_0^2) = \dfrac{1.10}{25} (32^2 - 0.917 \times 25^2) = 19.8$ （mm）

$$\tag{8.24}$$

雷诺数：$Re = \dfrac{G_s d_e}{\mu_i} = \dfrac{133.6 \times 19.8 \times 10^{-3}}{9 \times 10^{-4}} = 2939.2$ (8.25)

查壳侧阻力因子图可得：$j_{f0} = 5.9 \times 10^{-2}$。

取 $\mu = \mu_w$，忽略黏度的影响，应用进口流速，其压降为 $\Delta P_s = 8 j_{f_0} \dfrac{D_s}{d_e} \dfrac{L}{B} \dfrac{\rho \cdot u_s^2}{2} \times$

$\left(\dfrac{\mu}{\mu_w} \right)^{-0.14}$ 的 50%，而

$$\Delta P_s = 8 j_{f_0} \cdot \dfrac{D_s}{d_e} \cdot \dfrac{L}{B} \cdot \dfrac{\rho \cdot u_s^2}{2} \cdot \left(\dfrac{\mu}{\mu_w} \right)^{-0.14}$$

$$= 8 \times 5.9 \times 10^{-2} \times \frac{600}{19.8} \times \frac{3}{200 \times 10^{-3}} \times \frac{825 \times 0.16^2}{2}$$

$$= 2265.6 \ (\text{Pa}) \tag{8.26}$$

则壳压降为 1.14kPa。

3. 管程流体阻力

管程阻力可按一般摩擦阻力公式求得。对于多程换热器，其总阻力 Δp_t 等于各程直管阻力、回弯阻力及进、出口阻力之和。一般进、出口阻力可忽略不计，故管程总阻力的计算公式为

$$\Delta P_t = (\Delta P_i + \Delta P_r) \ F_t N_s N_p \tag{8.27}$$

每程直管阻力：
$$\Delta P_i = \lambda \frac{l}{d} \frac{\rho u^2}{2}$$

每程回弯阻力：
$$\Delta P_i = 3 \times \frac{\rho u^2}{2}$$

式中　ΔP_i，ΔP_r——直管及回弯管中因摩擦阻力引起的压强降；

　　　　F_t——结垢校正因数，无因次，对于 $\phi 25 \times 2.5 \text{mm}$ 的管子，取为 1.4，对 $\phi 19 \times 2 \text{mm}$ 的管子，取为 1.5；

　　　　N_p——管程数；

　　　　N_s——串联的壳程数。

由式（8.27）可以看出，管程的阻力损失（或压降）正比于管程数 N_p 的三次方，即：

$$\Delta P_t \propto N_p^3 \tag{8.28}$$

对同一换热器，若由单管程改为两管程，阻力损失剧增为原来的 8 倍，而强制对流传热、湍流条件下的表面传热系数只增为原来的 1.74 倍；若由单管程改为四管程，阻力损失则增为原来的 64 倍，而表面传热系数只增为原来的 3 倍。由此可见，在选择换热器管程数目时，应该兼顾传热与流体压降两方面的得失。

4. 管侧压降计算

雷诺数：
$$Re = \frac{u_i d_i \rho_i}{\mu_i} = \frac{0.94 \times 20 \times 10^{-3} \times 994}{7.25 \times 10^{-4}} = 25755 \tag{8.29}$$

查壳侧阻力因子图可得：$j_{fi} = 3.6 \times 10^{-3}$。

管侧压降：

$$\Delta P_t = N_p \left[8 j_{fi} \frac{L}{d_i} \left(\frac{\mu}{\mu_w} \right)^{-m} + 2.5 \right] \frac{\rho u^2}{2} = 4 \times \left(8 \times 3.6 \times 10^{-3} \times \frac{3}{20 \times 10^{-3}} + 2.5 \right) \times \frac{994 \times 0.94^2}{2}$$

$$= 11980 \text{Pa} = 12 \text{kPa} \tag{8.30}$$

8.3.4　壳程接管

取接管内流速为 $u = 1\text{m/s}$，则接管直径为：

$$d = \sqrt{\frac{4V}{\pi u}} = \sqrt{\frac{4 \times \dfrac{12626.26}{3600 \times 825}}{3.14 \times 1}} = 0.074 \text{m} = 74 \text{mm} \tag{8.31}$$

取标准接管为 $d = 80\text{mm}$。

8.3.5　管程接管

取接管内流速为 $u=1\mathrm{m/s}$，则接管直径为：

$$d=\sqrt{\frac{4V}{\pi u}}=\sqrt{\frac{4\times\frac{18.64}{997}}{3.14\times1}}=0.154\mathrm{m}=154\mathrm{mm} \tag{8.32}$$

取标准接管为 150mm。

换热器工作压力：管程为 1.0MPa，壳程为 0.6MPa。

8.4　换热器零件设计计算

8.4.1　壳体、管箱壳体和封头的设计

1. 壁厚的确定

壳体、管箱壳体和封头共同组成了管壳式换热器的外壳。管壳式换热器的壳体通常是由管材或板材卷制而成的，碳素钢或低合金钢圆筒的最小厚度见表8.6。当直径小于400mm 时，通常采用管材和管箱壳体。当直径不小于 400mm 时，采用板材卷制壳体和管箱壳体。其直径系列应与封头、连接法兰的系列匹配，以便于法兰和封头的选型。一般情况下，当直径小于 1000mm 时，直径相差 100mm 为一个系列；当直径大于1000mm 时，直径相差 200mm 为一个系列，若采用旋压封头，其直径系列的间隔可取 100mm。

表 8.6　　　　　　　　　碳素钢或低合金钢圆筒的最小厚度

公称直径	400～≤700	>800～≤1000	>1100～≤1500	>1600～≤200	>2000～≤2600
浮头式	8	10	12	14	16
U 形管式	8	10	12	14	16
固定管板式	6	8	10	12	14

由之前的计算可知，壳体和管箱壳体外径为 600mm 壳体、管箱壳体厚度见表8.7。选用 Q235－A 碳素钢板材制壳体和管箱壳体，在 90℃ 时 $[\sigma]^t=113\mathrm{MPa}$。下面确定其壁厚。

取工作压力等于设计压力，则 $p_c=0.6\mathrm{MPa}$，提高到管程设计压力计算，焊接接头系数 $\phi=0.85$。

计算壁厚：
$$S=\frac{p_cD_o}{2[\sigma]^t\varphi+p_c}=\frac{1\times600}{2\times113\times0.85+0.1}=3.1\,\text{（mm）} \tag{8.33}$$

设计壁厚：由于煤油的腐蚀强度低，取腐蚀裕量 $C_2=1\mathrm{mm}$，则有：
$$S_d=S+C_2=3.1+1=4.1\,\text{（mm）} \tag{8.34}$$

此时负偏差为 $C_1=0.5\mathrm{mm}$，则 $S_d+C_1=4.6\mathrm{mm}$。

名义壁厚：$S_n=S_d+C_1+\Delta=4.6+\Delta$，可取名义壁厚为 5mm。

而由表 8.7 知可取壳体和管箱壳体壁厚为 6mm，但是考虑到公称压力和材料的选择，选取壳体和管箱壳体厚度为 8mm。其单位长度质量为 120kg，单位长度的容积为 0.283m³。

表 8.7　　　　　　　　　　　壳体、管箱壳体厚度

DN/mm	材料	壳程或管程公称压力 PN/MPa					
		0.6	1.0	1.6	2.5	4.0	6.4
		厚度/mm					
600	Q235－A/B/C	8	8	8	10	—	—
	16MnR	8	8	8	8	12	16
	1Cr18Ni9Ti	5	5	6	8	12	18

2. 封头：选择标准椭圆形封头 JB/T 4737—95

椭圆形封头是由长短半轴分别由 a、b 的半椭圆和高度为 h_o 的短圆筒（统称为直边）两部分构成的。直边的作用是为了保证封头的制造质量和避免筒体与封头间的环向焊缝受到边缘应力的作用。

受内压（凹面受压）的椭圆形封头的计算壁厚为：

$$S=\frac{Kp_cD_i}{2[\sigma]^t\phi-0.5p_c}=\frac{Kp_cD_o}{2[\sigma]^t\varphi-0.5p_c+2}$$

$$K=\frac{1}{6}\left[2+\left(\frac{D_i}{2h_i}\right)\right]^2 \tag{8.35}$$

而对于标准椭圆形封头，$K=1.00$，故有：

$$S=\frac{p_cD_o}{2[\sigma]^t\phi-0.5p_c+2}=\frac{0.6\times600}{2\times113\times0.85-0.5\times0.1+2}=1.8\text{（mm）} \tag{8.36}$$

封头厚度和标准椭圆形封头的直边高度见表 8.8 和表 8.9。

表 8.8　　　　　　　　　　　　封头厚度

DN/mm	材料	壳程或管程公称压力 PN/MPa					
		0.6	1.0	1.6	2.5	4.0	6.4
		厚度/mm					
600	Q235－A/B/C	8	8	8	10	—	—
	16MnR	8	8	8	8	10	16
	1Cr18Ni9Ti	5	5	6	8	12	18

表 8.9　　　　　　　　标准椭圆形封头的直边高度 h_o　　　　　　　　单位：mm

封头材料	碳素钢	普低钢	复合钢板	不锈钢		
封头壁厚	4～8	10～18	≥20	3～9	10～18	≥20
直边高度	25	40	50	25	40	50

由以上壳体和管箱壳体的尺寸结构应选择的封头为 $DN = 600\text{mm}$，材料为 Q235-A，封头厚度为 8mm，直边高度为 25mm。

8.4.2 管板与换热管

1. 管板

管板是管壳式换热器的一个重要元件，它除了与管子和壳体等连接外，还是换热器中的一个主要受压元件。对于管板的设计，除满足强度要求外，同时应合理考虑其结构设计。

（1）管板结构。如图 8.5 所示为固定式管板式换热器兼作法兰的管板，管板与法兰连接的密封面为凸面，分程隔板槽拐角处，倒角 $10 \times 45°$。

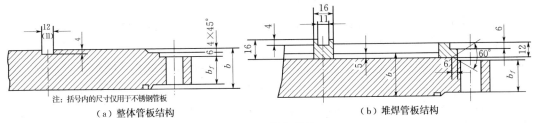

注：括号内的尺寸仅用于不锈钢管板
（a）整体管板结构

（b）堆焊管板结构

图 8.5 管板结构

低合金钢管板的隔板槽宽度为 12mm，不锈钢管板为 11mm，槽深一般不小于 4mm。

（2）管板最小厚度。管板最小厚度除满足计算要求外，当管板和管热管采用焊接时，应满足结构式和制造的要求，且不小于 12mm。若管板采用复合管板，其复层的厚度应不小于 3mm。对有腐蚀性要求的复层，还应保证距复层表面深度不小于 2mm 的复层化学成分和金相组织复层材料的要求。

当管板和换热管采用胀接时，管板的最小厚度（不包括腐蚀裕度）应满足表 8.10。若管板采用复合管板。

表 8.10   胀接时的管板最小厚度

	换热管外径 d_0/mm	$\leqslant 25$	$> 25 \sim < 50$	$\geqslant 50$
最小厚度	用于易燃易爆及有毒介质的场合		$\geqslant d_o$	
$\delta_{\min}$	用于无害介质的一般场合	$\geqslant 0.75d_o$	$\geqslant 0.70d_o$	$\geqslant 0.65d_o$

（3）管板尺寸。管板尺寸如图 8.6 所示。根据《管壳式换热器》（GB 151—1999）的规定，碳钢、低合金钢固定管板式换热器的管板（16Mn 锻件）在 $PN \leqslant 1\text{MPa}$、$DN = 600$ 的管板尺寸见表 8.11。

表 8.11 $DN = 600$ 管板尺寸

P_s	P_t	D	D_1	D_2	D_3	D_4	D_5	螺柱（栓）				
								$R\ h\ C$	D_2	规格	数量	h_f	b
0.6	1.0	730	690	655	597	642	600	12.5	23	M20	24	32	42

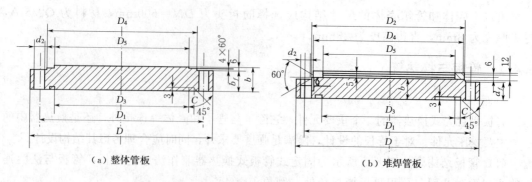

（a）整体管板　　　　　　　　　　　　（b）堆焊管板

图 8.6　管板尺寸图（用于壳程 $PN<1.0\text{MPa}$）

2. 换热管

（1）管程分程。换热器的换热面积较大而管子又不是很长时，就得排列较多的管子。为了提高流体在管内的流速，增大管内传热系数，就必须将管束分程，分程可采用不同的组合方法，但是每程中的管数应该大致相同，分程隔板应该尽量简单，密封长度应短。管程数一般有 1、2、4、6、8、10 和 12 等 7 种。偶数管程的换热器无论对制造、检修或是操作都比较方便，所以使用最多。除单程外，奇数管程一般少用，程数不能分得太多，不然隔板要占去相当大的布管面积。

（2）换热管的规格和尺寸偏差。碳钢、低合金钢换热管的规格和尺寸偏差见表 8.12。

表 8.12　碳钢、低合金钢的换热管的规格和尺寸偏差　　　　　　　　单位：mm

材料	换热管标准	管子规格		高精度、较高精度		普通精度	
		外径	厚度	外径偏差	壁厚偏差	外径偏差	壁厚偏差
碳钢、低合金钢	GB/T 8163 GB 9948	≥14~30	2~2.5	±0.20	+12%	±0.40	+15%
		>30~50	2.5~3.5	±0.30	-10%	±0.45	-10%
		57	3.5	0.8%	10%	±1.0%	+12%
							-10%

选换热管为 10 号碳钢，$L=3000\text{mm}$；$\phi25\times2.5$

密度 $\gamma=7850\text{kg/m}^3$，熔点 $t_m=(1400\sim1500)℃$

比热 $c_p=460.5\text{J/(kg}\cdot\text{K)}$，导热系数 $\lambda=(46.5\sim58.2)\text{W/(m}\cdot\text{K)}$

膨胀系数 $\alpha=11.2\times10^{-6}℃^{-1}$，电阻率 $\rho=(0.11\sim0.13)\text{mm}^2/\text{m}$

弹性模数 $E=(196\sim206)\times10^3\text{MPa}$，泊松比 $\mu=(0.24\sim0.28)$

见表 8.13 为 10 号碳钢的许用应力。

表 8.13　10 号碳钢的许用应力

钢号	钢板标准	厚度 /mm	常温压强指标		在下列温度（℃）下的许用应力/MPa		
			σ_b/MPa	σ_t/MPa	≤20	100	150
10	GB 8163	≤10	335	205	112	112	108
	GB 9948	≤16	335	205	112	112	108
	GB 6479	≤16	335	205	112	112	108
		17~40	335	195	112	110	104

（3）换热管的排列。

换热管的排列型式主要有以下 4 种，如图 8.7 所示。

（a）三角形　　　（b）转角三角形　　　（c）正方形　　　（d）转角正方形

图 8.7　换热管的排列型式

等边三角形排列用的最为普遍，因为管子间距都相等，所以在同一管板面积上可排列的管子数最多，便于管板的划线和钻孔。但管间不易清洗，TEMA 标准规定，当壳程需要机械清洗时，不得采用三角形型式。

在壳程需要进行机械清洗时，一般采用正方形排列，管间通道沿整个管束应该是连续的，而且要保证 6mm 的清洗通道。

图 8.7 中的（a）和（d）两种排列方式，在折流板间距相同的情况下，其流通截面要比图 8.7 中的（b）和（c）两种的小，有利于提高流速，因此更加合理些。此换热器即采用三角形排列方式。

（4）换热管中心距。换热管中心距，最小应为管子外径的 1.25 倍，多管程的分程隔板处的换热管中心距，最小应为换热管中心距加隔板槽密封面的厚度，以保证管间小桥在胀接时有足够的强度。在此用焊接方法连接管板和管子时，管间距可以小些，但是要保证壳程清洗时，有 6mm 的清洗通道。当壳程用于蒸发过程时，为使气相更好地逸出，管间距可以大到 1.4 倍管外径。按 GB 151—1999 规定，常用的换热管中心距见表 8.14。

表 8.14　换热管中心距

换热管外径 d	10	12	14	16	19	20	25	30	32	35	38	45	50	55	57
换热管中心距	13~14	16	19	22	25	26	32	38	40	44	48	57	64	70	72
分程隔板槽两侧相邻管中心距 S_n	28	30	32	35	38	40	44	50	52	56	60	68	76	78	80

图 8.8 所示为分程隔板槽两侧相邻管中心距。

对于换热管外径为 25mm 的管子，换热管中心距取 32mm，分程隔板槽两侧相邻管中心距为 44mm。

（5）布管限定圆 D_L。布管限定圆为管束最外层换热管中心圆直径，如图 8.9 所示，布管限定圆按表 8.15 确定。

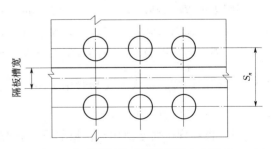

图 8.8　分程隔板槽两侧相邻管中心距 S_n

表 8.15 　　　　　　　　　　　　　　　布 管 限 定 圆

换热器型式	固定管板式、U 形管式	浮头式
布管限定圆 D_L	$D_i - 2b_3$	$D_i - (b_1 + b_2 + b)$

b 的值		b_n、b_l 的值		
D_i	b	D_i	b_n	b_l
<1000	>3	$\leqslant 700$	$\geqslant 10$	3
$1000 \sim 2600$	>4	>700	$\geqslant 13$	5

其中：b_n——垫片厚度。

$$b_2 = b_n + 1.5 \ （mm）$$

b_3——固定管板换热器或 U 形管换热器管束最外层换热管外表面至壳体内壁的最短
　　距离，$b_3 = 0.25d$ 且不小于 8mm。

D——换热管外径，mm；

D_i——换热管筒体内直径，mm；

D_L——布管限定圆直径，mm。

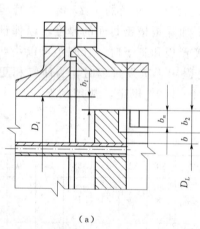

（a）　　　　　　　　　　　　　　　　　　　（b）

图 8.9　管束

由之前的条件可知：$b_3 = 0.25d = 0.25 \times 25 = 6.25$mm；

则 $D_L = D_i - 2b_3 = 600 - 2 \times 6.25 = 587.5$mm。

除了考虑布管限定圆直径外，换热管与防冲板间的距离也需要考虑。通常，换热管外
表面与邻近防冲板表面间的距离，最小为 6mm。换热管中心线与防冲板板厚中心线或上
表面之间的距离，最大为换热管中心距的 $\dfrac{\sqrt{3}}{2}$。

（6）换热管排列原则。

1）换热管排列原则如下：换热管的排列应该使整个管束完全对称。在满足布管限定
圆直径和换热管与防冲板的距离规定的范围内，应该全部布满换热管。拉杆应尽量均匀布
置在管束的外边缘。在靠近折流板缺边的位置处应布置拉杆，其间距小于或等于 700mm。

拉杆中心与折流板缺边的距离应尽量控制在换热管中心距的 $(0.5\sim 1.5)\sqrt{3}$ 范围内。

多管程的各程管数应尽量相等，其相对误差应控制在 10% 以内，最大不得超过 20%。相对误差计算公式：

$$\Delta N=\frac{|N_{cp}-N_{\min(\max)}|}{N_{cp}}\times 100\%\tag{8.37}$$

式中　N_{cp}——各程平均数，$N_{cp}=\dfrac{\text{总管数}}{\text{管程数}}$；

　　　$N_{\min(\max)}$——各程中最小（或最大）管数。

　　总管数：222；

　　管程数：4；

　　平均每程管数：$N_{cp}=55$；

　　各程管数：$N_{\min}=51$（3 程），$N_{\max}=60$（1 程）；

　　中心一行的管数 $N_r=587.5/32=18$；

　　采用正三角形排列，层数为 8 层；

2）管程分布：图 8.10 所示为管程分布图。

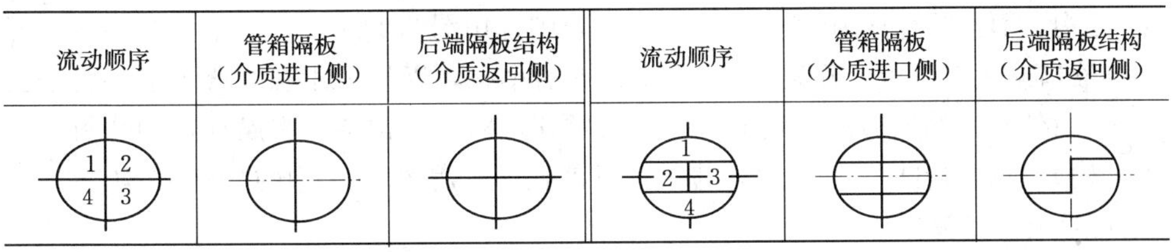

流动顺序	管箱隔板 （介质进口侧）	后端隔板结构 （介质返回侧）	流动顺序	管箱隔板 （介质进口侧）	后端隔板结构 （介质返回侧）

图 8.10　管程分布图

8.4.3　进出口设计

在换热器的壳体和管箱上一般均装有接管或接口以及进出口管。在壳体和大多数管箱的底部装有排液管，上部设有排气管，壳侧也常设有安全阀接口以及其他诸如温度计、压力表、液位计和取样管接口。对于立式管壳式换热器，必要时还应设置溢流管。由于在壳体、管箱壳体上开孔，必然会对壳体局部位置的强度造成削弱。因此，壳体、管箱壳体上的接管设置，除考虑其对传热和压降的影响外，还应考虑壳体的强度以及安装、外观等因素。

1. 接管外伸长度

接管外伸长度也叫接管伸出长度，是指接管法兰面到壳体（管箱壳体）外壁的长度。可按式（8.38）计算，即：

$$l\geqslant h+h_l+\delta+15\tag{8.38}$$

式中　l——接管外伸长度，mm；

　　　h——接管法兰厚度，mm；

　　　h_l——接管法兰的螺母厚度，mm；

　　　δ——保温层厚度，mm。

除按式（8.38）计算外，接管外伸长度也可由表 8.16 的数据选取。

表 8.16　　　　　　　　　　　　　　*PN*<4.0MPa 的接管外伸长度

DN ＼ δ	0~50	51~75	76~100	101~125	126~150	151~175	176~200
80	150	150	200	200	250	250	300
150	200	200	200	200	250	250	300

由于是冷却器，不需要设置保温层故 δ=0。因此壳程接管外伸长度为 150mm，管程接管外伸长度为 200mm。

2. 排气、排液管

为提高传热效率，排除或回收工作残液（气）及凝液，凡不能借助其他接管排气或排液的换热器，应该在其壳程和管程的最高、最低点，分别设置排气和排液接管。排气、排液接管的端部必须与壳体或管箱壳体内壁平齐，其结构如图 8.11 所示。排气口和排液口的尺寸一般不小于 φ15mm。

卧式换热器的排气、排液口多采用图 8.11 中的（a）结构，设置的位置分别在壳体、管箱壳体的上部和底部。在立式换热设备中，当公称压力 *PN*<2.5MPa 时，多采用图 8.11 中的（b）结构，而当公称压力 *PN*>2.5MPa 时，则选用图 8.11 中的（c）、（d）结构。即壳程排气、排液口采用在管板上开设不小于 φ16mm 的小孔，管端采用螺塞或焊上接管法兰。图 8.11 所示中的（c）结构通道易堵塞，螺塞易锈死，对于不清洁、有腐蚀性的物料，不宜采用这种结构。换热器管间为蒸汽时，排气、排液孔可采用图 8.11 中的（e）结构。

3. 接管最小位置

在换热器的设计中，为了使传热面积得以充分利用，壳程流体进、出口接管应尽量靠近两端管板，而管箱进、出口接管应尽量靠近管箱法兰，可缩短管箱壳体长度，减轻设备重量。然而，为了保证设备的制造、安装，管口距管板或管箱法兰的距离也不能靠得太近，它受到最小位置的限制。

（1）壳程接管位置的最小距离。

如图 8.12 所示为壳程接管的位置。

壳程接管位置的最小尺寸，可按下式进行计算：

带补强圈接管：
$$L_1 \geqslant \frac{D_H}{2} + (b-4) + C \text{（mm）}$$

不带补强圈接管：
$$L_1 \geqslant \frac{d_H}{2} + (b-4) + C \text{（mm）}$$

以上两式中取 C≥4S（S 为管箱壳体厚度，mm），且≥30mm。

（2）管箱接管尺寸的最小位置。

图 8.13 所示为管箱接管的位置。

管箱接管位置的最小尺寸，可按下式进行计算：

带补强圈接管：
$$L_1 \geqslant \frac{D_H}{2} + h_f + C \text{（mm）}$$

不带补强圈接管：
$$L_1 \geqslant \frac{d_H}{2} + h_f + C \text{（mm）}$$

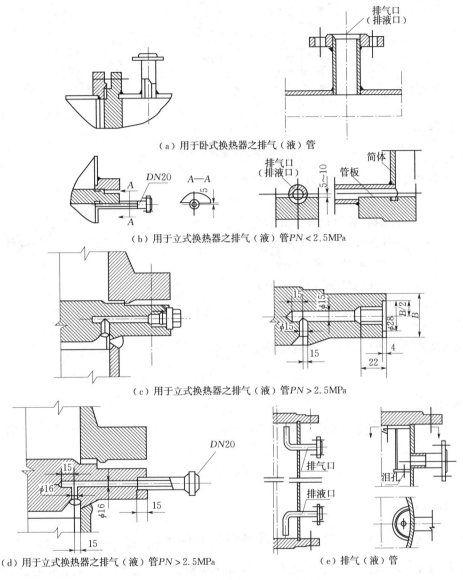

（a）用于卧式换热器之排气（液）管

（b）用于立式换热器之排气（液）管PN < 2.5MPa

（c）用于立式换热器之排气（液）管PN > 2.5MPa

（d）用于立式换热器之排气（液）管PN > 2.5MPa

（e）排气（液）管

图 8.11 换热器排液、排气接管结构

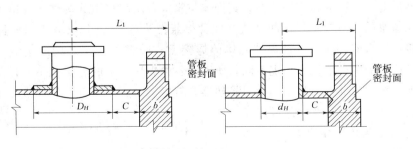

图 8.12 壳程接管的位置

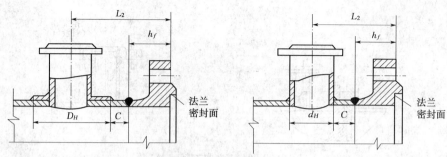

图 8.13　管箱接管的位置

以上两式中取 $C \geqslant 4S$（S 为管箱壳体厚度，mm），且不小于 30mm。

式中　b，h_f——管板厚度，mm；

L_1/L_2——壳程/管箱接管位置最小尺寸，mm；

C——补强圈外缘（无补强圈时，为管外壁）至管板（或法兰）与壳体连接焊缝之间的距离，mm；

D_H——补强圈外圆直径，mm；

d_H——接管外径，mm。

取 $C=4S=32$mm。

壳程接管不带补强圈，故壳程接管位置的最小尺寸为：

$$L_1 \geqslant \frac{d_H}{2} + (b-4) + C = \frac{80}{2} + (42-4) + 32 = 110 \text{（mm）} \tag{8.39}$$

取 $L_1=120$mm。

管箱接管带补强圈，且补强圈外圆直径为 $D_H=300$mm，故管箱接管位置的最小尺寸为：

$$L_1 \geqslant \frac{D_H}{2} + h_f + C = \frac{300}{2} + 42 + 32 = 222 \text{（mm）} \tag{8.40}$$

取 $L_2=230$mm。

8.4.4　壳体与管板、管板与法兰及换热管的连接

管板与壳体的连接型式分为两类，一类是不可拆卸式，如固定管板式换热器，管板与壳体是用焊接连接的。另一类是可拆卸式，如 U 形管式、浮头式、填料函式和滑动管板式的换热器。对于不可拆卸式换热器，其壳体与管板采用焊接型式的连接。由于设备直径的大小，壳体壁的厚薄以及管板的型式（如管板兼作法兰），所以必须考虑不同的焊接方式及焊接接点。目前，换热器管板与壳体的焊接型式较多，对于结构的优劣，施焊的难易，因各制造厂的生产工艺和装配不同，所以对各种焊接接点的看法也不一样。可拆卸式换热器，如浮头式、U 形及填料函式等换热器，管板本身不直接与壳体焊接，而是通过壳体上的法兰或夹持在两法兰之间固定。

1. 壳体与管板的连接结构

由于温度、压力及物料性质的差异，所以管板与壳体的固定型式要求也不尽相同。对于不可拆卸式的固定管板式换热器，从结构上看有两种型式，一种是管板兼作法兰，如图

8.14（a）所示，另一种是夹持式固定管板。

当材料为碳钢时，一般都采用管板兼作法兰；在直径较大，材料为不锈钢及有色金属作管板时，也可考虑采用夹持式固定管板，这样有利于节省材料。

图 8.14 中管板背面不开槽，结构简单。当直径较小时，在壳体内进行焊接的情况下，可采用如图 8.14（b）所示的型式。

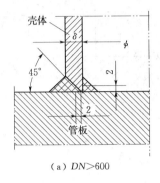 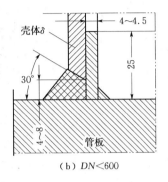

（a）DN＞600   （b）DN＜600

图 8.14　壳体与管板焊接

管板两端采用相同的结构，对于大直径设备，人可以进入壳体内焊接时，则可将壳体长度分为两段，当与管板焊接好后，再将两半壳体焊接起来，这比做两个短节方便，尤其是当壳体较长时，这样做可以减少焊接的工作量。显然设计出的换热器不属于此列。那么对于小直径的换热器，无法在壳体内进行焊接时，则可采用两个短节与管板焊接后，在进行与壳体的焊接，这种结构的优点是焊接强度好，如图 8.15 和图 8.16 所示。

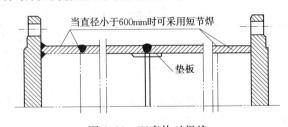

图 8.15　双壳体对焊接

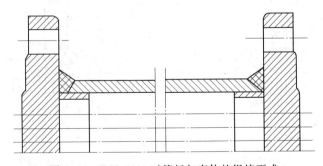

图 8.16　DN＜600 时管板与壳体的焊接型式

当 DN＜600 时，壳体两端与管板的焊接型式均可采用如图 8.17 所示的型式，该结构焊接质量易保证，M 般允许适用于操作压力 4MPa。

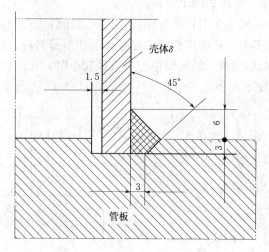

图 8.17 管板与壳体的焊接型式

此设计换热器采用的材料为碳钢，宜使用兼作法兰的管板，其与圆筒的连接结构如图 8.18 所示。

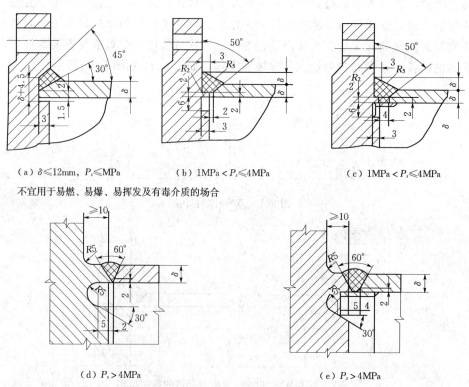

（a）$\delta \leqslant 12$mm，$P_s \leqslant$MPa

不宜用于易燃、易爆、易挥发及有毒介质的场合

（b）1MPa $< P_s \leqslant$4MPa

（c）1MPa $< P_s \leqslant$4MPa

（d）$P_s > 4$MPa

（e）$P_s > 4$MPa

图 8.18 兼作法兰的管板圆筒的连接结构

2. 管板与法兰的连接

管板与法兰的连接，当管板兼作法兰时，管箱与法兰的连接一般都为固定管板式换热

器。管板被两法兰夹持而固定的如 U 形、浮头、填料函及滑动管板式等类型的换热器，由于需要经常洗涤或定期更换管束，所以必须将管板做成可拆卸式。管板与法兰的连接结构型式较多，随着压力的大小、温度的高低以及物料性质、耐腐蚀情况不同，连接处的密封要求，法兰型式也不同，所以在设计中合理地选择连接型式，对设备的制造和节约各种材料都有十分重要的意义。

固定式管板换热器的管板可兼作法兰，与管箱法兰的连接型式比较简单，除了满足工艺条件外，选择一定的密封面型式外，按压力和温度来选用法兰的结构型式，如图 8.19 所示为固定管板式换热器管板的连接型式。

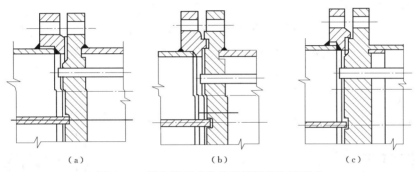

（a）　　　　　　　　　（b）　　　　　　　　　（c）

图 8.19　固定管板式换热器管板的连接型式

图 8.19 中的（a）结构型式使用在管程与壳程的操作压力为 1MPa，而对气密性要求不高的情况下，当气密性要求较高时，可选用图 8.19 中的（b）结构形式，虽然榫槽密封面具有良好的密封性能，但是由于其制造要求较高、加工困难、垫片窄和安装不方便等缺点，所以一般情况下，尽可能采用凹凸面的型式来代替如图 8.19 所示中的（c）结构型式。

图 8.20 所示为凹凸面密封结构图。

在管板密封面内侧作一高出 h 尺寸的凸台，而管箱法兰设有 h 尺寸的凹槽，安装时，高出 h 尺寸的凹槽组成槽面，垫片

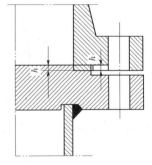

图 8.20　凹凸面密封结构

受槽面阻挡不致从两旁挤出，密封性能比凹凸面好，更换垫片亦较方便，图 8.21 所示为混合结构。

为了节约不锈钢和各种有色金属，在设计中应尽量考虑用碳钢、低合金钢来代替，在目前的设计和使用中，已广泛采用混合结构的形式，如图 8.22 所示为密封面结构形式。

3. 管子与管板的连接

对于管子与管板的连接结构形式，主要有以下几种：①胀接。②焊接。③胀焊结合。这几种型式除本身结构固有的特点外，在加工中，还与生产条件和操作技术都有一定的关系。且无论采用何种连接型式，都必须保证连接处能够满足设计所需的密封性和具有足够的抗拉脱强度。由之前的论述可知，此换热器只能采用焊接的连接结构形式来连接管子与管板。下面对焊接进行主要介绍。

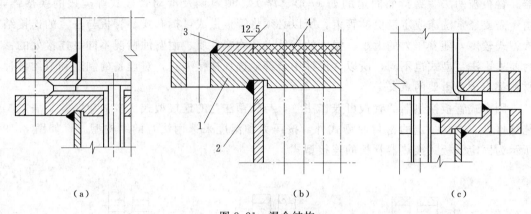

（a）　　　　　　　　　　　　（b）　　　　　　　　　（c）

图 8.21　混合结构

1—管板；2—简体；3—密封面（必须在焊后加工）；4—堆焊

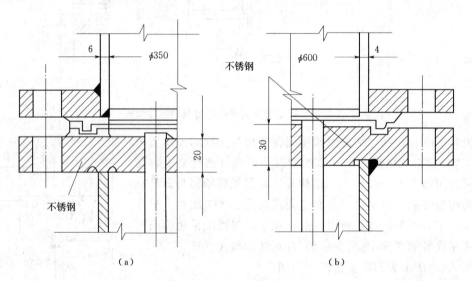

（a）　　　　　　　　　　　　　　　（b）

图 8.22　管板上密封面型式

　　焊接分为强度焊接与密封焊接两种。密封焊接是为了保证换热管与管板连接密封性能的焊接。而强度焊接则是为保证换热管与换热管密封性—抗拉脱强度的焊接。

　　管子与管板的焊接，目前应用较为广泛，由于管孔不需开槽，而且管孔的粗糙度要求不高，管子端部不需要退火和磨光，因此制造加工简便。焊接结构强度高，抗拉脱力强，当焊接部分渗漏时，如需调换管子，可采用专用刀具拆卸焊接破漏管，反而比拆卸胀管方便。

　　管子与管板的强度焊接，它适用于管板和换热管的材质为碳钢、低合金钢、不锈钢和在碳钢或低合金钢管板上不锈钢的各种压力、各种温度下使用的换热器。这种连接，由于在换热管和管孔之间有间隙，所以对壳程物料由间隙腐蚀和在操作过程中震动较大的换热器，不宜使用。强度焊接的结构尺寸，按 GB 151—1999 规定，强度焊接的结构型式及尺寸如图 8.23 所示和见表 8.17。

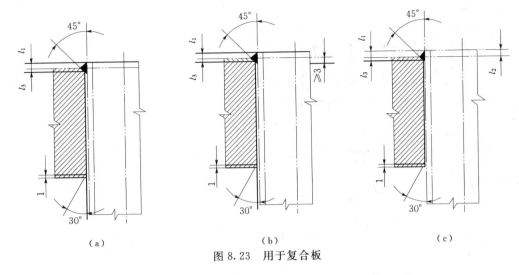

图 8.23 用于复合板

表 8.17   换热管外伸长度

换热管规格 外径×壁厚	10×1.5	12×1.0	14×1.5	16×1.5	19×2	25×2	32×2.5	38×3	45×3	57×3.5
换热管最小 l_1	0.5		1.0		1.5		2.0		2.5	3.0
伸出长度 l_2	1.5		2.0		2.5		3.0		3.5	4.0
最小坡口深度 l_3	1.0				2		2.5			

在选用表 8.17 和图 8.23 时，应当注意以下几个问题：当工艺要求管端伸出长度小于表 8.17 所列的数值时，可适当加大管板坡口深度或表 8.17 的结构型式。

换热管直径与壁厚与表 8.17 所列的数值不相同时，l_1、l_2、l_3 值可适当调整。

图 8.23（c）用于压力较高的工况；图 8.23（a）的结构用于碳钢、低合金钢和整体不锈钢管板的换热器；图 8.23（b）的结构，用于堆焊不锈钢钢板的换热器。

8.4.5 折流板或支持板

折流板或支持板（以下简称折流板）的结构设计，主要根据工艺过程及要求来确定，设置折流板的主要目的是为了增加壳程流体的流速，提高壳程的传热膜系数，从而达到提高总传热系数的目的。同时，设置折流板对于卧式换热器的换热管具有一定的支撑作用，当换热管过长，而管子承受的压应力过大时，在满足换热器壳程允许压降的情况下，增加折流板的数量，减小折流板间距，对于焊接换热管的手里状况和防止流体流动诱发震动有一定的作用。而且，设置折流板也有利于换热管的安装。

8.4.5.1 折流板型式

折流板的型式有弓形折流板、圆盘—圆环形（也称盘—环形）折流板和矩形折流板。最常用的折流板是弓形折流板和圆盘—圆环形折流板。

此换热器使用弓形折流板。而弓形折流板又分为单弓形、双弓形和三弓形，大部分换热器都采用单弓形折流板。其流体流动方式及结构型式如图 8.23 所示。

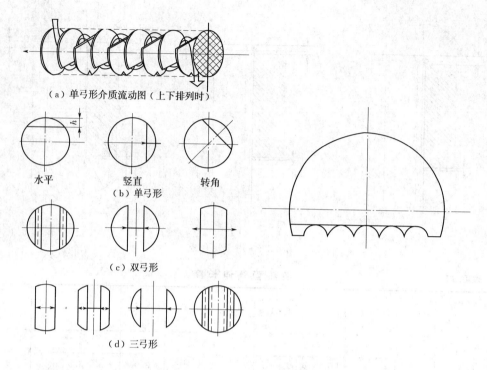

（a）单弓形介质流动图（上下排列时）

水平　　　　竖直　　　　转角

（b）单弓形

（c）双弓形

（d）三弓形

图 8.24　弓形折流板介质流动方式及结构形式图

8.4.5.2　折流板尺寸

1. 弓形折流板的缺口高度

弓形折流板的缺口高度应使流体通过缺口时与横过管束时的流速接近。缺口大小用切去的弓形高度占到圆筒直径的百分比来确定单弓形折流板缺口如图 8.24 所示。缺口弦高也可取 0.20～0.45 倍的圆筒内直径。弓形折流板的缺口按图 8.24 切在管排中心线以下，或切与两排管孔的小桥。

2. 折流板或支持板最小厚度

表 8.18 为折流板最小厚度表。

表 8.18　　　　　　　　　　　折 流 板 最 小 厚 度

公称直径 DN	换热管无支撑跨距 l					
	≤300	>300～600	>600～900	>900～1200	>1200～1500	1500
	折流板或支持板最小厚度					
400～≤700	4	5	6	10	10	12

3. 折流板或支持板管孔

Ⅰ级管束（适用于碳素钢、低合金钢和不锈钢换热器）折流板或支持板管孔直径及允许偏差应符合表 8.19。

表 8.19 折流板或支持板管孔直径及允许偏差

换热管外径或无支撑跨距	$d>32$ 或 $l \leqslant 900$	$l>900$ 且 $d \leqslant 32$
管孔直径	$d+0.8$	$d+0.4$
允许偏差	$\begin{matrix} +0.4 \\ 0 \end{matrix}$	

Ⅱ级管束（适用于碳素钢和低合金钢）折流板或支持板管孔直径及允许偏差应符合表 8.20。

表 8.21 为折流板或支持板外直径及允许偏差。

表 8.20 折流板或支持板管孔直径及允许偏差

换热管外径	14	16	19	25	32	38	45	57
管孔直径	14.6	16.6	19.6	25.8	32.8	38.8	45.8	58.0
允许偏差	$\begin{matrix}+0.40\\0\end{matrix}$				$\begin{matrix}+0.45\\0\end{matrix}$		$\begin{matrix}+0.50\\0\end{matrix}$	

表 8.21 折流板或支持板外直径及允许偏差

公称直径 DN	<400	$400\sim<500$	$500\sim<900$	$900\sim<1300$	$1300\sim<1700$	$1700\sim<2000$	$2000\sim<2300$	$2300\sim\leqslant2600$
折流板名义直径	$DN-2.5$	$DN-3.5$	$DN-4.5$	$DN-6$	$DN-8$	$DN-10$	$DN-12$	$DN-14$
折流板外直径允许偏差	$\begin{matrix}0\\-0.5\end{matrix}$		$\begin{matrix}0\\-0.8\end{matrix}$		$\begin{matrix}0\\-1.2\end{matrix}$		$\begin{matrix}0\\-1.4\end{matrix}$	$\begin{matrix}0\\-1.6\end{matrix}$

注 用 $DN\leqslant426$mm 无缝钢管做圆筒时，折流板名义外径为无缝钢管实际内径减 2mm。

8.4.5.3 折流板的布置

1. 折流板的布置

一般应使管束两端的折流板尽可能地靠近壳程进、出口接管，其余折流板按等距离布置，其尺寸可按式（8.41）计算：

$$l=\left(L_1+\frac{B_2}{2}\right)-(b-4) \tag{8.41}$$

式中 L_1——壳程接管位置的最小尺寸；

B_2——为防冲板长度，当无防冲板时，可取 $B_2=d_i$。

卧式换热器的壳程为单相清洁流体时，折流板缺口应水平上下布置，若气体中含有少量液体时，则应在缺口朝上的折流板的最低处开通液口；若液体中含有少量气体时，则应在朝下的折流板最高处开通气口。卧式换热器、冷凝器和重沸器的壳程介质为气、液相共存或液体中含有固体物料时，折流板缺口应该垂直左右布置，并在折流板最低处开通液口。

2. 折流板间距

折流板最小间距一般不小于圆筒内直径的 1/5，且不小于 50mm；特殊情况下也可取较小的间距。折流板最大间距应保换热管的无支撑长度（包括相邻两块缺边方位相同的折流板间距和其他无支撑的换热管长度）不得超过表 8.22 的规定，用作折流时，其值尚应不大于壳体内径。

表 8.22　　　　　　　　最大无支撑跨距

换热管外径		10	12	14	16	19	25	32	38	45	57
最大无支撑跨距	钢管	—	—	1100	1300	1500	1850	2200	2500	2750	3200
	有色金属管	750	850	900	1100	1300	1600	1900	2200	2400	2800

注　1. 不同的换热管外径的最大无支撑跨距值，可用内插法查的。

　　2. 环向翅片管可用翅片根径作为换热管外径，在表中查取最大无支撑跨距，然后再乘以假定去掉翅片的管子与有翅片的管子单位长度重量比的 4 次方根（即成正比例缩小）。

　　3. 本表列出的最大无支撑跨距不考虑流体诱导振动。

8.4.5.4　支持板

当换热器不需要设置折流板，而换热管无支撑跨距超过相应的规定时，则应设置支持板，用来支撑换热管，以防止换热管产生过大的挠度。一般支持板都做成圆缺型较多。支持板的最小厚度应满足支撑的要求。而本换热器设置了折流板，因此可以不使用支持板。

8.4.5.5　折流板质量计算

折流板质量按式（8.42）进行计算：

$$Q=\left[\left(\frac{\pi}{4}D_a{}^2-A_f\right)-\left(\frac{\pi}{4}d_1^2n_1+\frac{\pi}{4}d_2^2n_2\right)\right]\delta \qquad (8.42)$$

式中　Q——折流板质量，kg；

　　D_a——折流板外圆直径，mm；

　　A_f——折流板或支持板切去部分的弓形面积，$A_f=D_a{}^2\times C$，mm；

　　$C^{[1]}$——系数，由 h_a/D_a 可查表；

　　h_a——折流板或支持板切去的弓形高度，mm；

　　d_1——管孔直径，mm；

　　d_2——拉杆孔直径，mm；

　　n_1——管孔数量；

　　n_2——拉杆空数量；

　　δ——折流板或支持板厚度，mm。

得 $Q=26.62$kg。

8.4.6　防冲与导流

为了防止壳程物料进口处流体对换热管表面积的直接冲刷，应在壳程进口管处设置防冲板。而在立式换热器中，为了使气、液介质更均匀地流入管间，防止流体对进口处的冲刷，并减少远离接管处的死区，提高传热效果，可考虑在壳程进口处设置导流筒。设置防冲板和导流筒的条件为：

（1）对于腐蚀性或有磨蚀性的气体、蒸汽及气液混合物，应设置防冲板。

（2）对于液体物料，当壳程进口处流体的 ρu^2（ρ 为流体密度，kg/m^3；u 为流体流速，m/s）为下列数值时，应在壳程进口处设置防冲板或导流筒。

1）非腐蚀性、非磨蚀性的单相液体，$\rho u^2 > 2300 kg/(m \cdot s^2)$ 者。

2）其他液体，包括沸点下的液体，$\rho u^2 > 740 kg/(m \cdot s^2)$ 者。

对壳程进出口接管距管板较远，液体停滞区过大时，应设置导流筒，以减少流体停滞区，增加换热管的有效换热长度。

8.4.7　拉杆与定距管

8.4.7.1　拉杆的结构和尺寸

1. 拉杆的结构型式

拉杆常用的结构型式有：

（1）拉杆定距管结构，如图 8.25（a）所示。此结构适用于换热管外径 $d \geqslant 19mm$ 的管束且 $l_2 > L_a$。

（2）拉杆与折流板点焊结构，如图 8.25（b）所示。此结构适用于换热管外径 $d \leqslant 14mm$ 的管束且 $l_1 \geqslant d$。

（3）当管板较薄时，也可采用其他的连接结构。

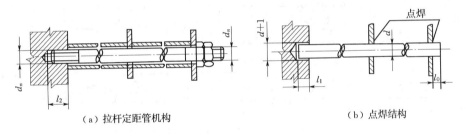

（a）拉杆定距管机构　　　　　　　（b）点焊结构

图 8.25　拉杆结构型式

这里选用拉杆定距管结构。

2. 拉杆的尺寸

拉杆的长度 L 按实际需要确定，拉杆的连接尺寸由图 8.26 和表 8.23 确定。

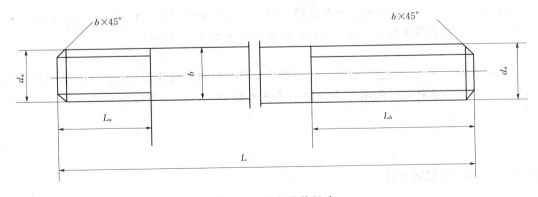

图 8.26　拉杆连接尺寸

表 8.23　　　　　　　　　　　　　　拉 杆 的 尺 寸

拉杆直径 d	拉杆螺纹公称直径 d_n	L_a	L_b	b
10	10	13	≥40	1.5
12	12	15	≥50	2.0
16	16	20	≥60	2.0

3. 拉杆的直径和数量

拉杆直径和数量按表 8.24、表 8.25 选用。

表 8.24　　　　　　　　　　　　　　拉 杆 直 径 选 用 表

换热管外径 d	$10 \leqslant d \leqslant 14$	$14 < d < 25$	$25 \leqslant d \leqslant 57$
拉杆直径 d_n	10	12	16

表 8.25　　　　　　　　　　　　　　拉 杆 数 量 选 用 表

拉杆直径 d_n/mm	壳体公称直径 d/mm								
	<400	≥400~<700	≥700~<900	≥900~<1300	≥1300~<1500	≥1500~<1800	≥1800~<2000	≥2000~<2300	≥2300~<2600
	拉杆数量								
10	4	6	10	12	16	18	24	28	32
12	4	4	8	10	12	14	18	20	24
16	4	4	6	6	8	10	12	12	16

由于换热管外径为 25mm，壳体公称直径为 600mm，故选取直径为 16mm 的拉杆，其数量为 4。

8.4.7.2　拉杆的位置

拉杆应尽量均匀布置在管束的外边缘，对于大直径的换热器，在布管区内或靠近折流板缺口处应布置适当数量的拉杆，任何折流板不应少于 3 个支承点。

8.4.7.3　定距管尺寸

定距管的尺寸，一般与所在换热器的换热管规格相同。对管程是不锈钢，壳程是碳钢或低合金钢的换热器，可选用与不锈钢换热管外径相同的碳钢管作定距管。定距管的长度，按实际需要确定。

8.5　换热器装配图

换热器装配图的绘制应按照国家工程制图相关标准进行绘制，如图 8.27 所示。

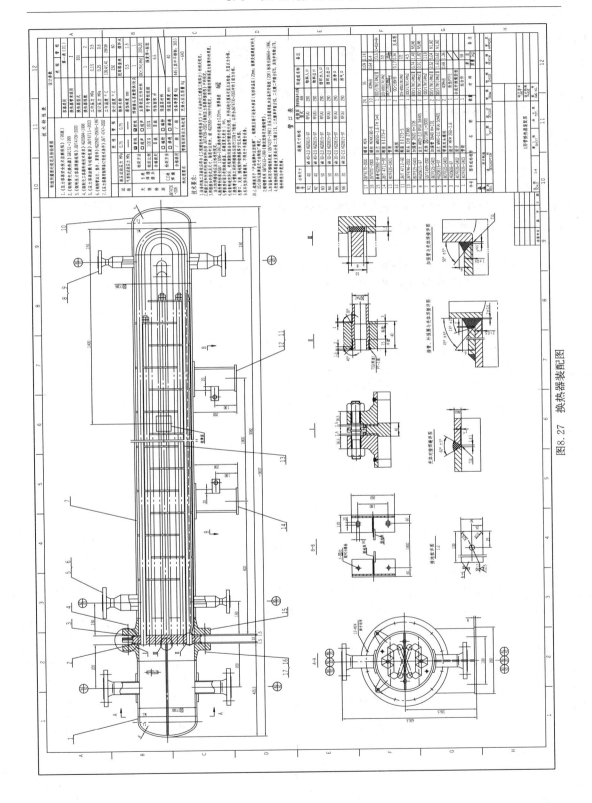

图8.27 换热器装配图

参 考 文 献

［1］　古波. 制冷换热器课程设计指导书. 上海交通大学，1992.

［2］　钱颂文，换热器手册. 北京：化学工业出版社，2002.

［3］　中华人民共和国国家标准. 钢制压力容器（GB 150—1998），1998.

［4］　中华人民共和国国家标准. 管壳式换热器（GB 151—1999），1999.

［5］　中华人民共和国化工行业标准. 容器、换热器专业设备数据表的格式与编制说明（HG/T 20701.7—2000），2000.

［6］　中华人民共和国行业标准. 椭圆形封头（JB/T 4737—95），1995.

［7］　中华人民共和国行业标准. 补强圈（JB/T 4746—2002）·钢制压力容器封头（JB/T 4736—2002），2002.

［8］　中华人民共和国化工行业标准. 钢制有缝对焊管件（HGJ 528—1990），1990.

［9］　中华人民共和国化工行业标准. 钢制管壳式换热器质量分等细则（HG/T 2389—92），1992.

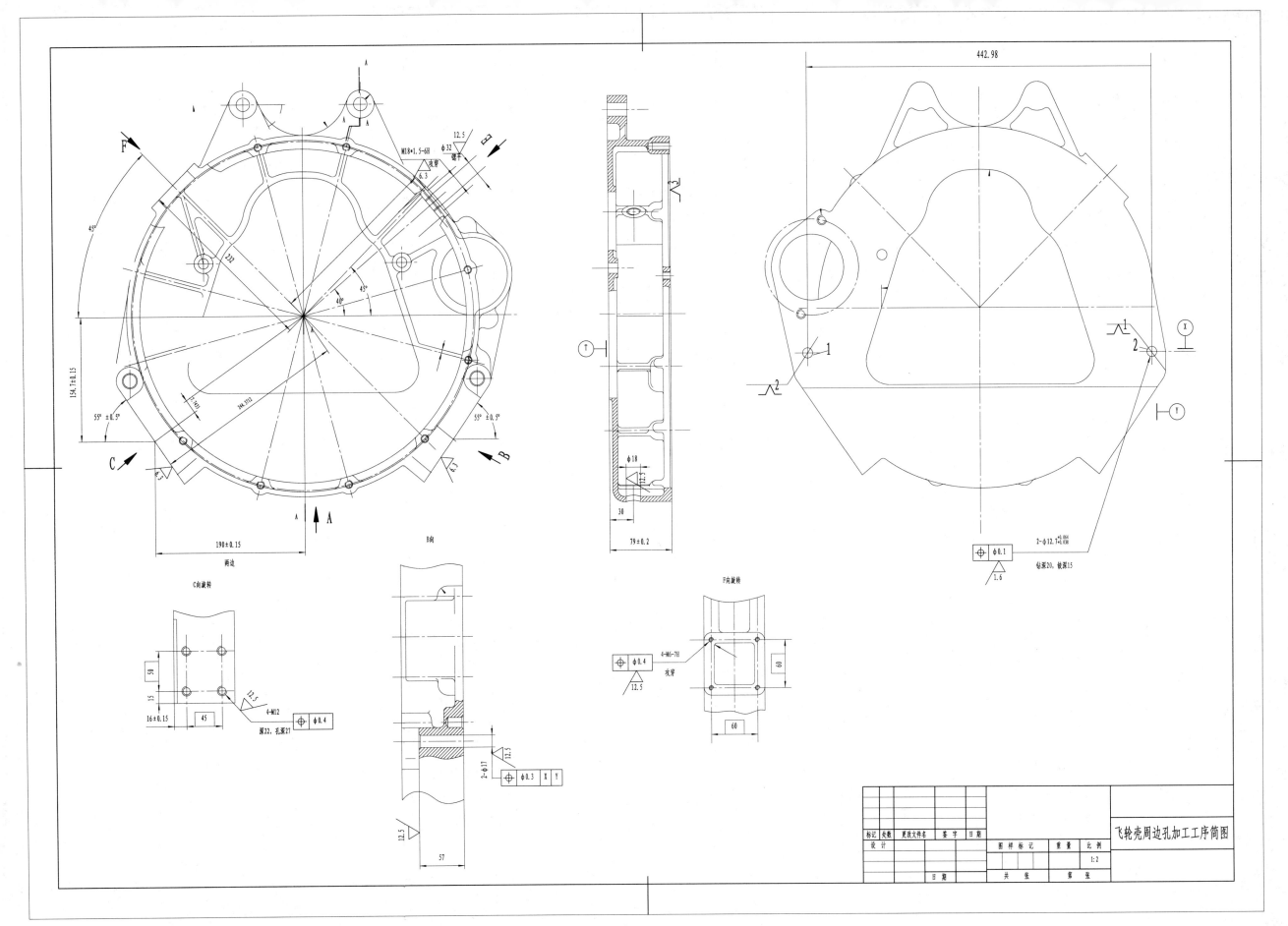

图2.1　4110飞轮壳零件图

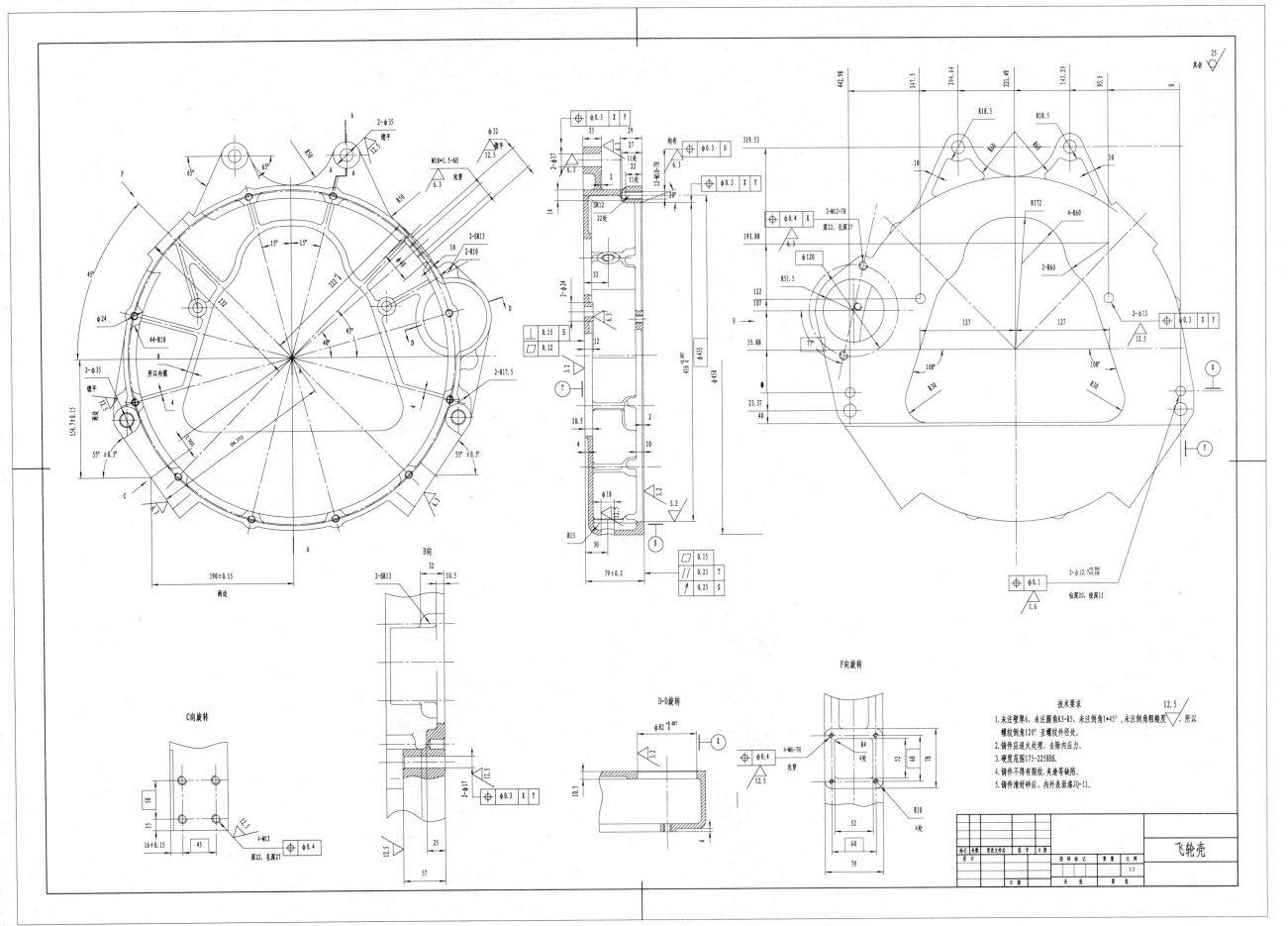

图2.2 钻削4110飞轮壳周边孔工序图

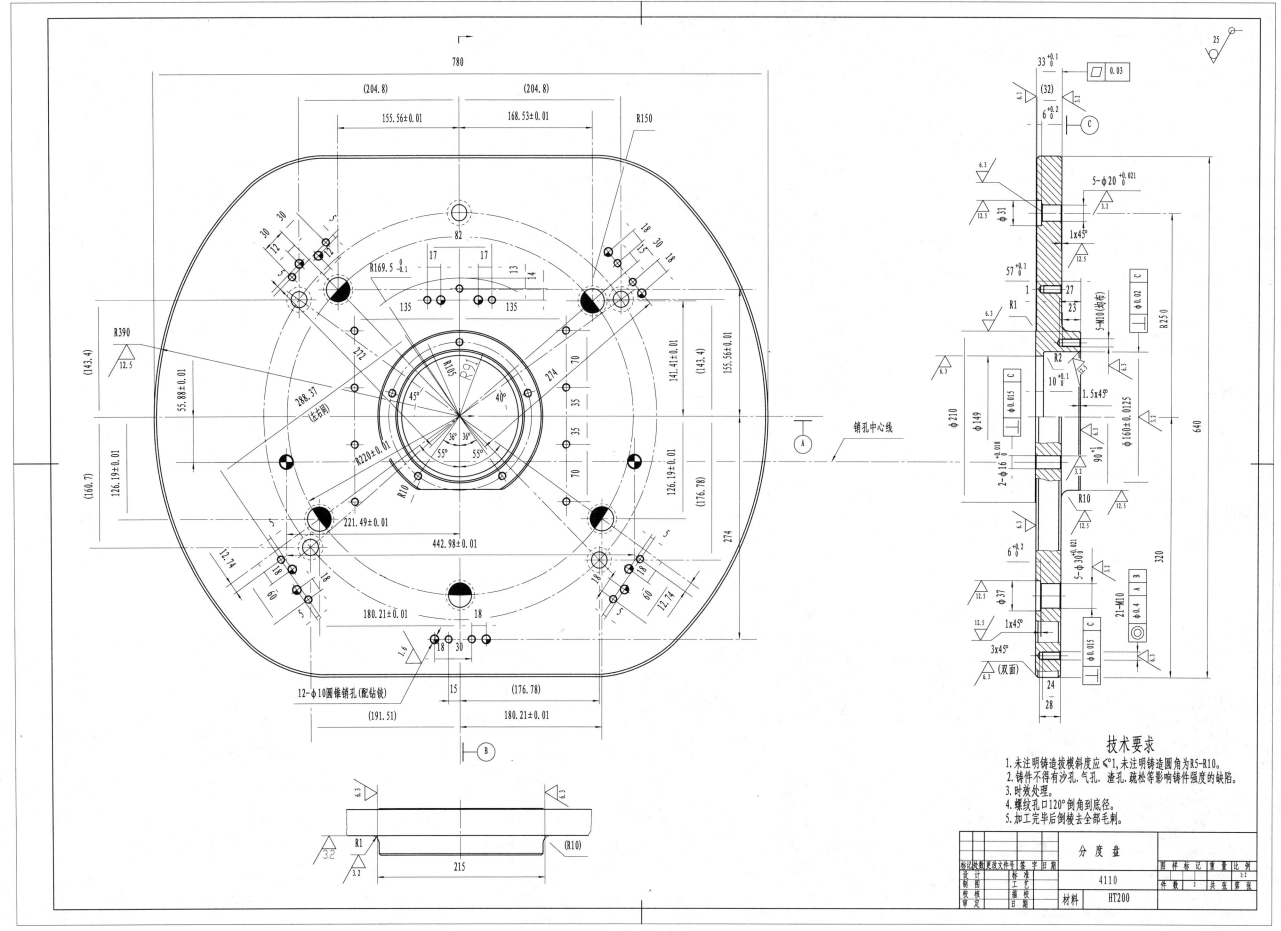

技术要求
1. 未注明铸造拔模斜度应≤°1，未注明铸造圆角为R5-R10。
2. 铸件不得有沙孔.气孔.渣孔.疏松等影响铸件强度的缺陷。
3. 时效处理。
4. 螺纹孔口120°倒角到底径。
5. 加工完毕后倒棱去全部毛刺。

12-φ10圆锥销孔(配钻铰)

销孔中心线

分度盘

4110

材料 HT200

图2.15　分度盘

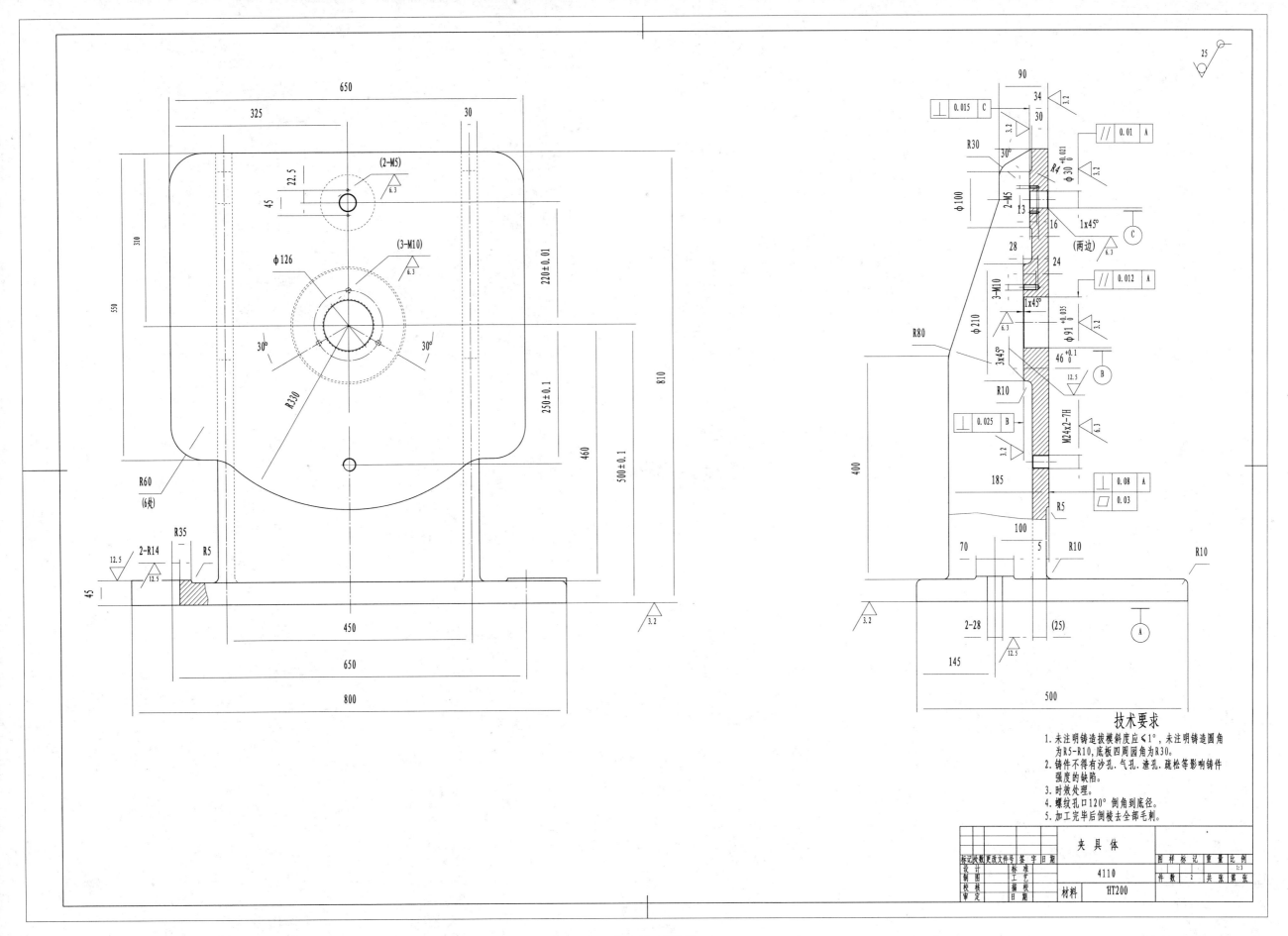

技术要求
1. 未注明铸造拔模斜度应≤1°，未注明铸造圆角为R5-R10，底板四周圆角为R30。
2. 铸件不得有沙孔. 气孔. 渣孔. 疏松等影响铸件强度的缺陷。
3. 时效处理。
4. 螺纹孔口120°倒角到底径。
5. 加工完毕后倒棱去全部毛刺。

标记	处数	更改文件号	签字	日期		夹 具 体		图样标记	重量	比例
设计		标准化								1:3
制图		工艺				4110		件数	2	共张 第张
校模		描校								
审定		日期		材料		HT200				

图2.16 夹具体

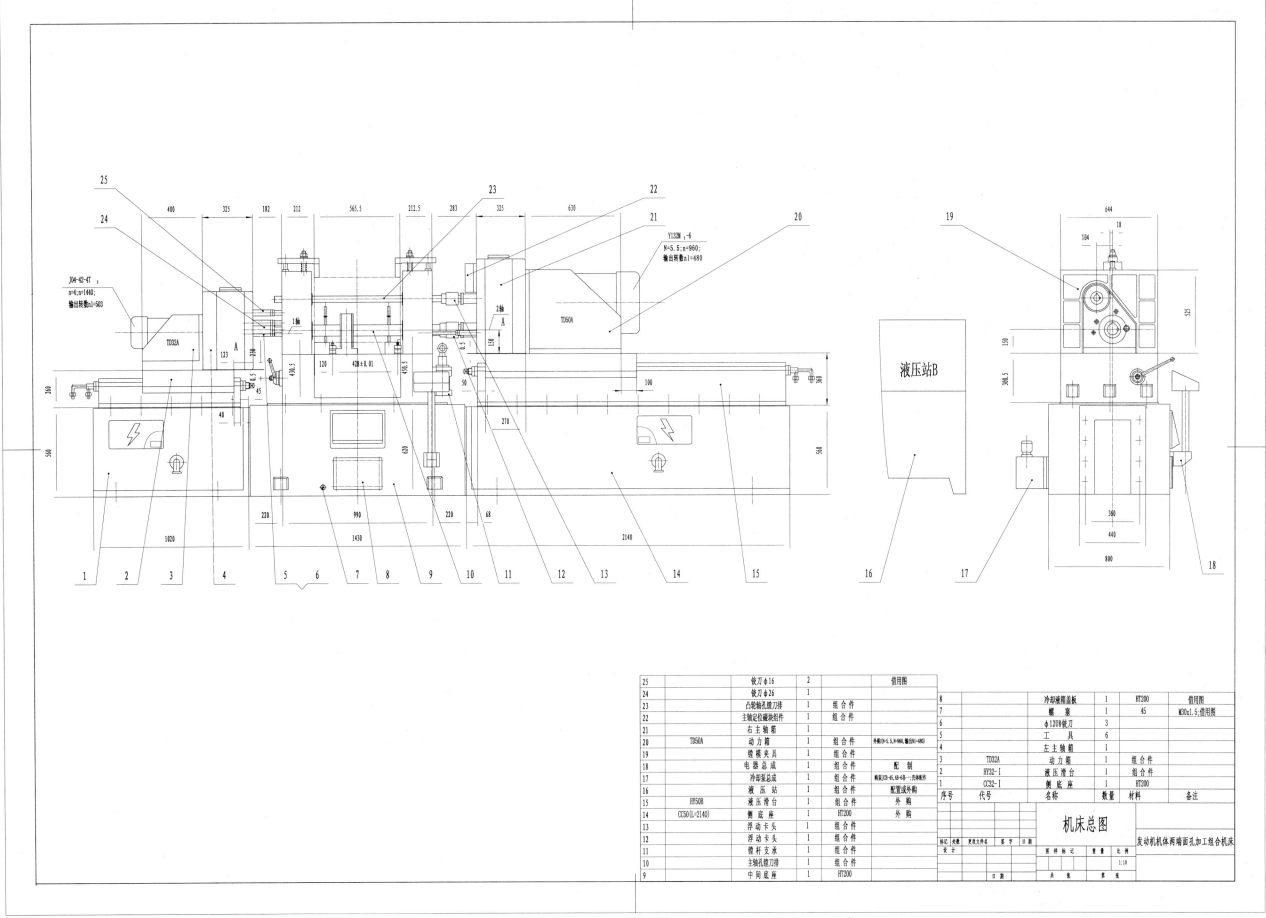

图3.5 发动机机体两端面孔加工组合机床总图

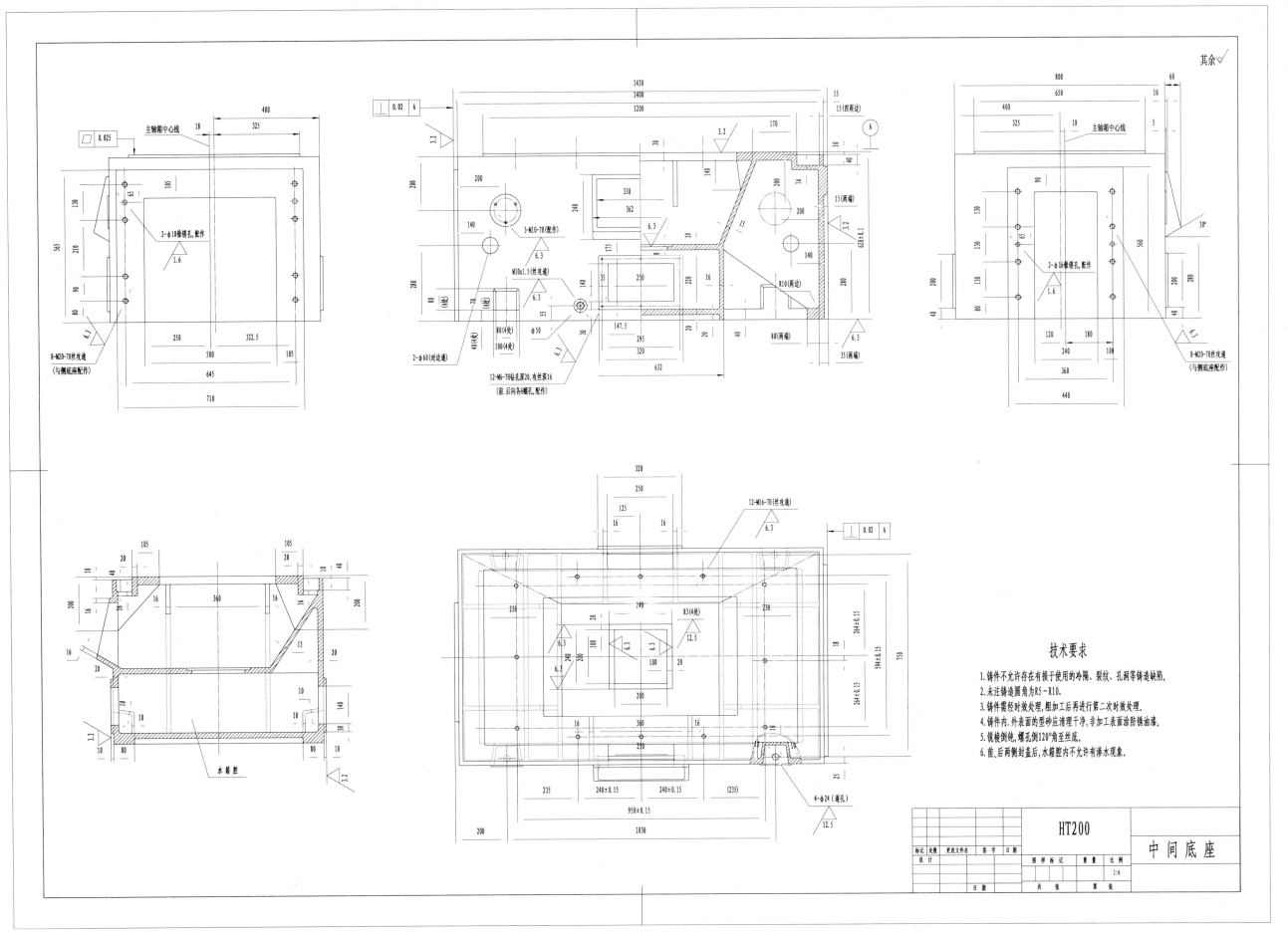

技术要求

1. 铸件不允许存在有损于使用的冷隔、裂纹、孔洞等铸造缺陷。
2. 未注铸造圆角为R5~R10。
3. 铸件需经时效处理，粗加工后再进行第二次时效处理。
4. 铸件内、外表面的型砂应清理干净，非加工表面涂防锈油漆。
5. 锐棱倒钝，螺孔倒120°角至丝底。
6. 前、后两侧封盖后，水箱腔内不允许有渗水现象。

			HT200		中间底座
标记	处数	更改文件名	签字	日期	
设计			图样标记	重量	比例
					1:6
		日期	共 张	第 张	

图3.6　中间底座

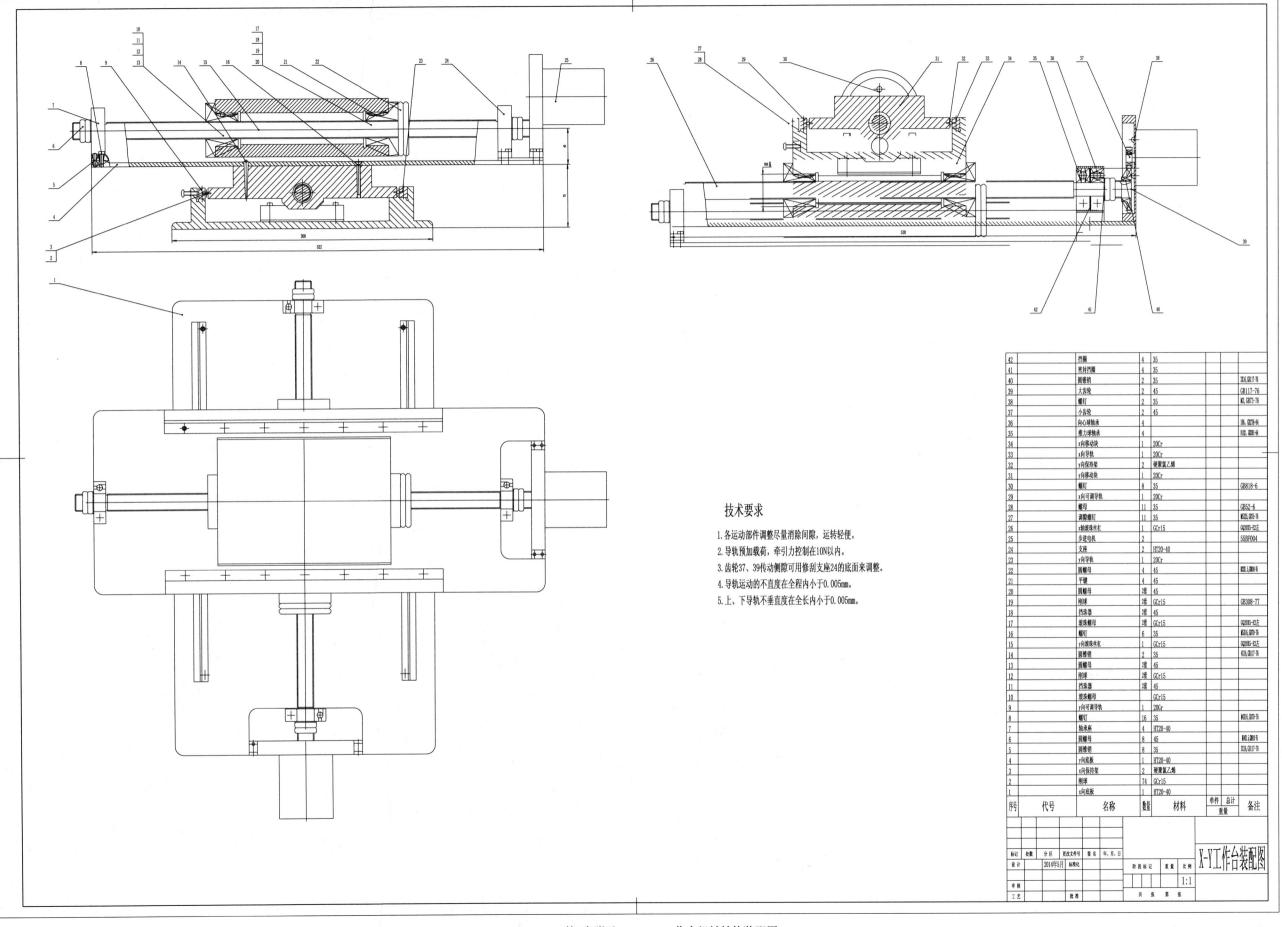

技术要求

1.各运动部件调整尽量消除间隙，运转轻便。

2.导轨预加载荷，牵引力控制在10N以内。

3.齿轮37、39传动侧隙可用修刮支座24的底面来调整。

4.导轨运动的不直度在全程内小于0.005mm。

5.上、下导轨不垂直度在全长内小于0.005mm。

42		挡圈	4	35		
41		密封挡圈	4	35		
40		圆锥销	2	35		JB/L GB117-76
39		大齿轮	2	45		GB117-76
38		螺钉	2	35		M3,GB73-76
37		小齿轮	2	45		
36		向心球轴承	4			JB/L GB276-64
35		推力球轴承	4			JB/L GB301-64
34		x向移动块	1	20Cr		
33		x向导轨	1	20Cr		
32		y向保持架	2	硬聚氯乙烯		
31		y向移动块	1	20Cr		
30		螺钉	8	35		GB818-6
29		x向可调导轨	1	20Cr		
28		螺母	11	35		GB52-6
27		调整螺钉	11	35		M5,GB75-76
26		x轴滚珠丝杠	1	GCr15		GQ00S-82左
25		步进电机	2			55BF004
24		支座	2	HT20-40		
23		y向导轨	1	20Cr		
22		圆螺母	4	45		GB812,GB810-76
21		平键	4	45		
20		圆螺母	2套	45		
19		刚球	2套	GCr15		GB308-77
18		挡珠器	2套	45		
17		滚珠螺母	2套	GCr15		GQ00S-82左
16		螺钉	6	35		M3,GB70-76
15		y向滚珠丝杠	1	GCr15		GQ00S-82左
14		圆锥销	2	35		JB/L GB117-76
13		圆螺母	2套	45		
12		刚球	2套	GCr15		
11		挡珠器	2套	45		
10		滚珠螺母		GCr15		
9		y向可调导轨	1	20Cr		
8		螺钉	16	35		M0/L GB70-76
7		轴承座	4	HT20-40		
6		圆螺母	8	45		JB/L GB809-76
5		圆锥销	8	35		JB/L GB117-76
4		y向底板	1	HT20-40		
3		x向保持架	2	硬聚氯乙烯		
2		刚球	74	GCr15		
1		x向底板	1	HT20-40		
序号	代号	名称	数量	材料	单件 总计 重量	备注

标记	处数	分区	更改文件号	签名	年,月,日	X—Y工作台装配图		
设计			2014年5月	标准化				
审核					阶段标记	重量	比例	
							1:1	
工艺			批准		共 张 第 张			

第4章附录1　X—Y工作台机械结构装配图